W0268940

Berichte des German Chapter of the ACM

Band 1: **Wippermann, PASCAL** 2. Tagung in Kaiserslautern
Tagung I/1979 am 16./17. 2. 1979 in Kaiserslautern. 204 Seiten, DM 34,–

Band 2: **Niedereichholz, Datenbanktechnologie**
Tagung II/1979 am 21./22. 9. 1979 in Bad Nauheim. 240 Seiten, DM 38,–

Band 3: **Remmele/Schecher, Microcomputing**
Tagung III/1979 am 24./25. 10. 1979 in München. 280 Seiten, DM 44,–

Band 4: **Schneider, Portable Software**
Tagung I/1980 am 18. 1. 1980 in Erlangen. 176 Seiten, DM 36,–

Band 6: **Hauer/Seeger, Hardware für Software**
Tagung III/1980 am 10./11. 10. 1980 in Konstanz. 303 Seiten, DM 54,–

Band 7: **Nehmer, Implementierungssprachen für nichtsequentielle Programmsysteme**
Tagung I/1981 am 20. 2. 1981 in Kaiserslautern. 208 Seiten, DM 38,–

Band 8: **Schlier, Personal Computing**
Tagung II/1981 am 12. 10. 1981 in Freiburg i. Br. 195 Seiten, DM 40,–

Band 10: **Kulisch/Ullrich, Wissenschaftliches Rechnen und Programmiersprachen**
Fachseminar am 2./3. 4. 1982 in Karlsruhe. 231 Seiten, DM 52,–

Band 11: **Langmaack/Schlender/Schmidt, Implementierung PASCAL-artiger
        Programmiersprachen**
Tagung II/1982 am 12. 7. 1982 in Kiel. 221 Seiten, DM 46,–

Band 13: **Schneider, Proceedings of the International Computing Symposium 1983
        on Application Systems Development**
March 22–24, 1983 Nürnberg. 528 Seiten, DM 90,–

Band 14: **Balzert, Software-Ergonomie**
Tagung I/1983 am 28./29. 4. 1983 in Nürnberg. 422 Seiten, DM 72,–
422 Seiten, DM 72,–

Band 17: **Remmele/Schecher, Microcomputing II**
Tagung III/1983 vom 25. bis 27. 10. 1983 in München. 358 Seiten, DM 64,–

Band 18: **Morgenbrod/Sammer, Programmierumgebungen und Compiler**
Tagung I/1984 vom 2. bis 4. 4. 1984 in München. 293 Seiten, DM 56,–

Band 19: **Morgenbrod/Remmele, Entwurf großer Software-Systeme**
Workshop vom 8. bis 11. 5. in Grassau. 464 Seiten, DM 82,–

Band 20: **Gorny/Kilian, Computer-Software und Sachmängelhaftung**
Workshop am 29./30. 11. 1984 in Hannover. 208 Seiten, DM 48,–

Band 21: **Kölsch/Schmidt/Schweiggert, Wirtschaftsgut Software**
Tagung I/1985 am 26./27. 3. 1985 in Ulm. 318 Seiten, DM 58,–

Band 22: **Molzberger/Zemanek, Software-Entwicklung:
        Kreativer Prozeß oder formales Problem?**
Seminar am 20. 3. 1985 in Neubiberg. 176 Seiten, DM 42,–

Band 23: **Klopcic/Marty/Rothauser, Arbeitsplatzrechner in der Unternehmung**
Tagung II/1985 am 12./13. 9. 1985 in Zürich. 355 Seiten, DM 66,–

Fortsetzung 3. Umschlagseite

Berichte des German Chapter
of the ACM   36

F. Schweiggert (Hrsg.)
Wirtschaftlichkeit von
Software-Entwicklung
und -Einsatz

Berichte des German Chapter of the ACM

Im Auftrag des German Chapter
of the ACM herausgegeben durch den Vorstand

Chairman
Hans-Joachim Habermann, Neuer Wall 32, 2000 Hamburg 36

Vice Chairman
Prof. Dr. Gerhard Barth, Erwin-Schrödinger-Straße 57, 6750 Kaiserslautern

Treasurer
Eckhard Jaus, Gemsenweg 12, 7250 Leonberg

Secretary
Prof. Dr. Peter Gorny, Ammerländer Heerstraße 114 – 118, 2900 Oldenburg

Band 36

Die Reihe dient der schnellen und weiten Verbreitung neuer, für die Praxis relevanter Entwicklungen in der Informatik. Hierbei sollen alle Gebiete der Informatik sowie ihre Anwendungen angemessen berücksichtigt werden.

Bevorzugt werden in dieser Reihe die Tagungsberichte der vom German Chapter allein oder gemeinsam mit anderen Gesellschaften veranstalteten Tagungen veröffentlicht. Darüber hinaus sollen wichtige Forschungs- und Übersichtsberichte in dieser Reihe aufgenommen werden.

Aktualität und Qualität sind entscheidend für die Veröffentlichung. Die Herausgeber nehmen Manuskripte in deutscher und englischer Sprache entgegen.

Wirtschaftlichkeit von Software-Entwicklung und -Einsatz

Investitionssicherung, Produktivität, Qualität

Herausgegeben von
Prof. Dr. Franz Schweiggert
Universität Ulm

 B. G. Teubner Stuttgart 1992

Die Deutsche Bibliothek – CIP-Einheitsaufnahme

Wirtschaftlichkeit von Software-Entwicklung und -Einsatz :
Investitionssicherung, Produktivität, Qualität ;
gemeinsame Fachtagung des German Chapter of the ACM ...
am 21. und 22. September 1992 in Ulm / hrsg. von Franz Schweiggert. –
Stuttgart : Teubner, 1992
  (Berichte des German Chapter of the ACM ; Bd. 36)
  ISBN-13: 978-3-519-02677-8   e-ISBN-13: 978-3-322-86776-6
  DOI: 10.1007/978-3-322-86776-6

NE: Schweiggert, Franz Hrsg. ; Association for Computing Machinery /
German Chapter : Berichte des German ...

Gesamtherstellung: Präzis-Druck GmbH, Karlsruhe
Einband: P.P.K,S-Konzepte, Tabea Koch, Ostfildern/Stgt.

VORWORT

Software nimmt bei dem rapide zunehmenden Computereinsatz eine zentrale Schlüsselrolle ein. Daß damit nicht nur Chancen, sondern auch gewisse Risiken verbunden sind, ist heute - auch vor dem Hintergrund der Diskussion der Normenreihe ISO 9000 speziell Teil 3 bis 9004 resp. der Produkthaftung - offenkundig: wachsende Komplexität der Systeme, wachsende Abhängigkeit von Software, steigende Entwicklungs- und Pflegekosten, immer kürzere Innovationszyklen.

Die diesem Band zugrundeliegende Fachtagung "Wirtschaftlichkeit von Software-Entwicklung und -Einsatz" mit dem Untertitel "Investitionssicherung, Produktivität, Qualität" wurde von der *Gesellschaft für Informatik e.V.*, dem *German Chapter of the ACM e.V.* und der *Sektion Angewandte Informationsverarbeitung, Universität Ulm* veranstaltet.

Das über den *Call for Papers* für diese Tagung ausgeschriebene Thema und durch die in diesem Tagungsband wiedergegebenen Beiträge läßt sich kurz durch folgende Frage charakterisieren:

Wie gehen Unternehmen unter den o.g. Bedingungen mit den Fragen der Qualität, der Wirtschaftlichkeit und des Investitionsschutzes um?

Sicherlich ist mit den Beiträgen keine vollständige Antwort auf diese Frage gegeben, doch es sind hinreichend viele Anstöße für den Einzelnen enthalten, der Antwort auf diese Frage für sich selbst resp. sein Unternehmen näher zu kommen.

Ulm, im September 1992
Franz Schweiggert

Inhaltsverzeichnis

Software-Qualitätssicherung im Rahmen des Information-Engineering

Ernest Wallmüller

ATAG Informatik AG/ Information Technology
Kanalstr. 31,
CH-8152 Glattbrugg

1. Einleitung/Fakten

Die Informationsverarbeitung zu Beginn der 90er Jahre sieht sich geänderten Rahmenbedingungen gegenüber. Die Veränderungen sind generell in zweierlei Hinsicht augenscheinlich. Einerseits wird die Informatik von einer gesamthaften Qualitätsbewegung nicht verschont, andererseits muß sich die Informatik verstärkt den Unternehmenszielen/-strategien unterordnen. Die Zeit von steigenden Informatikbudgets und von DV-Königreichen geht europaweit unaufhaltsam zu Ende.

Die Qualitätsbewegung auch im informationsverarbeitenden Bereich hat ihre guten Gründe. Es gibt zahllose Beispiele von schlechter Qualität, die im Bereich der Informationsverarbeitung verursacht worden ist. Hier einige Beispiele:

- Eine Schweizer Großbank kann ihre Auslandsgeschäfte mit den Schwerpunkten in New York und Tokio nicht direkt über die Konzernfirma mit Hauptsitz Zürich informationstechnisch abwickeln, da die dazu nötigen Informationssysteme fehlen oder nicht vollständig fertiggestellt sind. Dieses Großprojekt zur Etablierung der Applikationen für das Auslandsgeschäft der Bank ist innerhalb von 10 Jahren dreimal gescheitert. Der Verlust beträgt mehrere hundert Millionen Franken.

  Beim kleinen Börsencrash im Oktober 1987 kam es zu einer Häufung von Mängeln und Fehlern im Börseninformationssystem, die bei der Wochenverarbeitung begannen und bis zu einer vierstündigen Abschaltung des Informationssystems führten. Das Börsengeschäft mußte rein manuell durchgeführt werden. Die informationstechnische Aufarbeitung der Geschäftsfälle dauerte mehrere Wochen.

  Die individuelle Informationsverarbeitung wird durch mehrere tausend PCs unterstützt. Jeder dieser PCs ist im Durchschnitt mit mindestens drei Standardsoftware-Produkten ausgerüstet. Die meisten der 10 000 Benutzer sind nicht qualifiziert, diese Programme sinnvoll einzusetzen und zu betreiben. Die durchschnittlichen Schulungskapazitäten pro Jahr reichen nicht aus, um die Benutzer in absehbarer Zeit dafür zu schulen.

- Ein führender Computerhersteller in der Schweiz beschäftigt ca. 400 Software-Mitarbeiter, denen eine Palette von ca. 300 Software-Produkten gegenübersteht. Ein Großteil der Produkte ist veraltet und muß mit einem großen Aufwand gewartet werden. Durch die rasante Hardware-Entwicklung ist der Bedarf nach Applikationen für neue Hardware-Produkte extrem groß. Eine Portierung kommt aus technischen Gründen nicht in Frage. Es besteht die Gefahr, daß ein Anteil von ca. 80 % der Altkunden die Migration zu neuen Produkten nicht mitmacht, da die dafür notwendigen Software-Lösungen nicht rechtzeitig zur Verfügung stehen. Das Großprojekt, um neue Applikationen zu entwickeln, ist nach drei Jahren in eine Sackgasse geraten. Der Gesamtprojektleiter und die führenden Teilprojektleiter haben bereits die Firma verlassen. Eineinhalb Jahre nach Projektstart begann man mit der Etablierung einer Software-Qualitätssicherungsstelle bestehend aus drei Personen. Heute haben auch sie die Firma verlassen. Das Projekt, das organisatorisch von einer eigenen Einheit durchgeführt werden sollte, wird nun restrukturiert und über die vorhandene Linienorganisation abgewickelt.

- Kleinere Banken haben sich in der Schweiz zu einer Interessensgemeinschaft Informatik zusammengeschlossen, um gemeinsame Basisapplikationen für den Schalterbereich, den Kreditbereich, die Adreßverwaltung und das Marketing zu entwickeln. Das Jahresbudget für die Entwicklung der gemeinsamen neuen Applikationen beträgt ca. 30 Millionen Schweizer Franken. Das Großprojekt läuft schon seit ca. 3 Jahren. Die Konzeption wurde bereits um ein Jahr verschoben. Die gemeinsame Informationsarchitektur, insbesondere das Gesamtdatenmodell ist nach drei Jahren nur zu ca. 50 % fertig. Es wird nach dem Abgang des zentralen Datenarchitekten im Rahmen einer Feuerwehrübung fertiggestellt. Es gibt keine gemeinsame Unternehmensstrategie und keine strategische IS-Planung, die eine Gesamtarchitektur der gemeinsamen Informationssysteme festlegen würde.

Diese Liste ließe sich noch beliebig lang fortsetzen. Wir wollen hier nur eine Studie aus den Vereinigten Staaten zitieren, die von Ernst & Young dort durchgeführt worden ist. Diese Studie berichtet, daß große IS-Projekte im Schnitt 79 % hinter dem Zeitplan sind und zu 25 % vor ihrem Fertigstellungstermin storniert werden.

Eine weitere Studie, die von der Firma Price Waterhouse in England im Auftrag des Departement of Trade and Industry durchgeführt wurde, zeigt die Notwendigkeit einer umfassenden Qualitätsbewegung im informationsverarbeitenden Sektor deutlich auf. Die Studie beschäftigte sich mit dem Software-Markt in England. In dieser Studie werden die Kosten für schlechte Software-Qualität auf ca. 500 Millionen Pfund pro Jahr geschätzt, das ist ungefähr die Hälfte des Marktwertes. Es wurde auch versucht, die Kosten schlechter Software-Qualität für die Europäische Gemeinschaft hochzurechnen und man schätzt, daß die Kosten für schlechte Software-Qualität ca. 4 bis 5 Milliarden Ecu pro Jahr betragen.

Die Kosten für schlechte Software-Qualität, die bei dieser Price Waterhouse-Studie ermittelt worden sind, konnten in folgende Verursacherkategorien eingeteilt werden:

- zu geringe Produktivität,
- Projektverzögerungen, Projektstornierungen,
- Fehlerbehebungen, Mängelbehebungen,

- unnötige Wartungsaufwendungen.

Die Studie von Price Waterhouse [RATH88] untersuchte auch die Gründe genauer und fand heraus, daß es drei Ursachen für alle diese Qualitätsprobleme gibt.

Die erste Ursache betrifft das Management. Einige Beispiele für Managementursachen für schlechte Qualität sind unklare Definition der Verantwortlichkeiten, inadäquate Projekt- und Prozeßschätzungen und -planungen, ineffektive Projektüberwachung und -kontrolle, keine gemeinsamen Übereinkünfte und Kontakte mit Endbenutzern, keine unabhängige Qualitätssicherung, unqualifizierte Manager mit zu geringer Motivation und Seniormanager mit schlechtem Verständnis für Qualitätskonzepte.

Die zweite Ursache für schlechte Qualität ist die eingesetzte Technologie. Beispiele dafür sind: ungeeignete Definition von Benutzer- und Auftraggeberanforderungen, unvollständige Dokumentation, nicht adäquate und widersprüchliche Benutzung von Standards, Mangel an formellen Reviews und Inspektionen, keine klar definierten und beschriebenen Entwicklungsprozeßmodelle, kein Verständnis für Wartungsanforderungen, nicht adäquate Teststrategien und Testprozesse.

Die dritte Ursache für schlechte Qualität ist der Mitarbeiter als Mensch und hier insbesondere die Aus- und Fortbildung. Beispiele dafür sind: die Ignoranz von Benutzern/Benutzervertretern in bezug auf ihre Rolle im Entwicklungsprozeß, insbesondere im Hinblick auf die Ermittlung der Benutzeranforderungen und auf den Abnahmetestprozeß, inadäquate Ausbildung der Entwicklungsmannschaft in bezug auf die Benutzung von Standards, Methoden, Werkzeugen und von Vorgehensmodellen. Generell kann zu diesem dritten Punkt festgestellt werden, daß zu wenig qualifizierte Leute zur Verfügung stehen und daß die Aus- und Fortbildungsmöglichkeiten sehr beschränkt und von schlechter Qualität sind.

2. Qualitätsbewegungen

Lassen Sie uns einen historischen Rückblick ziehen und die Qualitätsbewegungen in unseren Firmen analysieren.

In den 50er und 60er Jahren war die Qualitätskontrolle die Hauptantwort für alle Qualitätsprobleme. Das Testen nach dem eigentlichen Entwicklungsprozeß war die Qualitätskontrolle, um zu beweisen, daß die Anforderungen und Wünsche erfüllt sind oder nicht.

In den 70er und 80er Jahren stand das Konzept der Qualitätssicherung [WALL90] als eine unabhängige Organisationseinheit zur Diskussion, die die ganze Organisation durch ein Qualitätssicherungsprogramm verbessert. Qualitätssicherung ist in diesem Zusammenhang eine Funktion, die Entwicklern und Managern bei Qualitätsproblemen hilft und Ratschläge für ihre Arbeit gibt.

In den 90er Jahren ist Qualitätsmanagement eine seriöse Angelegenheit auch für Software-Organisationen geworden. Die Erfahrungen der letzten 30 Jahre zeigten uns, daß das Management, von der Geschäftsleitung bis zu den operativen Managementfunktionen, der Eckstein für alle Qualitätsprobleme ist.

Qualität ist keine kurzfristige Angelegenheit und kann nur garantiert werden, wenn permanente Aktionen unternommen werden. Fortlaufende Prozeßverbesserungen bedeuten nicht Perfektionismus, sondern sind ein permanenter Aufwand, um unser Qualitätsbewußtsein zu stärken.

Jede erfolgreiche Software-Organisation möchte Weltklasse sein oder zumindestens durch ihre Exzellenz überzeugen. Was ist notwendig, um eine Weltklasse-Software-Organisation zu werden? Welcher Standard könnte weltweit für Qualität angewendet werden? Diese Frage hat in Japan zum Deming-Preis, in Amerika zum Malcolm Baldridge Quality Award und in der EG zum European Quality Award geführt.

Der Deming-Preis wird von der Japanischen Gesellschaft für Wissenschaftler und Ingenieure an Organisationen verliehen, die die Deming-Kriterien anwenden und erfüllen. Dieser Preis basiert auf der Arbeit von Dr. Edward Deming, einer der ersten, der sich um einen integrierten gesamthaften Qualitätsansatz bemühte. Beispielsweise hat die Firma NEC IC MICON diesen Preis gewonnen und die Deming-Kriterien erfüllt. Während der Jahre 82 bis 87 war diese 1000 Mitarbeiter umfassende Firma, die zum NEC-Konzern gehört, in der Lage, die Fehler nach Versendung ihrer Produkte für eingebettete/integrierte Software und Anwendungssoftware um zwei Größenordnungen zu reduzieren (von 45 zu 0,5 Defekten pro Millionen Zeilen ausführbaren Code). Neben der Verbesserung ihrer Qualitätsstandards war die Firma auch in der Lage, ihre Produktivität um das fünffache zu steigern, die Verkäufe stiegen um das fünffache und der Gewinn um das vierfache in dieser Zeitperiode. Was ist der Schlüssel zu dieser beeindruckenden Leistung?

NEC IC MICON implementierte alle drei fundamentalen Komponenten eines Total Quality Management-Ansatzes (TQM).

* Lokale Optimierung von Organisationseinheiten

  Alle Mitarbeiter und Gruppen der Organisation stabilisieren und verbessern ihre eigene Arbeit. Das geschieht mit einem Planen-Tun-Überprüfen-Handeln-Zyklus. Im letzten Schritt dieses Zyklus werden weitere Verbesserungen oder eine Standardisierung des Erreichten unternommen. Die Verbesserungen werden veröffentlicht.

* Horizontale Integration

  Alle Abteilungen und Projektteams konzentrieren sich auf die Befriedigung der Benutzer, und das auch über die Grenzen der Funktionen/ Funktionseinheiten einer Organisation hinweg. Es werden Prozeßketten gesucht, die zu einer direkten Wertschöpfung beim Kunden führen. Das effiziente Führen von Entwicklungsaktivitäten über Gruppen- und Abteilungsgrenzen hinweg und die Verbesserung der Prozesse und Produkte durch bessere Werkzeuge und Techniken stehen im Vordergrund. Ein Schlüssel dabei ist die Verwendung von Qualitätsdaten (Metriken), um Entscheidungen auf eine solide Basis zu stellen.

- Vertikale Ausrichtung

  Alle Führungskräfte, Meinungsträger und Spezialisten kennen die
  wenigen kritischen Erfolgsfaktoren der Organisation. Die Hauptaufgabe ist die Entwicklung einer Vision der Firma, die für alle verständlich
  ist. Dies ist ein wesentlicher Unterschied zu dem Führungsansatz
  "Management by Objectives" und vermeidet die qualitätszerstörenden
  Konsequenzen eines MBO-orientierten Planungsprozesses und Pla-
  nungssystems. Wichtige Bestandteile dieser Vision sind die Orientierung am Kunden und an dem Prinzip "Quality first".

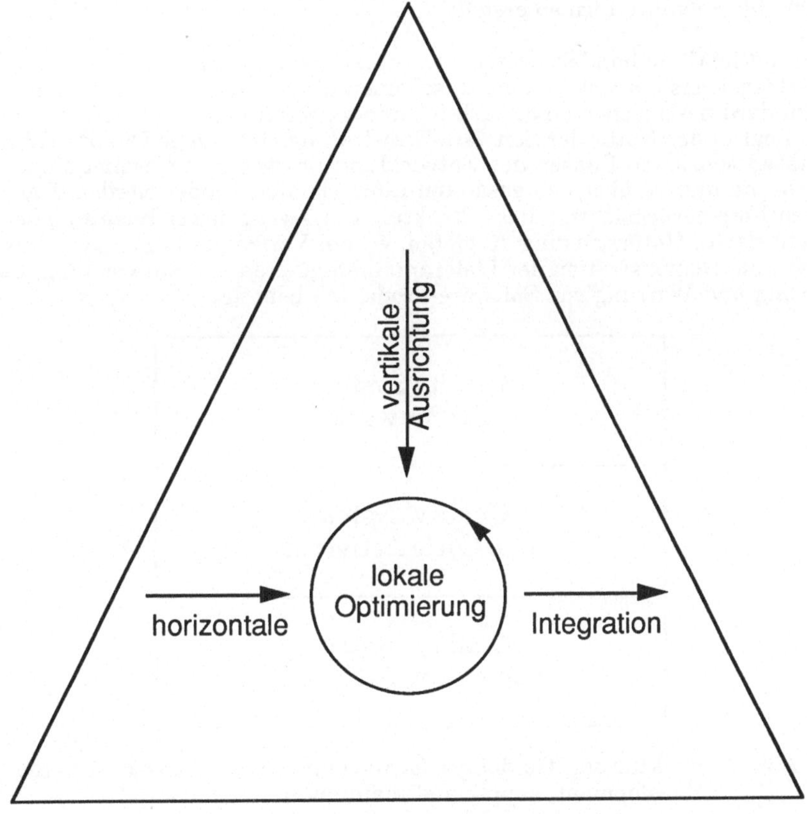

Abb. 1 Die drei Komponenten des TQM

Eine Reihe von Unternehmen in Europa versucht, diese TQM-Program-
me zu implementieren/einzuführen, so z. B. ABB, IBM und NCR. Erfahrungen zeigen uns, daß es ungefähr fünf bis sieben Jahre braucht, um so
ein Programm erfolgreich ausbreiten zu können.

Eine andere Qualitätsbewegung in Europa beschäftigt mehr und mehr
Unternehmen. 1992 wird in Westeuropa ein einziger Markt geschaffen,
wo Waren, Kapital, Dienstleistungen und Menschen frei zirkulieren kön-

nen. Diese Bewegung führt auch dazu, daß Qualitätssicherungsstandards in Westeuropa harmonisiert und gegenseitig anerkannt werden.

Im Jahr 1987 hat die internationale Standardorganisation (ISO) einen Standard für die Qualitätssicherung "Quality systems – model for quality assurance in design/development, production, installation and servicing" veröffentlicht [ISO87]. Dieser Standard, ISO 9001 = EN 2901, wird verwendet, um vertragliche Situationen zwischen Lieferanten und Kunden zu regeln. In zunehmendem Ausmaß ist er bei vielen europäischen Firmen auch eine Basis für die Zertifizierung von Qualitätssystemen durch Drittfirmen. Weil dieser Standard, ISO 9001, branchenübergreifend ist, hat eine Arbeitsgruppe der ISO eine Richtlinie für die Anwendung von ISO 9001 für Software-Firmen erstellt.

Diese Richtlinie handelt primär von Situationen, in denen Software auf Vertragsbasis entwickelt. Jedoch scheinen die Konzepte, die in diesem Standard beschrieben sind, auch für andere Situationen wertvoll zu sein. Es liegt in der Natur der Software-Entwicklung, daß einige Qualitätsaktivitäten speziellen Phasen des Entwicklungsprozesses zugeordnet sind, während andere über den gesamten Lifecycle angewendet werden. Die Richtlinie berücksichtigt diese Struktur. Der Zweck dieser Richtlinie besteht darin, Unterstützung zu bieten, wo ein Vertrag zwischen zwei Parteien die Demonstration der Lieferantenfähigkeiten zur Entwicklung, Lieferung und Wartung von Software-Produkten benötigt.

<table>
<tr><td>Quality System
Framework</td></tr>
<tr><td>Quality System
Life Cycle Activities</td></tr>
<tr><td>Quality System
Supporting Activities</td></tr>
</table>

Abb. 2 Struktur der "Guidelines for the application of ISO 9001 to the development, supply and maintenance of software"

Die Richtlinie zu diesem internationalen Standard beabsichtigt, Kontrollmechanismen und Methoden für die Entwicklung und Pflege von Software zu beschreiben, die die Anforderungsspezifikation des Käufers befriedigt. Dies wird primär durch Verhütung von Mängeln und Fehlern erreicht, indem auf die Konformität zu einem definierten Prozeßmodell geachtet wird.

Diese Richtlinie besteht aus drei Teilen:

- Quality System Framework

Dieses Rahmenwerk wird durch Managementverantwortlichkeiten auf beiden Seiten, also auf der Seite des Lieferanten, aber auch auf der Seite des Käufers, etabliert, so z. B. daß eine Qualitätspolitik etabliert sein muß, gemeinsame Reviews durchgeführt werden und beide Seiten regelmäßig in einen Kommunikationssprozeß einbezogen werden. Weitere Elemente dieses Rahmenwerks sind:

- Qualitätssystem und zugehörige Dokumentation,
- Qualitätsplan,
- Qualitätssystem-Audits,
- die Organisation von korrektiven Maßnahmen, wie z. B. ein Verfahren zur Ursachenforschung von Fehlern und Mängeln.

- Quality System Life Cycle Activities

Innerhalb dieses Kapitels in der Richtlinie werden folgende Aktivitäten beschrieben:

- Vertragsreviews, besonders zu Qualitätsaspekten, wie beispielsweise Abnahmekriterien und die Behandlung von auftretenden Problemen,
- die Anforderungsspezifikation des Käufers,
- Entwicklungsplanung, insbesonders Anforderungen für einen Entwicklungsplan und für die Fortschrittskontrolle bzw. welche Werkzeuge und Methoden verwendet werden,
- Qualitätsplanungsprozeß,
- die Unterscheidung zwischen Design und Implementierung,
- der Testprozeß und der Abnahmeprozeß,
- Wartung, insbesondere wie die Organisation für die Wartungsaktivitäten ausschauen sollte, die Verpflichtung für die Verwendung eines Wartungsplans, der Einsatz eines Release-Verfahrens, die Verwendung von Wartungsaufzeichnungen und Berichten.

- Quality System Supporting Activities

Es ist zu beachten, daß die Anforderungen in diesem Kapitel der Richtlinie sich auf Aktivitäten beziehen, die nicht phasenabhängig sind.

Als Beispiele werden erwähnt:

- Konfigurationsmanagement,
- Dokumentenkontrolle,
- Qualitätsaufzeichnungen, wie z. B. Reviewberichte und Metriken,
- Messungen am Prozeß und am Produkt,
- Werkzeuge und Techniken,
- zugekaufte Produkte,
- mitzuverwendende Software-Produkte,
- Training und Ausbildung, speziell die strukturierte Erhebung von Trainings- und Schulungsbedürfnissen.

Diese Richtlinie ist ein erster Versuch, eine ideale Organisation zu beschreiben, die mit Qualitätsproblemen zufriedenstellend umgeht. Sie ist als Leitlinie für die Gestaltung eines individuell anzupassenden Qualitätssystems gedacht.

Gute Managementpraxis ist kostenorientiert. Daher haben wir uns auch mit den Qualitätskosten zu beschäftigen. Die Frage ist nur, was sind Qualitätskosten? Wie können wir sie messen? Gibt es Möglichkeiten, diese Kosten zu reduzieren?

<table>
<tr><td>

• Prevention Costs

      Training
      Planning
      Simulation
      Modeling
      Consulting
      Qualifying
      Certifying

• Appraisal Costs

      Inspection
      Testing
      Audits
      Monitoring
      Measurement
      Verification
      Analysis

• Internal/External Failure Costs

      Rework
      Service
      Modification
      Recall
      Correction
      Retest
      Error Analysis

</td></tr>
</table>

Abb. 3 Kategorien von Qualitätskosten nach Buck/Dobbins

Der erste Schritt in die richtige Richtung ist die Aufzeichnung und die Analyse der Qualitätskosten. Buck und Dobbins [BUCK87] von der IBM haben eine Reihe von Arbeiten auf diesem Gebiet geleistet. Die Grundideen hinter ihrer Arbeit sind:

- Alle Aktivitäten innerhalb eines Software-Entwicklungsprozesses sollten nach ihrem Mehrwert analysiert werden.

- Die Wertereduktion wird meistens durch menschliche Fehlleistung verursacht. So ist es notwendig, Aktivitäten für die Verhütung von schlechter Qualität wie z. B. Training, für die Verbesserung des Wertes, wie z. B. Modifikation, und für die Bewertung zu etablieren, d. h. ob der Prozeß oder die Produktanforderungen erfüllt werden oder nicht.

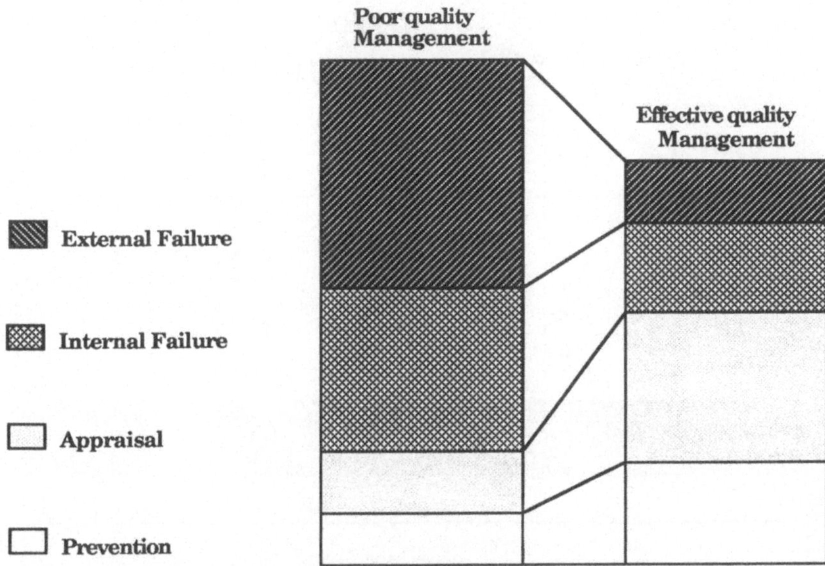

Abb. 4 Unterschied zwischen gutem und schlechtem
Qualitätsmanagement

Ein guter Qualitätsmanagementansatz reduziert den Gesamtbetrag der
Qualitätskosten um ca. 25 bis 30 %. Die externen und internen Fehlerko-
sten werden vermindert. Die Verhütungs- und Prüfkosten steigen an.
Um diese Fakten transparent zu machen, ist es notwendig, ein Qualitäts-
datenerfassungs- und -berichtssysteme einzuführen.

3. Konsequenzen für die Informationsverarbeitung

Was bedeutet dies für die Informationsverarbeitung, insbesondere für die
Erstellung von Informationssystemen, für die Erstellung und Pflege von
Software? Effektives Qualitätsmanagement hängt von konsistenten Aktio-
nen ab, die zur Qualität führen. Daher brauchen Projektmanager und
Software-Organisationen ein reiches Instrumentarium, um diese Aktio-
nen zu unterstützen.

Wir diskutieren im folgenden anhand der Methodologie von Ernst &
Young, Navigator Systems Series [E&Y90], ein Instrumentarium für das
Qualitätsmangement. Es besteht aus 12 Komponenten.

Die Basis ist ein gut definiertes Prozeßmodell für die Entwicklung von Informationssystemen. Durch eine einfache Arbeitspaketstruktur wird die
Entwicklungsplanung einfacher, und kleinere Arbeitspakete können
leichter definiert werden. Dies unterstützt einen effektiveren Projektma-
nagementansatz.

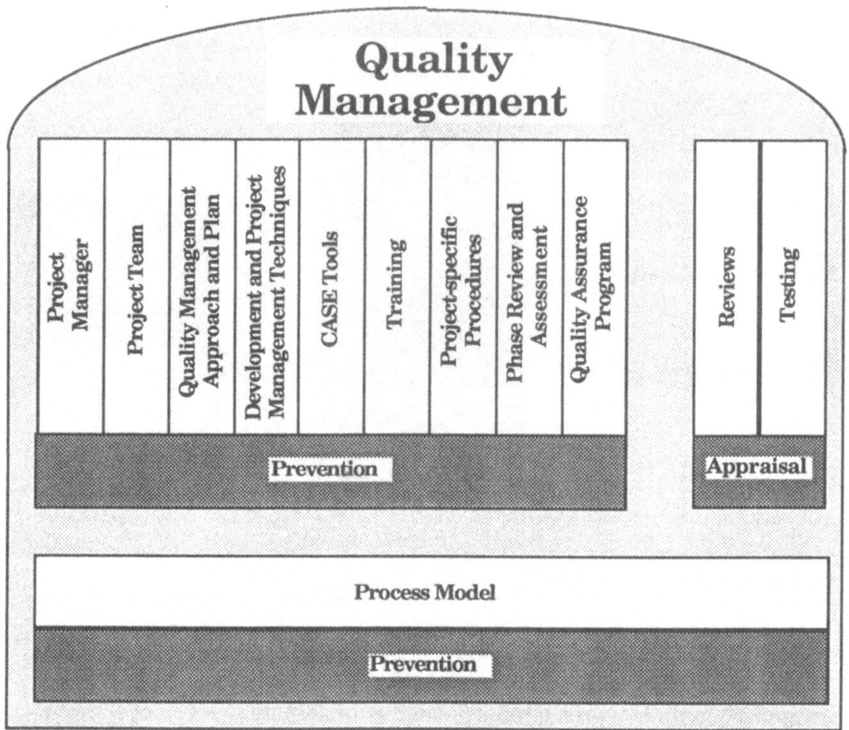

Abb. 5 Instrumentarium für Qualitätsmanagement in Navigator
Systems Series

Es lassen sich zwei Klassen von Komponenten unterscheiden. Die eine ist
verhütungsorientiert und die andere bewertungsorientiert. Die verhü-
tungsorientierten Komponenten umfassen:

- die Rolle des Projektmanagers,
- die Rolle des Projektteams,
- Qualitätsmanagementansatz und Qualitätsmanagementplan,
- Entwicklungs- und Projektmanagementtechniken,
- CASE-Werkzeuge, wie beispielsweise ADW von der Firma Knowledge
  Ware, die auf einem Knowledge-Koordinator und einem Repository ba-
  sieren,
- Training,
- projektspezifische Verfahren,
- Phasenreviews und -bewertungen,
- ein Qualitätssicherungsprogramm.

Die bewertungsorientierten Komponenten sind:

- Reviews,
- ein formal strukturierter Testprozeß.

In Navigator Systems Series sind diese Komponenten in einer kohäsiven Weise integriert.

3.1 Prozeßmodelle

Wir betrachten nun Prozeßmodelle und insbesondere den Begriff Prozeß. Diesem Begriff wird immer mehr Aufmerksamkeit geschenkt.

Humphrey [HUMP89] vom Software Engineering-Institut der Carnegie Mellon University hat die Charakteristiken von einem wirklich effizienten Software-Prozeß untersucht und analysiert. Ein wirklich effektiver Software-Prozeß muß die Beziehungen von allen notwendigen Aufgaben, Werkzeugen und Techniken, die benutzt werden, und die Fähigkeiten der Entwickler, das Training und die Motivation der Mitarbeiter einbeziehen.

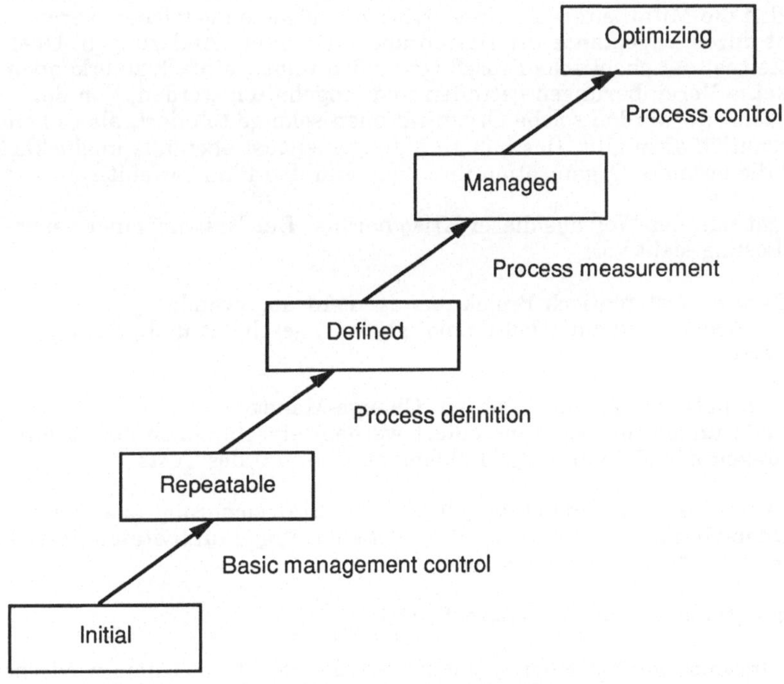

Abb. 6 SEI-Reifegrad-Modell

Um die Fähigkeiten einer Software-Organisation zu verbessern, müssen fünf Schritte gegangen werden:

- Der gegenwärtige Zustand des Entwicklungsprozesses muß verstanden werden.

- Es muß eine Vision des gewünschten Prozesses entwickelt werden.

- Es muß eine Liste von notwendigen Maßnahmen zur Prozeßverbesserung mit Prioritäten entwickelt werden.

- Es muß ein Plan entwickelt werden, um diese Maßnahmen umzusetzen.

- Es muß die Zustimmung für den Einsatz von Ressourcen gegeben werden, um diesen Plan auszuführen.

Das Prozeß-Reifegrad-Modell, das am Software Engineering-Institut entwickelt worden ist, unterstützt die Verbesserungen von Prozessen. Die fünf Reifegrade von Prozessen sind:

1. Reifegrad: Der Initial- oder chaotische Prozeß

Solange der Prozeß nicht unter statistischer Kontrolle ist, ist kein normaler Fortschritt bei den Prozeßverbesserungen möglich. Im Initialprozeß werden die Mitarbeiter von einer Krise zur nächsten getrieben, verursacht durch ungeplante Prioritäten und ungeplante Änderungen. Über die Zeit ist der chaotische Prozeß von außen relativ einfach zu erkennen, da keine Vereinbarungen getroffen und eingehalten werden. Von der Kundenseite werden solche Organisationen solange toleriert, als es keine Alternative dazu gibt. Das höhere Management ist ebenfalls unglücklich, weil die gesamte Organisation ihre Ziele und den Plan verfehlt.

Wie ist nun der Weg aus dieser Krise heraus? Der Entwurf einer generellen Lösung sieht vor:

- Es wird systematisch Projektmanagement angewandt.
  Die Arbeit muß zunächst einmal geplant, geschätzt und gemanaget werden.

- Man hält sich sorgfältig an ein Change-Management.
  Änderungen müssen kontrolliert werden, einschließlich der Anforderungen des Entwurfs, der Implementation und des Tests.

- Es wird eine unabhängige Software-Qualitätssicherung installiert.
  Unabhängig bedeutet, daß alle essentiellen Projektaktivitäten unter Betreuung dieser Gruppe erfolgen können.

2. Reifegrad: Der wiederholbare Prozeß

Die Organisation hat einen stabilen Prozeß erreicht mit einem wiederholbaren Ausmaß an Kontrolle durch rigoros eingeführtes Projektmanagement. Die Stärke eines wiederholbaren Prozesses besteht darin, daß er Vereinbarungen einhält. Die Software-Mitarbeiter tendieren nun dazu, daß sie glauben, das Software-Problem gemeistert zu haben. Sie erkennen nicht, daß ihre Stärke von früheren Erfahrungen ähnlicher Arbeit her stammt. Organisationen auf diesem Prozeßgrad sehen sich großen Risiken ausgesetzt, wenn sie mit neuen Herausforderungen konfrontiert sind. Beispiele solcher Herausforderungen sind:

- Neue Werkzeuge und Methoden, die die Ausführung des Prozesses beeinflussen.

- Eine neue Art von Produkt muß entwickelt werden. Damit betritt die Organisation ein neues Terrain.

Diese Herausforderungen zerstören die Relevanz der intuitiven historischen Basis für die Arbeit dieser Organisation.

Was sind nun die Schlüsselmaßnahmen, die vom Reifegrad 2 zum definierten Prozeß führen?

- Es wird eine Prozeßgruppe etabliert.
  Es handelt sich dabei um eine technische Gruppe, die sich ausschließlich auf die Verbesserung des Entwicklungs- und Wartungsprozesses konzentriert. Solange es niemanden gibt, der für den Prozeß verantwortlich ist, können nur kleine Fortschritte zur Prozeßverbesserung gemacht werden.

- Es wird eine Entwicklungsprozeß-Architektur etabliert.
  Diese Architektur beschreibt alle technischen und Management-Aktivitäten, die notwendig sind, um den Entwicklungsprozeß ordentlich auszuführen. Durch diese Architektur wird der Lebenszyklus in Aufgaben zerlegt. Jede von diesen Aufgaben hat Eintrittskriterien, eine funktionale Beschreibung, ein Verifikationsverfahren und Abschlußkriterien. Die Dekomposition dieser Aufgaben wird solange fortgesetzt, bis jede Aufgabe von einem Mitarbeiter oder von einer Managementeinheit durchgeführt wird. Dies bedeutet auch eine gute Arbeitspaketstruktur, die zu einfachen handbaren Arbeitspaketen führt.

- Einführung einer Software Engineering-Technologie.
  Dabei handelt es sich um:

  - Analyse- und Design-Techniken und -Werkzeuge,
  - Reviews und Inspektionen,
  - eine umfassende Testmethodologie,
  - Prototyping und wenn möglich eine moderne Implementierungssprache.

3. Reifegrad: Der definierte Prozeß

Mit dem definierten Prozeß hat die Organisation die Grundlage für wesentliche Verbesserungen und permanenten Fortschritt gelegt. Das bedeutet auch ein besseres Verstehen des Prozesses. Auf dieser Stufe können auch fortgeschrittene Technologien eingeführt werden, weil die Grundlage vorhanden ist, um zu entscheiden, wie sie zu verbessern sind.

So mächtig auch der definierte Prozeß ist, es existieren nur wenige qualitative Daten, um aufzuzeigen, wie effektiv der Prozeß wirklich ist. Die Schlüsselmaßnahmen, um den Reifegrad des geführten Prozesses zu erreichen, sind:

- Es wird ein Minimum an grundlegenden Prozeßmessungen durchgeführt, um die Qualität und Kostenparameter für jeden Prozeßschritt zu identifizieren.

- Es wird eine Prozeßdatenbank etabliert. Dies bedeutet, daß es möglich ist, Qualitäts- und Produktivitätsanalysen durchzuführen.

- Es werden ausreichend viele Ressourcen im Prozeß zur Verfügung gestellt, um diese Daten zu sammeln und zu pflegen und um die Projektmitarbeiter zu beraten, wie man sie nutzt.

4. Reifegrad: Der geführte Prozeß

Die Software-Organisation hat umfassende Prozeßmessungen begonnen, die über jene von Kosten- und Zeitplanerfüllung hinausgehen. Jetzt erst sind signifikante Qualitätsverbesserungen möglich.

5. Reifegrad: Der optimierte Prozeß

Die Software-Organisation hat nun eine Grundlage für eine permanente Verbesserung und Optimierung des Prozesses gefunden.

Das Software Engineering-Institut verwendet dieses Modell auch als Grundlage für ein fortlaufendes Bewertungsprogramm. Die Bewertungsmethoden sind auch veröffentlicht worden und Daten von mehreren Dutzend Software-Organisationen sind nun verfügbar. Die meisten Organisationen und Prozesse, genau 86 %, sind in Stufe 1, 12 % in Stufe 2 und 2 % in Stufe 3.

Welche Schlußfolgerungen können wir aus diesen Studien und den Erfahrungen des Software Engineering-Instituts ziehen?

- Die erfolgreiche Einführung neuer Technologien, wie z. B. jener von CASE-Werkzeugen, ist nur möglich, wenn wir Prozeßmodelle verwenden, die zu einem definierten Prozeß führen und wenn wir zu messen beginnen.

- Es ist eine gut strukturierte und ausgereifte Methodologie einschließlich eines Prozeßmodells notwendig als Basis für den definierten Prozeß.

- Die Software-Organisationen benötigen eine schrittweise Strategie, um vom Reifegrad 1 zu weiteren Stufen zu gelangen. Sie müssen Erfahrungen mit diesen verschiedenen Reifegraden sammeln.

3.2 Prozeßmodelle, die sich am Information Engineering orientieren

Unter Information Engineering (IE) wird eine zusammenhängende Menge von Techniken verstanden, mit deren Anwendung Modelle, wie beispielsweise Unternehmensmodell, Daten-/Funktionsmodelle, etc. in Form einer umfassenden Wissensbasis (Repository, Enzyklopädie) entwickelt werden, um Informationssysteme (IS) zu realisieren und zu pflegen. IS, die nach einem IE-Lifecycle entwickelt werden, zeichnen sich durch eine Geschäfts- und Benutzerorientierung aus und werden mit Werkzeugen (CASE-Tools wie beispielsweise ADW) entwickelt.

Anhand der Methodologie von Navigator Systems Series wollen wir ein IE-Prozeßmodell diskutieren. Wir betonen, daß das den Software-Lifecycle wesentlich erweitert.

PLANNING	ANALYSIS	DESIGN	CONSTRUCTION & IMPLEMENTATION
Start-Up & Preparation	Start-Up & Preparation	Start-Up & Preparation	Start-Up & Preparation
Enterprise Strategy Analysis	Business Area Requirements Analysis	Package Installation (P)	Application Construction
Current Information Systems Assessment		Business System Design	Procedures Development
Enterprise Operations Analysis	Package Selection (P)	Technical System Design	System Testing
Enterprise Model Completion	Contract Negotiation (P)	IS Environment Design	Acceptance Testing
		Data Conversion Design	Training
Enterprise Information Architecture Development	Conceptual System Design	Testing Design	Data Conversion
			Implementation
Strategic IS Plan Development	Development Planning	Construction & Implementation Planning	Evolution Planning
Phase Review & Assessment	Phase Review & Assessment	Phase Review & Assessment	Phase Review & Assessment

Abb. 7 Das Prozeßmodell von Navigator Systems Series

Was sind nun die wesentlichen Charakteristiken eines Lifecycle, der sich am Information Engineering orientiert [MART90]?

- Strategische Planungsphase
  In der strategischen Planungsphase entwickeln wir eine Vision der Informationssysteme. Ein wesentlicher Qualitätsaspekt dieser Informationssysteme besteht in der Unterstützung der Unternehmenspläne und -ziele. Daher sind die IS, die wir bauen, ausgerichtet an den Zielen, kritischen Erfolgsfaktoren, Chancen und am Informationsbedarf eines Unternehmens bzw. eines Geschäftsbereichs. Viele der heute vorhandenen Prozeßmodelle haben keine strategische Planungsphase.

- Modellorientierung
  In jeder Phase des Entwicklungsprozesses werden spezifische Modelle erstellt, wie beispielsweise ein Unternehmensmodell in der Planungsphase oder ein Geschäftsbereichsinformationsmodell in der Analysephase.

- Entwicklungstechniken
  Zur Erstellung von Prozeßergebnissen werden Techniken verwendet. Sie umfassen eine methodische Anleitung, wie diese Ergebnisse erarbeitet werden. Beispiele dafür sind die Technik der Erstellung eines unternehmensweiten Datenmodells oder eines Datenmodells für einen Geschäftsbereich.

- Werkzeugorientierung
  Die Prozeßergebnisse werden durch Einsatz von Werkzeugen (CASE-Tools wie beispielsweise ADW) erstellt. Sie sind über ein Repository/Enzykopädie integriert.

- Repository-Orientierung
  Alle Entwicklungsobjekte sind durch ihre Objekttypen und deren Beziehungen in Form eines Meta-Modells festgelegt. Der Einsatz eines Werkzeuges wird durch die Menge jener Objekttypen festgelegt, die dieses Werkzeug manipulieren kann (create, update, read und delete). Physisch wird das Repository durch eine Entwicklungsdatenbank repräsentiert, auf die über eine konsistenz- und redundanzsichernde Kontrollschicht zugegriffen wird.

- Integration des Projektmanagements in das Prozeßmodell
  Jede Phase beginnt mit einem "Start up" und einer Vorbereitungsstufe, wo Projektpläne angelegt und aktualisiert werden. In der vorletzten Stufe jeder Phase wird die nächste Phase strukturiert. Die letzte Stufe enthält immer ein Phasenabschluß- und Bewertungsreview.

- Einsatz von Software-Paketen
  Software-Pakete sind kritische Komponenten bei der Fertigstellung von Anwendungslösungen für Geschäftsprobleme. Im Navigator-Lifecycle sind Aufgaben enthalten, die die Auswahl, Beschaffung, Installation und Anpassung von Software-Paketen unterstützen.

- Projektmanagement-Prozeßmodell
  Aus den Untersuchungen von SEI und nach unseren eigenen Erfahrungen wissen wir, daß das Projektmanagement in vielen Firmen und Software-Organisationen der Schlüsselfaktor für gutes Information und Software Engineering ist. Navigator Systems Series bietet daher ein eigenes Prozeßmodell für das Projektmanagement. Weiters kann jede Phase im Information System Lifecycle als eigenes Projekt geführt werden.

  Was sind die wichtigsten Subprozesse dieses Projektmanagement-Prozeßmodells?

  - Plane das Projekt.
  - Strukturiere das Projekt.
  - Berichte den Projektstatus.
  - Bewerte Änderungen.
  - Kontrolliere das Projekt.
  - Ziehe Schlußfolgerungen aus dem Projekt.

- Projektmanagement-Techniken
  Um diese Prozesse durchzuführen, sind Techniken notwendig. Die wichtigsten Projektmanagementtechniken sind:

  - Definiere den Umfang des Projekts.
  - Definiere die Projektorganisation.
  - Definiere Arbeitspakete.
  - Schätze die Arbeitspakete.

- Plane die Zeit für die Arbeitspakete.
- Überwachungsaktivitäten.
- Manage die Qualität von Zwischen- und Endergebnissen.
- Riskmanagement.
- Changemanagement.
- Diagnostiziere und löse Probleme.
- Berichte über den Projektstatus.

Abschließend zum Thema Prozeßmodelle stellen wir fest, daß sie ein wesentlicher Eckpfeiler für das Qualitätsmanagement sind. Weiters stellen sie einen standardisierten Ansatz dar, um Informationssysteme zu bauen bzw. Software-Pakete auszuwählen und einzuführen. Sie sind auch die Basis für das Projektmanagement, die Qualitätssicherung und das Konfigurations- und Changemanagement.

3.3 Qualitätsdaten/Metriken

Metriken sind ein mächtiges Werkzeug, um den Fortschritt im Vergleich zu den gesetzten Zielen festzustellen. Wir unterscheiden nach Basili [BASI87] objektive und subjektive Metriken. Objektive Metriken sind numerische Ausdrücke, die aus Prozeßergebnissen, wie beispielsweise Quellcode, Entwürfen oder Testdaten berechnet werden. Beispiele dafür sind Software-Qualitäts- und -Komplexitätsmetriken, wie Anzahl der Module eines Systems, Anzahl ausführbarer LOC eines Moduls. Objektiv heißt, daß zwei Metrikbenutzer unabhängig voneinander den identischen Wert berechnen. Subjektive Metriken sind relativ und basieren auf den individuellen Schätzungen und Bewertungen. Beispiele dafür sind "Ausmaß, inwieweit eine Methode verwendet wurde" oder "Ausmaß der Erfahrungen der Projektmitarbeiter".

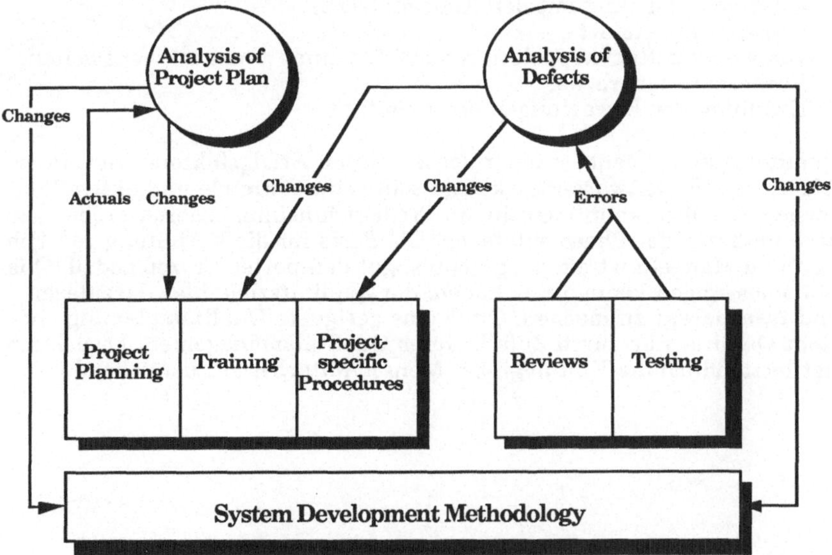

Abb. 8 Einsatz von Metriken

Die Messungen der Qualität mit der Methodologie von Navigator Systems Series konzentrieren sich auf zwei Arten von Qualitätsdaten:

- Defekte,
- Varianzen (Ergebnisse von Vergleichen zwischen aktuellen Projektplandaten mit Schätzungen in den Projektplänen).

Diese Daten sind unverzichtbar in bezug auf Projekte bzw. Prozesse, da sie die Aufmerksamkeit auf Prozeßschritte richten, die in hohem Maße fehlerbehaftet sind.

Die Analyse dieser Daten versetzt uns in die Lage festzustellen, ob die Qualität unserer Prozesse/Produkte für ein spezifisches Projekt oder über eine längere Zeitperiode im Zunehmen ist. Diese Analyse enthüllt auch spezifische Änderungen im Anwendungsentwicklungsprozeß bzw. bei dessen Techniken. Dadurch wird sichtbar, wo überall beispielsweise Training benötigt wird, um die Ursachen dieser Fehler und Mängel zu eliminieren. Eine unabhängige Qualitätssicherungsgruppe hat die beste Position, um uns in einer unabhängigen Art und Weise mit diesen Metriken (Qualitätsdaten) zu versorgen.

4. Zusammenfassung

Ein effektiver Qualitätsmanagementansatz bringt folgenden Nutzen:

- höherer Gewinn durch reduzierte Qualitätskosten,
- hochqualifizierte Mitarbeiter, die mit ihrem Job zufrieden sind,
- verbesserte Kunden-Auftraggeber-Situation,
- bessere Wettbewerbsvorteile durch kürzere Entwicklungszyklen,
- stärkere Beziehung mit den Endbenutzern,
- bessere Projektstarts,
- verbesserter Rückkoppelungsprozeß für einen unternehmensweiten Verbesserungsprozeß,
- Erfüllung der Erwartungen der Benutzer.

Qualitätsmanagement ist einer der kritischen Erfolgsfaktoren für ein erfolgreiches IS-/Software-Projekt und sollte eine führende und aktive Rolle spielen. Qualität kann nicht in ein Produkt hineininspiziert werden, sondern muß in jeder Phase entstehen. Die Basis für die Verhütung von Fehlern und Mängeln ist ein ausgereiftes, gut definiertes Prozeßmodell. Qualitätsmessungen können uns helfen, die Qualitätsziele klar darzulegen und transparent zu machen. Ohne eine geeignete Qualitätsplanung entsteht Qualität nur durch Zufall. Gutes Qualitätsmanagement berücksichtigt letztendlich die Einflußgröße Mensch/Mitarbeiter ausreichend.

Literatur

[BASI87]
Basili V., Rombach H., A Quantitative Approach to Quality Assurance.
Informatik Spektrum, June 1987.

[BUCK87]
Buck R., Dobbins J., The cost of software Quality. In "Handbock of software quality assurance", Neumeyer (Ed.), Van Nostrand Reinhold, 1987.

[E&Y90]
Ernst & Young NAVIGATOR Systems Series©, Methodology Overview Monograph, 1990.

[HUMP89]
Humphrey W., Managing the Software Process. Addison Wesley 1989.

[ISO87]
Guidelines for the application of ISO 9001 to the development, supply and maintenance of software, ISO 1987.

[MART90]
Martin J., Information Engineering. Prentice Hall International 1990.

[RATH88]
Rathbone M.P., Vale J.M., Software Quality Management. Quality Assurance, Vol. 14, No. 3, 1988.

[WALL90]
Wallmüller E., Software-Qualitätssicherung in der Praxis. Hanser 1990.

Haftung für Wirtschaftlichkeitsaussagen
beim Softwareeinsatz

Michael Bartsch

I. Ausgangsfall

Ein Betrieb will ein Softwareprogramm anschaffen, um die Lagerhaltung mittels EDV zu steuern. Das Softwarehaus bietet ein Softwareprogramm an, das laut Prospekt die Lagerhaltung optimiert und die Lagerkosten "um 10 - 30 %" reduzieren soll.

Mit dem Prospekt gibt das Softwarehaus eine ökonomisch relevante Information an die Kunden, die einen erheblichen Einfluß auf die Kaufentscheidung hat.

Ob diese Aussage auch rechtlich relevant ist und daher als Korrektiv das Softwarehaus zur Haftung herangezogen werden kann, wenn die Wirtschaftlichkeitsaussage nicht verwirklicht wird, ist hier zu beantworten.

II. Rechtliche Grundlagen

Zunächst sollen kurz die rechtlichen Grundlagen für diese Softwareanschaffungen dargelegt werden.

1. Kauf- oder Werkvertrag?

a) Entscheidet sich der Anwender für ein Standardsoftwareprogramm, dann liegt ein Austauschvertrag vor, der nach kaufrechtlichen Regeln beurteilt wird.

b) Wenn ein solches Standardsoftwareprogramm jedoch den individuellen Bedürfnissen des Betriebes des Anwenders angepaßt werden und diese Anpassung nicht nur untergeordnete Bedeutung hat, dann finden die Regeln des Werkvertragsrechts Anwendung.

c) Die Regeln des Werkvertragsrechts werden auch angewandt, wenn für den Betrieb des Anwenders eine individuelle Software hergestellt wird.

2. Die Gewährleistungsrechte

Stellt sich nun nach der Anschaffung heraus, daß die Software mit einem Fehler behaftet ist oder eine zugesicherte Eigenschaft fehlt, so treten die Gewährleistungsvorschriften auf den Plan.

a) Im Kaufrecht steht dem Anwender bei Fehlerhaftigkeit gemäß § 462 BGB ein Wandelungs- oder Minderungsrecht zu, also das Recht, die Sache zurückzugeben und das Geld wieder zu bekommen, oder das Recht, den Kaufpreis angemessen zu reduzieren. Fehlt der Kaufsache eine zugesicherte Eigenschaft, dann kann der Käufer gemäß § 463 BGB Schadensersatz wegen Nichterfüllung verlangen.

b) Liegt der Anschaffung der Software ein Werkvertrag zugrunde, dann kann der Anwender zunächst gemäß § 633 Abs. 2 BGB Mängelbeseitigung oder gemäß § 633 Abs. 3 BGB Ersatz für die erforderlichen Nachbesserungsaufwendungen verlangen, wenn der Werkunternehmer mit der Beseitigung des Mangels in Verzug ist. Daneben kann der Kunde Wandelung oder Minderung nach einer Fristsetzung mit Ablehnungsandrohung erklären, oder er kann unter den gleichen Voraussetzungen Schadensersatz wegen Nichterfüllung nach § 635 BGB verlangen, wenn der Werkunternehmer den Mangel zu vertreten hat.

III. Die rechtliche Einordnung von Wirtschaftlichkeitsaussagen

1. Das rechtliche System

Wirtschaftlichkeitsaussagen können rechtlich folgende Bedeutung haben:

- Wie durch jede Mitteilung über das Produkt wird die Sollbeschaffenheit des Vertragsgegenstandes definiert. Ein Mangel ist die Abweichung zwischen dieser Sollbeschaffenheit und dem Istzustand. Folglich ist zu fragen, ob Wirtschaftlichkeitsaussagen rechtlich zur Sollbeschaffenheit werden können, wenn sie beispielsweise in Prospekten stehen.

- Deutlich schärfer haftet der Lieferant, wenn die fragliche Eigenschaft zusichert, wenn er also eine garantie-ähnliche Erklärung abgibt. Zu untersuchen ist, wann dies typischerweise der Fall ist.

- Sodann gibt es noch eine Haftung aus "Verschulden bei Vertragsabschluß", also dafür, daß der Lieferant bei den Vertragsgesprächen fair und redlich vorgeht und keine Luftschlösser verspricht.

Schließlich sind unrichtige Werbeaussagen ein Verstoß gegen
die Regeln des lauteren Wettbewerbs; dieses Thema bleibt allerdings außerhalb des Referats.

2. Werbeaussagen

Rechtlich unterscheidet man, ob leere Anpreisungen des Produkts oder eine ernst gemeinte Mitteilung des Verkäufers vorliegen. Für die üblichen Werbe-Übertreibungen, die der Käufer
als solche erkennen kann, muß der Lieferant nicht einstehen.

Maßgeblich ist, wie ein verständiger Empfänger die Prospekt-
mitteilung auffassen wird. Der in unserem Beispiel genannte
Betrieb wird das Programm nur wegen der im Prospekt genannten
Mitteilung kaufen, Kosten sparen zu können; er will die Inve-
stitionskosten für die Software über diese Ersparnis amortisieren. Wie fast alle Produkte wird auch Software erworben,
um damit einen wirtschaftlich relevanten Zweck zu erreichen.

Werbeaussagen, die die wirtschaftliche Nützlichkeit des Produkts herausstellen, sind deshalb mehr als leere Anpreisungen; sie sind die Grundlage der Kaufentscheidung und als solche vom Lieferanten gemeint.

Dabei kommt es nicht darauf an, ob die Werbeaussage vom Verkäufer stammt oder ob der Kunde sie einem Inserat oder Prospekt des Herstellers entnimmt. Außer in dem Sonderfall, in
welchem der Verkäufer von diesen Werbeaktionen des Händlers
und den dort mitgeteilten Produktinformationen nichts weiß,
muß er für die Richtigkeit solcher Werbeaussagen einstehen,
denn er benutzt sie für den eigenen Warenabsatz und kennt die
augrund dieser Werbung bei den Interessenten entstandenen Erwartungen.

Gerade im Bereich der Werbung für technische Erzeugnisse gehen reklamemäßige Anpreisungen und sachliche Produktbeschreibung ineinander über. Eine Werbeaussage "10 - 30 %" ist schon
dann erfüllt, wenn bei einer nicht exotischen Konstellation

das Mindestmaß von 10 % erreicht wird. Nach meiner Ansicht muß das Vertrauen des Kunden auch bei einer Produktinformation "Verbesserung bis 30 %" geschützt werden; als Minimum der Verbesserung wird der Kunde 1/3 der genannten Obergrenze erwarten dürfen.

3. Sachmangel?

Nicht alle denkbaren Eigenschaften eines Produkts sind Mängel im Sinne des Gewährleistungsrechts. In unserem Fall liegt die Mangelhaftigkeit des Produkts nicht in einer technischen Fehlerhaftigkeit (Funktionsstörung), sondern darin, daß das wirtschaftliche Resultat des Produkts unzureichend ist.

Solche außerhalb des Produkts liegende Eigenschaften lösen nur dann Gewährleistung aus, wenn sie "der Sache ohne weiteres anhaften", wie die Rechtsprechung formuliert.

Für Wirtschaftlichkeitsaussagen wird dies immer zutreffen: Die Wirtschaftlichkeit soll sich ja aus konkreten, technisch oder physikalisch beschreibbaren Eigenschaften des Produktes ergeben. Kraft der besonderen Konstruktion soll die Software eine Auswirkung auf die Wirtschaftlichkeit des mit ihr gesteuerten Vorgangs haben. Die Wirtschaftlichkeitsaussage benennt deshalb den Reflex der technischen Beschaffenheit der Software und ist deshalb unmittelbar mit dieser Beschaffenheit verknüpft.

4. Zugesicherte Eigenschaft

Im Kaufrecht muß der Verkäufer üblicherweise nur mit dem Kaufpreis haften. Vom Sonderfall der Arglist abgesehen, kann der Kunde Schadensersatz aus einem Sachmangel nur fordern, wenn die fragliche Eigenschaft zugesichert wurde.

Eine solche Zusicherung ist ein Sonderfall. Sie liegt vor, wenn ein zum Vertragsinhalt gewordener Wille des Lieferanten erkennbar ist, Gewähr für das Vorhandensein einer Eigenschaft zu übernehmen und unbedingt für die Folgen ihres Fehlens einstehen zu wollen. Die Zusicherung ist also etwas ähnliches wie eine Garantie. Sie unterscheidet sich durch diesen Einstandswillen von der reinen Beschaffenheitsangabe.

Ausdrückliche Zusagen mit den Formulierungen "... sagen wir zu" oder "... stehen wir dafür ein" sind selten. Formularklauseln in Einkaufs-Geschäftsbedingungen, daß alle Produkteigenschaften als zugesichert gelten, sind unwirksam.

Die Rechtsprechung hat häufig entschieden, daß eine Zusicherung stillschweigend gegeben werden kann. Der typische Fall ist, daß der Lieferant mit seinen Angaben besonderes Vertrauen in Anspruch nimmt (also typischerweise bei einem großen Wissensgefälle zwischen den beiden Vertragspartnern) und daß der Kunde insofern besonders schutzwürdig ist. Die Fälle werden letztlich danach sortiert, ob die übliche Gewährleistungshaftung durch Wandelung oder Minderung ausreicht oder ob der Kunde besser geschützt werden muß. Die Standardformulierung der Rechtsprechung ist: "Maßgebend ist, wie der Käufer die Äußerungen des Verkäufers unter Berücksichtigung seines Verhaltens und der Umstände, die zum Vertragsschluß geführt haben, auffassen durfte"; ein klares Kriterium ist dies nicht. Klare Kriterien gibt es auch nicht.

Bei Software ist von Bedeutung, daß eine absolute Fehlerfreiheit bei der Herstellung nicht garantiert werden kann. Folglich wird man mit der verschuldensfreien, garantieähnlichen Einstandspflicht aufgrund einer Zusicherung zurückhaltend sein müssen. Man sagt zu recht, daß der Kunde sich ja Eigenschaften, auf die es ihm unter allen Umständen ankommt, ausdrücklich zusichern lassen kann.

Im Ergebnis wird man Wirtschaftlichkeitsaussagen in aller Regel nicht als Zusicherung, sondern nur als Produktbeschreibungen ansehen.

5. Haftung für falsche Beratung

Häufig entsteht das Problem daraus, daß der Lieferant den Kunden falsch berät und deshalb letztlich der Vertrag über ein für diesen Kunden ungeeignetes Gerät oder eine ungeeignete Software zustande kommt.

Eine Haftung aus Verschulden bei Vertragsabschluß wird in diesen Konstellationen üblicherweise nicht in Frage kommen. Die Rechtsprechung des Bundesgerichtshofes war längere Zeit schwankend, sagt aber nun klar, daß solche Beschaffenheitsangaben über das Gewährleistungsrecht reguliert werden.

Etwas anderes gilt, wenn das Softwarehaus den Kunden detailliert und mit großem Aufwand beraten hat (wie dies bei PPS-Systemen häufig der Fall ist) und wenn als Ergebnis dieser Beratung dann Wirtschaftlichkeitsangaben gemacht oder frühere Wirtschaftlichkeitsangaben (z.B. aus Prospekten) wiederholt oder nicht ausdrücklich revidiert werden. Denn solche Konstellationen faßt die Rechtsprechung als gesonderten Beratungsvertrag auf.

Das besondere Risiko der Softwarehäuser hier ist, daß Gewährleistungsansprüche binnen 6 Monaten verjähren, Ansprüche aus fehlerhafter Erfüllung eines Beratungsvertrages jedoch 30 Jahre lang halten.

6. Zusammenfassung

Wirtschaftlichkeitsangaben sind Beschreibungen der Sollbeschaffenheit des Produkts; wenn die Istbeschaffenheit nicht unerheblich hiervon abweicht, liegt ein Sachmangel vor. Im Kaufvertrag riskiert der Verkäufer hierbei typischerweise nur den Kaufpreis. Allerdings kann eine Eigenschaftszusicherung vorliegen. Dann haftet der Verkäufer ohne weiteres Verschulden für alle Folgeschäden.

Bei Werkverträgen ist das Haftungsrisiko des Lieferanten deutlich höher, denn hier haftet er schon bei leichtem Verschulden auf Schadensersatz, und zwar ebenfalls für allen Folgeschaden. Das kann empfindlich teuer werden.

IV. Allgemeine Geschäftsbedingungen

Die Sonderprobleme von Einkaufsbedingungen und der Kollision von Geschäftsbedingungen sollen hier nicht erörtert werden, sondern nur die Wirksamkeitsgrenzen für Haftungsbegrenzungen in Lieferanten-AGB.

Das kaufrechtliche Gewährleistungskonzept ist durch das Gesetz über Allgemeine Geschäftsbedingungen stark gesichert. Der Verkäufer kann sich lediglich eine Nachbesserungschance einräumen lassen. Für Haftungsbegrenzungsklauseln in Allgemeinen Geschäftsbedingungen der Lieferanten gelten folgende Regeln:

- Die Haftung für Vorsatz und grobe Fahrlässigkeit kann nicht ausgeschlossen oder beschränkt werden. Im Zweifel muß der Lieferant beweisen, daß die unrichtige Werbeaussage nur leicht fahrlässig gemacht wurde.

- Nicht reduziert werden kann die Haftung aus zugesicherter Eigenschaft.

- In diesen beiden Fällen haftet der Lieferant auch auf entgangenen Gewinn. Die Haftung ist nur für nicht vorhersehbare, nicht erwartbare Schäden ausschließbar.

- Bei Beratungsverträgen kann die Haftung nicht einmal für leichte Fahrlässigkeit komplett ausgeschlossen werden. Sinn des Beratungsvertrages ist, richtige Auskünfte zur Verfügung zu stellen. Dieser Vertragszweck würde ausgehöhlt, wenn der Berater nicht für die Richtigkeit seines Beratungsergebnisses einstehen müßte. Richtig zu beraten ist die Kardinalpflicht des Beraters, und für Kardinalpflichten muß auch bei leichter Fahrlässigkeit noch eine nennenswerte Haftung bestehen.

Wirtschaftlichkeitsaussagen schaffen deshalb für Softwarehäuser nennenswerte Risiken und sind wohl zu überlegen. Die Situation ist ähnlich wie im Produkthaftungsrecht: Die besondere Anpreisung eines Produkts ("100 % wasserdicht") schafft eine besondere Kundenerwartung und damit ein hohes Haftungsrisiko.

V. Praktische Hinweise

Für Lieferanten sind die Hinweise einfach aufzuzählen und schwer einzuhalten:

- Die Produkte müssen tauglich sein.

- Die Produktbeschreibung, auch in der Werbung, muß korrekt sein.

- Haftungsbegrenzungsklauseln sollte man nur im zulässigen Maß, also nur sehr beschränkt, in Geschäftsbedingungen aufnehmen, sonst sind sie komplett unwirksam.

- Das Beratungsgespräch, aus welchem der Kunde häufig die Wirtschaftlichkeitsaussage entnimmt, sollte dokumentiert werden.

- Bei größeren Softwareprojekten ist die sorgfältige Vertragsgestaltung eine zwingend notwendige Sicherungsmaßnahme.

Für Kunden gelten die komplementären Regelungen:

- Er wird Werbebroschüren und Inserate aufbewahren und Lieferanten-Aussagen dokumentieren.

- Er wird sich gegenüber dem Verkäufer möglichst kenntnislos stellen, dies schriftlich dokumentieren und damit ein hohes Wissensgefälle zwischen sich und dem Lieferanten beweisbar machen.

- Er wird darauf dringen, daß die für ihn zentralen Eigenschaften des Produkts zugesichert werden.

- Wenn er die Produkteigenschaft nicht alsbald nach Anlieferung der Software testen kann, wird er sich eine lange Prüffrist ausbedingen (Gewährleistungsbeginn 1 Monat nach Ende der Schulung) oder eine lange Gewährleistungsdauer, z.B. 12 Monate, fordern. Denn das Verjährungsrecht erfaßt auch solche Mängel, die der Kunde bis zum Verjährungsende nicht erkennen konnte.

- Unwirksame Haftungsbeschränkungsklauseln des Lieferanten wird er als solche erkennen. Er kann dann entscheiden, ob er sie unkritisiert läßt und sich hinterher auf ihre Unwirksamkeit beruft.

Beide Seiten können sich also vernünftig auf die Gegebenheiten einrichten. Gemeinsamer Nenner ist die sachgerechte Vertragsgestaltung, also der sachgerechte technische Beschrieb des Vertragsgegenstandes, eine wahrheitsgemäße und einhaltba-

re Beschreibung der wirtschaftlichen Auswirkungen dieses Ge-
genstandes und ein faires und rechtlich wirksames Konzept von
Regeln für den Fall von Vertragsstörungen.

Rechtsanwalt Michael Bartsch, Karlsruhe
Lehrbeauftragter der Universität Karlsruhe
unter Mitarbeit von Frau Assessorin Birgit Roth

Literaturverzeichnis:

Gerichtsentscheidungen:

Bundesgerichtshof Wertpapiermitteilung 1985 S. 522

Bundesgerichtshof Wertpapiermitteilung 1989 S. 459

Entscheidungen des Bundesgerichtshofs in Zivilsachen Band 87
S. 302

Oberlandesgericht Karlsruhe, Computer und Recht (CR) 1986
S. 549

Kammergericht Berlin, CR 1986 S. 643

Oberlandesgericht Düsseldorf, CR 1989 S.689

Oberlandesgericht Köln, CR 1989 S. 391

Oberlandesgericht Köln, CR 1992 S. 153

Kommentare und Aufsätze:

Münchener Kommentar zum Bürgerlichen Gesetzbuch, § 459
Rdn. 58

Soergel, Kommentar zum Bürgerlichen Gesetzbuch, § 459
Rdn. 169

Bartsch: "Softwareüberlassung - Was ist das?" CR 1992 Heft
Juli

Bartsch: "Gewährleistungsrecht, Schadensersatzrecht und Recht
der Allgemeinen Geschäftsbedingungen für Software" in:
Kölsch/Schmid/Schweiggert: "Wirtschaftsgut Software" (Verlag Teubner Stuttgart)

Gorny: "Kategorien von Softwarefehlern" CR 1986 S. 673

Lehmann: "Die bürgerlichrechtliche Haftung für Werbeangaben"
Neue Juristische Wochenschrift 1991 S. 1238

Nauroth: "Leistungsbeschreibungen: Notwendiges Instrument zur
Konkretisierung vertraglicher Leistungen bei Softwareverträ-
gen" CR 1987 S. 153

Versicherbarkeit des Haftpflichtrisikos in der EDV

Dr. G. Otto, Hannover

1 Einleitung

Während in der Literatur zahlreiche Auseinandersetzungen über Fragestellung stattfinden, wie "Ist Software ein Produkt?" oder ob Kauf- oder Werkvertragsrecht auf vertragliche Gewährleistungsansprüche anzuwenden ist, wird die Problematik des Folgeschadenrisikos nur sehr zurückhaltend aufgegriffen. Im folgenden Beitrag soll aus der Sicht eines Versicherers die Haftpflichtproblematik in der EDV aufgearbeitet werden. Da die Haftpflichtversicherung untrennbar mit dem ihr zugrundeliegenden Haftpflichtrecht verbunden ist, werden zunächst die einschlägigen Haftungsnormen kurz dargestellt. Daran anschließend erfolgt eine Auseinandersetzung mit den auf dem Markt erhältlichen Versicherungsprodukten, wobei die besondere technische Situation in der EDV berücksichtigt wird.

2 Risikopotential

Um einen adäquaten Versicherungsschutz gegen Folgeschäden zu erhalten, muß der Versicherungsnehmer zunächst seine konkrete Risikosituation analysieren und eine Abwägung dahingehend durchführen, ob die aufgefundenen Risiken von ihm selbst getragen werden können oder ob, und wenn ja in welchem Umfang, die vorgefundenen Risiken durch einen Versicherungsvertrag abgedeckt werden sollen.

Bei der Verwendung von Steuerungssoftware kann es beispielsweise in Folge einer Fehlsteuerung zu einem Brand oder einer Explosion kommen, wodurch Personen- oder Sachschäden verursacht werden. Bei einem Sachschaden kann der Schaden an der gelieferten Software selbst entstehen oder es kann auch eine weitere dritte Sache beschädigt wird.

Durch einen Ausfall der Software kann es ferner auch zu Vermögensschäden kommen, wobei die "mittelbaren Vermögensschäden" von den "unmittelbaren Vermögensschäden" zu unterscheiden sind. Der sogenannte mittelbare Vermögensschaden tritt als Folge eines Personen- oder Sachschadens ein (z. B. Lohnausfall etc.). Dem unmittelbaren Vermögensschaden geht kein weiterer Personen- oder Sachschaden voran (Betriebsunterbrechungsschaden als Folge des Nichtfunktionierens der Software).

3 Haftung für Folgeschäden

Mit dem Gewährleistungsrecht des BGB kann der Abnehmer gegen den Verwender oder den Hersteller von Hard- und Software nur solche Ansprüche geltend machen, die das Gleichgewicht zwischen dem Wert der Ware und dem Kaufpreis wiederherstellen sollen oder er kann den Vertrag auch rückgängig machen.

Neben diesem Bereich des "kaufmännischen Risikos" kann es beim Abnehmer aufgrund eines Softwarefehlers oder einer fehlerhaften Beratung auch zu Folgeschäden kommen, die sich außerhalb der Software manifestieren. In der Literatur wird auf diese Fälle der Mangelfolgeschäden bzw. der Haftung für Beratungsfehler, die sogenannte deliktische Produkthaftung oder das seit dem 01.01.90 geltende Produkthaftungsgesetz angewendet. Nicht berücksichtigt wird hierbei allerdings häufig, daß sich die Mehrzahl der Folgeschäden im Softwarebereich bei der Anwendung von Individual-Software und damit regelmäßig in einem Vertragsverhältnis Besteller / Hersteller verwirklichen. Wesentlicher Unterschied zwischen der vertraglichen Produkthaftung und der delikitschen Produkthaftung nach § 823 Abs. 1 BGB beziehungsweise nach § 1 ProdHG ist, daß im Rahmen der vertraglichen Produkthaftung (i. d. R. positive Vertragsverletzung) auch für Vermögensschäden gehaftet wird. Gerade dieser Bereich der Vermögensschäden besitzt aber beim Softwareeinsatz eine besondere Brisanz, wenn z. B. die Gefahr eines Betriebsunterbrechungsschadens droht.

3a) Deliktische Produkthaftung und Produkthaftungsgesetz

Voraussetzung für einen Anspruch des Geschädigten nach § 823 Abs. 1 BGB ist, daß durch die fehlerhafte Software ein Personen- und/oder Sachschaden eingetreten ist. Der Hersteller muß den Fehler und hierdurch kausal den Schaden vorsätzlich oder fahrlässig, d. h. schuldhaft herbeigeführt haben. In der Literatur wird dabei vielfach diskutiert, ob Software ein "Produkt" im Sinne dieser von der Rechtsprechung geschaffenen Produkthaftung nach § 823 Abs. 1 BGB ist. Dabei geht mittlerweile die einhellige Meinung in der Literatur davon aus, daß zumindest Standard-Software ein "Produkt" im Sinne der deliktischen Produkthaftung ist.[1]

Hinsichtlich der Individual-Software wird in der Literatur häufig vernachläßigt, daß eine Subsumtion der Individual-Software unter den Begriff "Produkt" allenfalls für die Frage von Bedeutung sein kann, ob den Hersteller oder den Verwender die Beweislast dafür trifft, daß der Hersteller den Softwarefehler und hierdurch den Schaden *schuldhaft* herbeigeführt hat. Auch wenn die Ansicht richtig wäre, daß Software kein "Produkt" ist, hätte dies zur Folge, daß ein Haftpflichtanspruch nach § 823 Abs. 1 BGB gegen den Software-Hersteller geltend gemacht werden kann.[2]

Beginnend mit der Hühnerpest-Entscheidung[3] hatte der Bundesgerichtshof eine derartige Umkehr der Beweislast zu Lasten des "industriellen Produzenten" statuiert, wonach dieser sich hinsichtlich der Frage, ob ihn an der Verursachung des Schadens ein Verschulden trifft, zu entlasten hat. Der Bundesgerichtshof ist in seiner Rechtsprechung zur Produkthaftung davon ausgegangen, daß der Verbraucher keine Möglichkeit hat, den Nachweis zu erbringen, daß beispielsweise die fehlerhafte Organisationsstruktur eines Unternehmens oder auch ein konkreter Fertigungsfehler den bei ihm entstandenen Schaden verursacht hat. Diese Rechtsprechung zur Produkthaftung bei industriell gefertigten Produkten floß im Laufe der Zeit immer mehr in die allgemeine Rechtsprechung zur Beweislastverteilung nach Gefahrenbereichen ein[4] und es ist davon auszugehen, daß der Bundesgerichtshof selbst bei einer Entscheidung dahingehend, daß Individual-Software kein "Produkt" ist, trotzdem aufgrund der Sachlage (keine Möglichkeit des Verbrauchers nachzuweisen, wie der Fehler verursacht worden ist) auch hier eine Verteilung der Beweislast nach Gefahrenbereichen und damit zu Lasten des Software-Herstellers entscheiden würde.

Vielfach kann der Anwender bei der Standard-Software z. B. durch Informationsaustausch mit anderen Anwendern sogar viel einfacher einen schuldhaft verursachten Fehler der Software nachweisen als bei der häufig wesentlich komplexeren Individual-Software. Folglich wäre eine Umkehr der Beweislast gerade bei der Individual-Software erforderlich.

Aber auch eine nähere Betrachtung des Begriffes "Produkt" würde meines Erachtens dazu führen, Individual-Software nach der "Produkthaftung" zu beurteilen. Letztlich wird mit der Übergabe der Individual-Software genauso wie bei der Standard-Software dem Verwender durch den Hersteller ein Produkt menschlicher Tätigkeit überlassen. Ob dieses Produkt standardmäßig hergestellt worden oder ob es das Ergebnis einer individuellen Fertigung ist, kann meines Erachtens aus deliktsrechtlicher Sicht keine Rolle spielen.

Wurde bereits festgestellt, daß hinsichtlich des Verschuldens eine Beweislastumkehr sowohl bei der Individual- wie auch bei der Standard-Software eintreten kann, ist eine weitere Entscheidung des Bundesgerichtshofes für die Softwareherstellung möglicherweise von entscheidener Bedeutung. In der "Mehrwegflaschen-Entscheidung"[5] stellt der BGH fest, daß ein Hersteller, von dessen Produkt eine typische Gefährdung ausgeht, zu bestimmten Qualitätssicherungskontrollen und zur Sicherung der so ermittelten Befunde verpflichtet ist, wenn es nach Auslieferung des Produktes zu nachträglichen Veränderungen kommen kann und der Hersteller somit der einzige in der Absatzkette ist, der den Ursprungszustand überprüfen kann.

Diese Fallkonstellation ist geradezu typisch für Software-Produkte, die beispielsweise in der Medizin eingesetzt wird. Hier ist dem Hersteller in jedem Fall zu raten, von der ausgelieferten Software und von jeder nachträglich durchgeführten Veränderung eine Kopie anzufertigen.

Hinsichtlich der Haftung nach dem *Produkthaftungsgesetz* kann bezüglich der Einordnung der Software als Produkt auf die obigen Ausführungen verwiesen werden. Danach ist das Produkthaftungsgesetz auf Standard- und auf Individual-Software anwendbar. Aber auch hier ist zu berücksichtigen, daß der Geschädigte nach dem Produkthaftungsgesetz keinen Ersatz für Vermögensschäden geltend machen kann.

Eine wesentliche Erweiterung der Haftung stellt die Ausdehnung des Herstellerbegriffs auf den Quasi-Hersteller und auf den Importeur dar, der ein Produkt in die EG (also z. B. auch aus den USA) einführt. Quasi-Hersteller ist derjenige, der auf ein fremdes Produkt seinen Namen, sein Zeichen usw. druckt oder sonst anbringt und sich somit als Hersteller ausgibt. Auch dieser Personenkreis wird zukünftig voll als Hersteller in Anspruch genommen werden können.

3b)   Vertragliche Produkthaftung

Als wesentliche Haftungsgrundlage der vertraglichen Produkthaftung ist die von der Rechtsprechung entwickelte positive Vertragsverletzung (pVV) zu sehen. Die Haftungsvoraussetzungen für die pVV sind nahezu identisch mit denen der deliktischen Produkthaftung. Allerdings wird hier nicht diskutiert, ob eine Standard- oder Individual-Software vorliegt. Soweit ein Vertrag zwischen dem Geschädigten und dem Schädiger besteht löst die Verletzung einer vertraglichen Nebenpflicht die Haftung aus. Ferner trägt die Beweislast hinsichtlich des Verschuldens grundsätzlich der Schädiger.

Der wichtigste Unterschied zur deliktischen Produkthaftung ist, daß der Schädiger auch für Vermögensschäden haftet. Insofern ist es völlig unverständlich, daß sich der überwiegende Teil der Literatur lediglich mit der Deliktshaftung beschäftigt und nicht auf die pVV eingeht.

Gleiches gilt für die Haftung wegen Fehlens einer zugesicherten Eigenschaft (§ 463 BGB). Auch hier kann der Verkäufer für Folgeschäden haftbar gemacht werden, soweit seine Zusicherung den Schutz vor den eingetretenen Folgeschäden umfaßte.

Eine in der Praxis wesentliche Einschränkung der Anspruchsdurchsetzungsmöglichkeit bei vertraglichen Ansprüchen ist die regelmäßig kurze Verjährung von 6 Monaten ab Beginn der Abnahme bzw. der Übergabe. Allerdings ist zu beobachten, daß die Rechtsprechung hier massiv versucht, durch eine Verlegung der tatsächlichen Abnahme auf einen möglichst späten Zeitpunkt und durch eine extensive Anwendung der Verjährungshemmungs- und -unterbrechungsvorschriften für den Zeitraum einer Nachbesserung, den Ablauf der Verjährungsfrist möglichst weit hinauszuzögern. Eine unternehmerische Einstellung, daß man nach 6 Monaten nach Übergabe der Software keiner Haftung mehr ausgesetzt ist, kann in der Praxis daher fatale Folgen haben. Ferner muß jeder Unternehmer vor dem Hintergrund der relativ scharfen Haftung im Rahmen der pVV immer prüfen, ob mit den Verträgen die er unterschreibt eine längere Verjährungsfrist vereinbart wird. Umgedreht sollte der Anwender gerade bei der Haftung für pVV auf eine Verlängerung der Verjährungsfrist drängen.

Bei der Beantwortung der Frage, wann die Verjährungsfrist abgelaufen ist, muß auch berücksichtigt werden, daß diese bei der pVV nur dann 6 Monate beträgt, wenn der Schaden auf einen Fehler des Produkts zurückzuführen ist. War die Verletzung einer Beratungspflicht ursächlich für den eingetretenen Schaden und nicht ein Fehler des Produkts beträgt die Verjährungsfrist 30 Jahre.

Software-Hersteller sollten folglich die relevanten Vertragsunterlagen, Pflichtenhefte etc. nicht nur 6 Monate oder 1 Jahr aufbewahren. Um sich effektiv vor deliktischen oder u. U. auch vor vertraglichen Ansprüchen wegen Folgeschäden schützen zu können, ist es theoretisch erforderlich diese Unterlagen 30 Jahre aufzubewahren.

4   Haftpflichtversicherung

Den Haftpflichtversicherungen liegen regelmäßig die Allgemeinen Versicherungsbedingungen für die Haftpflichtversicherung (AHB) zugrunde. Die Bedingungen werden durch die Allgemeinen Bedingungen für die Betriebshaftpflichtversicherung erweitert. Ferner werden regelmäßig besondere Bedingungen ausgehandelt, die auf den Einzelfall zugeschnitten sind.

4a) Versicherung nach den Allgemeinen Versicherungsbedingungen für die Haftpflichtversicherung (AHB)

Gemäß § 1 Nr. 1 AHB gewährt der Versicherer

> *"dem Versicherungsnehmer Versicherungsschutz für den Fall, daß er wegen eines während der Wirksamkeit der Versicherung eingetretenen Schadenereignisses, das den Tod, die Verletzung oder Gesundheitsschädigung von Menschen (Personenschaden) oder die Beschädigung oder Vernichtung von Sachen (Sachschaden) zur Folge hatte, für diese Folgen aufgrund gesetzlicher Haftpflichtbestimmungen privatrechtlichen Inhalts von einem Dritten auf Schadensersatz in Anspruch genommen wird."*

Damit gewährt die AHB Deckungsschutz für Personen- und Sachschäden. Mitgedeckt sind die sogenannten mittelbaren Vermögensschäden, die als Folge eines Personen- oder Sachschadens eintreten.

Die AHB enthält auch keinen Ausschluß für Software-Produkte etc. Somit wäre das Risiko der Inanspruchnahme aus § 823 Abs. 1 BGB und das Risiko aus der vertraglichen Produkthaftung, soweit Personen- und/oder Sachschäden eingetreten sind, bereits über eine AHB-Deckung abgesichert.

Die AHB enthält in § 4 mehrere Ausschlüsse. Die wesentlichen Ausschlüsse für den Software-Hersteller und -Anwender sind:

- keine Deckung für die vertragliche Erfüllungsleistung (§ 1 I, 4 I 6 Abs. 3 AHB) und somit auch

- keine Deckung für Schäden am Produkt selbst,

- Ausschluß von Tätigkeitssachschäden (§ 4 I 6b), die bei der Erfüllungstätigkeit entstehen, wenn im Rahmen der Erfüllungsleistung auf Sachen Dritter eingewirkt wird,

- Ausschluß von Schäden durch Radioaktivität (§ 4 I 7),

- Mietsachschäden, die an gemieteten, geleasten etc. Sachen entstehen (§ 4 I 6a).

Aus § 1 Nr. 1 AHB folgt ferner, daß kein Versicherungsschutz für unmittelbare Vermögensschäden auf AHB Grundlage gewährt wird. Vermögensschäden können jedoch grundsätzlich durch eine von der AHB abweichende Regelung mitversichert werden.

4b)   Betriebshaftpflichtversicherungen

Mit modernen Betriebshaftpflichtversicherungen können einerseits die oben aufgezeigten Deckungseinschränkungen des § 4 I AHB aufgehoben werden (regelmäßig mit eingeschränkter Deckungssumme) und andererseits auch Vermögensschäden mitversichert werden. Zu beachten ist, daß mit einer Betriebshaftpflichtversicherung nur die Risiken gedeckt werden, die in der Betriebsbeschreibung erfaßt worden sind.

Hinsichtlich der Mitversicherung von Vermögensschäden ist zu berücksichtigen, daß diese regelmäßig mit einem niedrigen Unterlimit versichert werden (z. B. DM 20.000 bis DM 100.000) und zudem in den vereinbarten Bedingungen ein Ausschluß vereinbart wird, wonach Vermögensschäden, die im Zusammenhang mit der Datenverarbeitung entstehen, vom Versicherungsschutz ausgeschlossen bleiben. Der pauschale Hinweis von Stürmer, daß Industrie-Haftpflichtpolicen auf AHB-Grundlage Deckungsschutz für Vermögensschäden bieten, geht somit an den Bedürfnissen der Software-Hersteller vorbei und ist in diesem Zusammenhang zumindest irreführend.[6]

4c)   Produkthaftpflicht-Modell

Als Teil der Betriebshaftpflichtversicherung kann das sogenannte Produkthaftpflicht-Modell vereinbart werden, das als Kompromiß zwischen dem HUK-Verband, dem BDI und dem DVS[7] entwickelt wurde. Mit den enumerativ aufgezählten Deckungsbausteinen können bestimmte Vermögensschäden, die im Zusammenhang mit der Auslieferung von fehlerhaften Produkten entstehen, ersetzt werden.[8] Beispielsweise deckt Baustein 4.2. die Kosten, die durch die Weiterverarbeitung eines fehlerhaften Produkts entstehen. 4.4. erfaßt die Kosten, die erforderlich sind, um ein fehlerhaftes Produkt, daß in ein anderes Produkt eingebaut worden ist, wieder auszubauen und ein fehlerfreies einzubauen.

Von Bedeutung für den Software-Hersteller kann in diesem Zusammenhang die Klausel 4.5. bzw. die Steuerelementeklausel sein. Baustein 4.5. des Produkthaftpflicht-Modells regelt die Fälle, in denen eine gelieferte, fehlerhafte Maschine fehlerhafte Produkte herstellt. Mit der Steuerelemente-Klausel kann der Anwendungsbereich auch auf zugelieferte Steuerungselemente ausgeweitet werden.

Abschließend kann somit festgestellt werden, daß mit dem Produkthaftpflicht-Modell bestimmte enumerativ aufgezählte Kostenschäden versichert werden können. Auch hier besteht allerdings kein Versicherungsschutz für die Erfüllungsleistung selbst oder für sonstige Vermögensschäden, insbesondere nicht für Betriebsunterbrechungsrisiken.

4d)   Software-Vermögensschadenkonzepte

Ergänzend zu den Betriebshaftpflichtdeckungen werden von einigen Versicherern Software-Vermögensschadenkonzepte angeboten, die die in einer herkömmlichen Deckung bereits möglichen Deckungserweiterungen mit einer weitergehenden Versicherung von unmittelbaren Vermögensschäden kombinieren. Allerdings ist anzumerken, daß auch durch Vereinbarung dieser Policen kein Deckungsschutz gewährt wird für das kaufmännische Risiko. Deckungsschutz wird nur für Folgeschäden gewährt, nicht aber z. B. für die Fälle, in denen eine Software nicht rechtzeitig läuft und Verzugsschäden etc. auftreten.

Deckungsvoraussetzung ist in der Regel, daß eine Abnahme der Software vorliegt. Vielfach wird sogar gefordert, daß eine schriftliche Abnahmeerklärung vorgelegt wird. Insbesondere bei der Individual-Software führt diese Einschränkung häufig zum Wegfall des Deckungsschutzes.

Eine weitere wesentliche Einschränkung des Deckungsschutzes wird im Bereich des Betriebsunterbrechungsschadens, dem Zentrum des Interesses des Software-Herstellers, vorgenommen, indem die allgemeine Deckungssumme für derartige Risiken auf z. B. DM 1 Mio begrenzt wird. Gleichzeitig wird eine relativ hohe Selbstbeteiligung vereinbart (z. B. DM 100.000). Aus diesem Grund wird diese Police in der Praxis von vielen Versicherungsnehmern nicht abgeschlossen.

Unterschiedlich wird auch das Virenrisiko gehandhabt. Während einige Versicherer Deckungsschutz (teils mit Unterlimit) bieten, enthalten die Konzepte von Konkurrenzunternehmen einen vollständigen Ausschluß. Meines Erachtens sollte hier zur Deckungsvoraussetzung gemacht werden, daß der Versicherungsnehmer die Programme, die er ausliefert mit einem Virensuchprogramm untersucht und die Ergebnisse dokumentiert. Dieses Virensuchprogramm müßte nach dem Stand der Technik auf die Viren etc. ausgerichtet sein, die im Zeitpunkt der Auslieferung bekannt sind. Durch dieses Vorgehen könnte dann das Haftpflichtrisiko minimiert werden (Nachweismöglichkeit, daß kein Verschulden vorliegt).

Ferner enthalten die Policen folgende Ausschlüsse:

- Vermögensschäden, die darauf zurückzuführen sind, daß die Software nicht nach den anerkannten Regeln der Technik geprüft worden sind;
- Schäden, die darauf zurückzuführen sind, daß die Hardware nicht genügend Kapazität hatte;
- Sach- und Vermögensschäden wegen eines nicht reproduzierbaren Fehlers.

Aufgrund der erheblichen Einschränkungen des Versicherungsschutzes durch Ausschlüsse, Unterlimits und Selbstbehalte und die "auskömmlichen

Prämien", sollten die Einkäufer derartiger Produkte diese sehr aufmerksam prüfen.

Die Zurückhaltung der Versicherer bei der Zeichnung von Software-Vermögensschadenrisiken hat mehrere Gründe. Zum einen verschmilzt hier der gedeckte Vermögensfolgeschaden mit dem nicht gedeckten Erfüllungsschaden. Im Schadenfall ist eine Trennung nur bedingt möglich.

Ferner ist gerade bei der Individual-Software zu beobachten, daß ein kontinuierlicher Bearbeitungs- und Weiterentwicklungsvorgang stattfindet. Der Ersteller nimmt somit auch kontinuierlich Einfluß auf das von ihm gelieferte Produkt. Demgegenüber zeichnet sich die Haftpflichtversicherung dadurch aus, daß die Schäden ersetzt werden, die zufällig, quasi unfallartig entstehen. Für den Produktbereich bedeutet dies, daß eine herkömmliche Deckung nach der Abnahme ansetzt, wenn der Hersteller keinen Einfluß mehr auf das im Markt befindliche Produkt hat.

Bei der Versicherung des Softwarerisikos könnte eine Lösungs-möglichkeit dieses Problems darin liegen, daß die volle Deckungssumme nur dann zur Verfügung steht, wenn eine förmliche Abnahme erfolgt ist und die Software beispielsweise einen Monat fehlerfrei gelaufen ist. Andernfalls würde der Versicherer nur mit einem Unterlimit oder/und mit erhöhten Selbstbehalten operieren. Durch diesen Anreiz könnten die Fälle minimiert werden, in denen das Produkt einfach noch nicht praxistauglich ist. Schäden die hierdurch entstehen sind meines Erachtens dem kaufmännischen Risiko zuzuordnen und können nicht auf den Versicherer abgewälzt werden.

Ferner zeichnet sich der Vermögensschadenbereich insgesamt dadurch aus, daß beispielsweise der eingetretene Betriebsunterbrechungs-schaden nur bedingt in Mark und Pfenning bewertet werden kann.

Abschließend ist anzumerken, daß vor einer Indeckungnahme des Risikos immer eine Risikountersuchung durch den Versicherer stattfinden sollte, d. h., daß der Versicherer entsprechende Experten beauftragen oder einstellen müßte. Hierdurch könnte in der Praxis jedoch nur in den Fällen eine effektive Risikoermittlung durchgeführt werden, in denen sich der Versiche-rungsnehmer kontinuierlich in einem bestimmten Marktsegment aufhält. Versicherungsnehmer, die heute ein Textverarbeitungssystem und morgen eine Steuerungssoftware zur Herstellung von Raumfahrtstationen entwickeln, werden auch zukünftig erhebliche Schwierigkeiten bei der Eindeckung ihrer Risiken haben.

1. Vgl. z. B. Meier/Wehlau, Produzentenhaftung des Softwareherstellers, CR 90 S. 95 ff, 95

2. Eine derartige Diskussion wird stellvertretend für viele z. B. bei Meier/Wehlau, a. a. O. oder bei Engel, Produzentenhaftung für Software, CR 86 S. 702 ff. 705 nicht geführt.

3. BGHZ 51, 91 oder Schmidt-Salzer, Entscheidungssammlung Produkthaftung I. 58

4. Vgl. auch zur Beweislastverteilung nach Gefahrenbereichen als allgemeines Prinzip der Zivilprozeßordnung die Anmerkung von Schmidt-Salzer in der Entscheidungssammlung Produkthaftung zu II. 173

5. BGHZ 104, 323; Schmidt-Salzer, Entscheidungssammlung Produkthaftung I. 266

6. Vgl. Stürmer, Aspekte der Versicherung von Produkthaftpflicht für Software, CR 86 S.754 ff., 755

7. Deutscher Versicherten Schutzverband

8. Vgl. hierzu die Ausführungen Schmidt-Salzer/Otto in Computerrechts-Handbuch, 112 S. 54 ff.

Verfahren zur Ermittlung der Wirtschaftlichkeit von Informationssystemen

E. Stickel, Stuttgart

Zusammenfassung. Investitionen in moderne Informationstechnologie können in den meisten Bereichen nicht mehr ausschließlich durch sofort realisierbare Kostenreduktionen gerechtfertigt werden. Ihr effizienter Einsatz führt vielmehr zu höherer Arbeitsproduktivität und zu Verschiebungen der Tätigkeitsstrukturen. Daneben wird die strategische Bedeutung des effizienten Einsatzes der Informationstechnik ein immer bedeutenderer Erfolgsfaktor. Aufgrund der meist hohen erforderlichen Investitionsmittel kommt Verfahren zur Abschätzung der Wirtschaftlichkeit eine große Bedeutung zu. Die klassischen Verfahren der Investitions- und Wirtschaftlichkeitsrechnung sind dabei im allgemeinen nicht direkt anwendbar. Im folgenden Beitrag wird zunächst eine Fallstudie aus dem Bereich der Zahlungsverkehrsautomation bei Kreditinstituten vorgestellt. Es wird aufgezeigt, daß selbst bei Investitionen im Massengeschäft der Kreditinstitute, wo bisher im Regelfall Kostensenkungspotentiale direkt zur Rechtfertigung von Investitionen verwendet werden konnten, ein Umdenken erforderlich wird. Im zweiten Teil des Beitrags wird auf zwei Verfahren eingegangen, die eine Quantifizierung qualitativer Effekte erlauben. Insbesondere wird eine praxistaugliche Erweiterung des häufig propagierten hedonistischen Verfahrens vorgestellt.

1 Einführung

Das Ziel, das mit dem Einsatz betrieblicher Informationstechnik verfolgt wird, ist die Steigerung der betrieblichen Effizienz und Effektivität. Der Computereinsatz in Unternehmen kann nach unterschiedlichen Merkmalen klassifiziert werden. Nach Nolan [25] kann man die folgenden sechs Phasen der DV-Durchdringung unterscheiden:

Phase 1: Die vorhandenen DV-Anwendungen sind Anwendungen zur Bewältigung des Massengeschäftes. Im Vordergrund steht die Ausschöpfung von Rationalisierungspotentialen.

Phase 2: Es erfolgt eine weitere Durchdringung des Unternehmens mit DV-Anwendungen. Die Endbenutzer stellen vermehrt Anforderungen an die DV-Funktion. Die Auswahl von zu realisierenden Anwendungen erfolgt allerdings immer noch primär unter Rationalisierungsaspekten.

Phase 3: In der dritten Phase werden bereits bestehende Anwendungen verbessert beziehungsweise neu konzipiert. Es werden formale Verfahren zur Planung und Kontrolle der DV-Funktion eingeführt. Die Informationsverarbeitung beginnt, sich als Dienstleister für andere Unternehmensbereiche zu verstehen. Neben Rationalisierungsaspekten gewinnt die Verbesserung der Qualität beziehungsweise Produktivität der betrieblichen Sachbearbeitung an Bedeutung. Die Benutzer werden verstärkt in die Entwicklung von Anwendungssystemen eingebunden.

Phase 4: Diese Phase ist gekennzeichnet durch die Umstellung der Dateiverwaltung auf moderne Datenbanktechnologie. Es erfolgt vermehrt die Trennung von Daten und Funktionen. Vorarbeiten zur Erstellung eines unternehmensweiten Datenmodells werden begonnen. Rationalisierungspotentiale, die durch den Einsatz der Informationsverarbeitung sofort realisiert werden können, sind kaum mehr vorhanden.

Phase 5: Es wird die Integration bestehender Anwendungen forciert. Voraussetzung dafür ist das Vorhandensein eines unternehmensweiten Datenmodells. Bisherige Datenbanken werden auf die verfügbare relationale Technologie umgestellt. Die strategische Bedeutung der Informationsverarbeitung für das Unternehmen und seine Wettbewerbskraft wird vom Management erkannt. Bei der Realisierung neuer Anwendungen stehen strategische Erfolgspotentiale im Vordergrund.

Phase 6: In dieser sechsten Phase wird ein unternehmensweites Information Engineering Konzept erstellt (vgl. [5]). Information wird nun tatsächlich als vierter Produktionsfaktor betrachtet und eingesetzt. Anwendungssysteme werden unter Benutzung moderner Werkzeuge (CASE) erstellt.

Nach Doll [9,23] kann man operative Systeme sowie Systeme zur Unterstützung des Managements unterscheiden. Innerhalb der ersten Kategorie unterscheidet man weiter Systeme der Massendatenverarbeitung sowie auf einer höheren Entwicklungsstufe einfache, meist transaktionsorientierte Systeme zur Unterstützung des betrieblichen Berichts- und Kontrollwesens. Erst wenn auch Planungs- und Analyseprozesse im Unternehmen unterstützt werden, kann man von Systemen zur Managementunterstützung sprechen. Auf der höchsten Ebene können Informationssysteme zur strategischen Unternehmensplanung herangezogen werden. Abb. 1 verdeutlicht diese Klassifikation. Im Bereich der Kreditwirtschaft befinden sich bei Zugrundelegung des Schemas von Nolan die meisten Institute zwischen der dritten und fünften Phase. Dies schließt nicht aus, daß bei einigen Instituten bereits Überlegungen zur Ableitung eines schlagkräftigen Information Engineering Konzeptes angestellt werden. Innerhalb der Pyramide von Abb. 1 können die meisten neu entwickelten Anwendungssysteme im Grenzbereich zwischen operativen Systemen und Systemen zur Managementunterstützung klassifiziert werden. Typische Anwendungen der Massendatenverarbeitung sind Systeme zur Abwicklung des Zahlungsverkehrs sowie zur Unterstützung des Spar- und Girogeschäftes. Dabei wurden zumindest am Anfang der Entwicklung dieser Systeme beträchtliche Rationalisierungspotentiale genutzt. Wir werden im folgenden Abschnitt anhand empirischer Daten nachweisen, daß dies bei heutigen Investitionen im Bereich des Zahlungsverkehrs nicht mehr uneingeschränkt der Fall sein muß.

Systeme zur Unterstützung des Back-Office-Bereichs werden gegenwärtig ebenso wie Systeme zur Beratungsunterstützung in vielen Instituten entwickelt. Dabei sind nur unbedeutende Rationalisierungspotentiale sofort realisierbar. Im Mittelpunkt steht die Erhöhung der Produktivität und die Verbesserung der Qualität der Sachbearbeitung

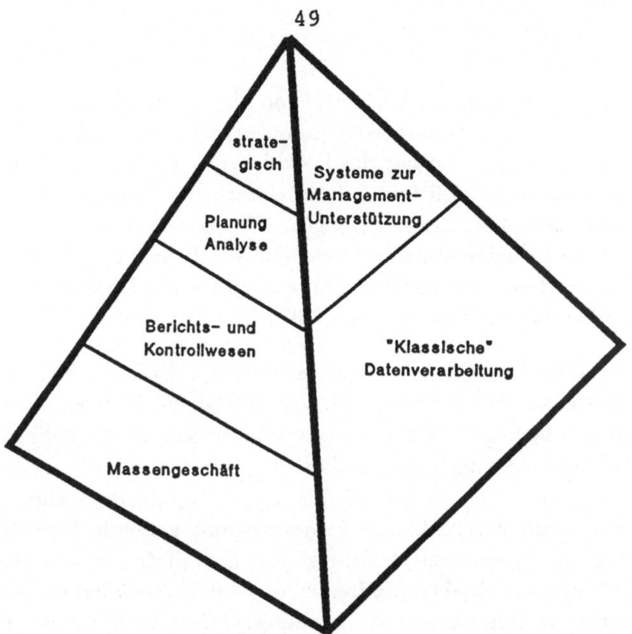

Abb 1: Klassifikation von Informationssystemen (in Anlehnung an [9])

sowie der Kundenberatung. Nach wie vor besteht große Unsicherheit über die Rentabilität dieser Systeme. So stellte Thurow im Jahre 1986 aufgrund aggregierter Daten fest, daß sich die Investitionen bisher in vielen Fällen nicht ausgezahlt haben (vgl. dazu [8, S. 1072; 26, S. 161 ff.]). Die Kreditinstitute stehen vor der Frage, wie man die hohen Investitionen rechtfertigen soll. Dabei bestehen Probleme bei der Erfassung, Messung, Zurechnung und Quantifizierung mittelbarer Kosteneinsparungen beziehungsweise Leistungssteigerungen (vgl. dazu auch [1, S. 1 ff.]).

Die klassischen Verfahren der Investitions- und Wirtschaftlichkeitsrechnung (vgl. etwa [34, S. 771 ff.]) benötigen zu ihrer Anwendung detaillierte Ein- und Auszahlungsströme. Bei der vorliegenden Problemstellung können allerdings lediglich die Auszahlungsströme genauer abgeschätzt werden. Die Quantifizierung der Einzahlungsströme gestaltet sich ungleich schwieriger, da ja qualitative (beziehungsweise strategische) Effekte im Vordergrund stehen. Die Nutzwertanalyse (vgl. dazu [3, S. 323 ff.] kann bei Entscheidungsproblemen mit mehreren Zielen qualitativer Natur herangezogen werden. Allerdings beruht die Gewichtung der Zielkriterien, die maßgeblichen Einfluß auf das spätere Ergebnis hat, auf subjektiven Urteilen der Entscheidungsträger. Problematisch an diesem Verfahren ist weiterhin die implizite Voraussetzung über die gegenseitige Unabhängigkeit der betrachteten Ziele. Dies ist in der Praxis sicherlich nur bedingt gegeben. Schließlich sei noch auf das Problem der Transformation von Zielerträgen auf Zielwerte verwiesen, falls keine Kardinalskala verwendet werden kann. Varianten der Nutzwertanalyse verwenden statt der Maximierung des Nutzwertes andere Zielfunktionen. Die geschilderte Problematik bleibt allerdings unverändert bestehen. Eine umfassende Darstellung der eben angesprochenen Probleme findet man bei Nagel [24].

Sassone [29,30,31] stellt mehrere Verfahren vor, die es erlauben, qualitative Effekte entsprechender Investitionen zu bewerten, und beurteilt ihre Praxistauglichkeit. Dabei kommt er zu dem Ergebnis, daß nur das hedonistische Modell realistische Ergebnisse liefern kann. Auf dieses Modell und auf ein einfacheres "Vorgängermodell" wird im dritten Abschnitt dieses Beitrags eingegangen. Wir werden in diesem Zusammenhang nachweisen, daß die Prämissen beider Modelle in der Praxis häufig nicht erfüllt sind. Deshalb wird im vierten Abschnitt kurz auf eine praxistaugliche Erweiterung des hedonistischen Verfahrens eingegangen (vgl. [33]).

Die wirtschaftliche Rechtfertigung der auf der obersten Stufe der Pyramide in Abb. 1 angesiedelten Systeme, die strategische Bedeutung für die Wettbewerbskraft der Unternehmen haben sollen, gestaltet sich noch schwieriger. So sind die Auswirkungen dieser Systeme häufig erst nach einigen Jahren spürbar. Der Entwicklungsprozeß gestaltet sich extrem zeit- und ressourcenintensiv. Aufgrund der hohen Dynamik des Wettbewerbs sind zum Zeitpunkt des Projektbeginns geltende Umweltbedingungen bei Fertigstellung des Systems nicht mehr gültig. Erst in den letzten Jahren versucht man für solche Vorhaben objektive Kriterien zur Nutzenabschätzung beziehungsweise zur Auswahl von Projekten aus dem Anwendungsportfolio zu formulieren. Clemons [6] stellt mehrere repräsenative Fallstudien aus unterschiedlichen Branchen vor und versucht, über Analogieschlüsse die Ergebnisse zu verallgemeinern. Liang und Tang stellen in [21] die VAR-Methode vor. Bei dieser Methode wird zunächst versucht, den Wert qualitativer Nutzeffekte und direkter Kosteneinsparungen zu bestimmen (Value Analysis). Im zweiten Analyseschritte werden strategische Effekte des Systems evaluiert und bewertet (Advantage Analysis). Im dritten und letzten Schritt wird versucht, die Unsicherheit, mit welcher strategische Informationssysteme in natürlicher Weise behaftet sind, mit Wahrscheinlichkeiten zu belegen (Risk Analysis). Es erscheint vernünftig, den Einsatz wissensbasierter Techniken zu verstärken. Über ein entsprechendes Expertensystem berichten Gongla et. al. [11]. Im Detail wird auf diese Problematik im Rahmen des vorliegenden Beitrages nicht weiter eingegangen.

2 Wirtschaftlichkeit im Massengeschäft Ergebnisse einer empirischen Studie

Die Abwicklung des Zahlungsverkehrs ist für die Kreditinstitute trotz fortschreitender Automatisierung eine sehr kostenintensive Dienstleistung. Statistiken besagen, daß heute jede zweite Zahlung im sogenannten elektronischen Zahlungsverkehr, also insbesondere ohne begleitenden Beleg, abgewickelt wird. Darunter befindet sich als mit Abstand größter Posten der beleglose Datenträgeraustausch[1], der überwiegend im Geschäft mit Firmenkunden eingesetzt wird. Speziell im Geschäft mit den Privatkun-

---

[1] Innerhalb der Sparkassenorganisiation stieg der Anteil belegloser Überweisungen am Gesamtvolumen von 37% im Jahre 1981 auf 49% im Jahre 1989. Im beleglosen Datenträgeraustausch wurden dabei rund 95% des beleglosen Volumens abgewickelt. Quelle: Fachmitteilungen des Deutschen Sparkassen- und Giroverbandes; Ergebnisse der Girostatistik der Sparkassenorganisation 1984-1990.

den wird man jedoch auch in Zukunft mit einem erheblichen Anteil an beleghaften Zahlungsträgern rechnen müssen. Eine Übersicht[2] zeigt Abb. 2.

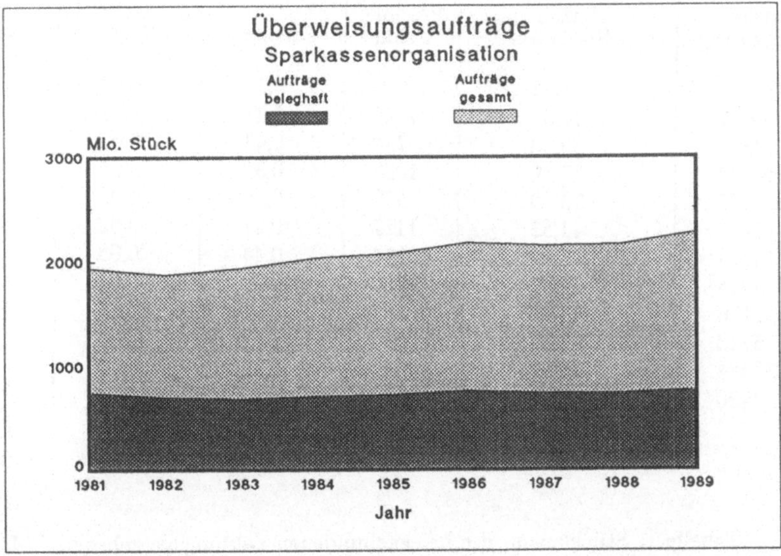

Abb. 2: Belegvolumen im Überweisungsverkehr der Sparkassenorganisation

Es ist festzustellen, daß sich die hohen Erwartungen, die in ein auf Btx gestütztes Home-Banking gesetzt wurden, zumindest bis heute nicht erfüllt haben (vgl. dazu [4]). Kreditinstitute sind sehr daran interessiert, die Daten beleggebundener Zahlungsaufträge zu erfassen und auf elektronischem Wege weiterzuleiten. Dies ermöglicht beispielsweise erst den Ausbau der Medien der Kundenselbstbedienung. Exemplarisch sei in diesem Zusammenhang auf Kontoauszugsdrucker verwiesen. Sie können nur dann effizient eingesetzt, wenn beleghafte Anlagen auf ein Minimum beschränkt werden können.

Zahlreiche Publikationen beschäftigen sich mit der Kosten- und Erlösproblematik im Zahlungsverkehr der Kreditinstitute [14,32]. Ungeachtet der teilweise widersprüchlichen Befunde dieser Untersuchungen bleibt festzuhalten, daß die kosteneffiziente Abwicklung des Zahlungsverkehrs von großer Bedeutung für die Kreditwirtschaft ist. Im Rahmen von Organisationsuntersuchungen in Zahlungsverkehrsabteilungen von zwölf Instituten der Sparkassenorganisation wurden vom Autor auf Teilkostenbasis die Stückkosten des beleggebundenen Zahlungsverkehrs ermittelt. Die Ergebnisse in DM sind in Tabelle 1 zusammengestellt (vgl. auch [20]). Dabei wurden die Personalkosten der zentralen Zahlungsverkehrsabwicklung sowie die Kosten der verwendeten Hard- und

---

2 Die Zahlen wurden den Fachmitteilungen des Deutschen Sparkassen- und Giroverbandes 'Ergebnisse der Girostatistik der Sparkassenorganisation' der Jahre 1984-1990 entnommen.

Anzahl Belege/Tag	Anzahl Mitarbeiter	Produktivität	Stückkosten		
			Personal	Sach	Gesamt
23438	23,45	999	0,33	0,04	0,37
14071	12,80	1099	0,31	0,05	0,36
38614	50,50	764	0,43	0,03	0,47
14129	13,60	1038	0,32	0,06	0,38
22207	23,19	957	0,29	0,02	0,31
12946	11,53	1122	0,27	0,02	0,29
18279	25,60	714	0,44	0,05	0,49
15996	13,90	1150	0,29	0,04	0,33
35126	43,30	811	0,42	0,04	0,46
6710	11,25	596	0,57	0,03	0,60
35484	29,70	1194	0,29	0,03	0,32
7420	5,50	1349	0,19	0,11	0,30

Tabelle 1: Stückkosten des beleggebundenen Zahlungsverkehrs in DM

Software unter Berücksichtigung von Wartungskosten ermittelt. Die Untersuchungen wurden unter Verwendung der gleichen Erhebungstechnik (Kombination aus Selbstaufschrieb bei stichprobenhafter Überprüfung) in den Jahren 1988 bis 1990 durchgeführt. Die Bewertung des Mengengerüstes erfolgte auf der Basis von Preisen beziehungsgweise Gehältern des Jahres 1988. Da die Institute aus einem Regionalbereich stammen, kann von weitgehend gleichen Voraussetzungen ausgegangen werden. Bei der Abarbeitung des Belegvolumens sind die Codierrichtlinien [17, S. 113] zu beachten. Dies ist mit ein Grund für resultierende unterschiedliche Bearbeitungszeiten bei den einzelnen Sparten. Um das Belegvolumen pro Tag zu errechnen, wurden die einzelnen Sparten mit ihrem Codiergrad gewichtet. So wurden Überweisungen im Ausgang doppelt gewertet. Überweisungen im Eingang sowie Schecks- beziehungsweise Lastschriften im Ausgang wurden einfach gewichtet. Schecks- und Lastschriften im Eingang sind in Tabelle 1 nicht berücksichtigt worden[3].

Abb. 3 zeigt grafisch die Ergebnisse einer durchgeführten linearen Regressionsrechnung. Dabei wurde die Produktivität x_i der Mitarbeiter den Personalstückkosten y_i gegenübergestellt. Der Regression liegt die Hypothese zugrunde, daß die betrachteten

---

[3] Nach Vereinbarungen der Kreditwirtschaft werden Schecks unterhalb einer Betragsgrenze von DM 2000,– im sogenannten Beleglosen Scheckeinzugsverfahren (BSE) abgewickelt. Beleghafte Schecks im Eingang sind entweder Schecks, die aus formalen Gründen nicht am BSE-Verfahren teilnehmen können, oder Schecks über größere DM-Beträge, die nach den entsprechenden Arbeitsanweisungen des Institutes zu disponieren beziehungsweise zu bearbeiten sind. Repräsentative Zahlen sind zu diesem Komplex wegen der unterschiedlichen Arbeitsabläufe nur sehr schwer zu erhalten.

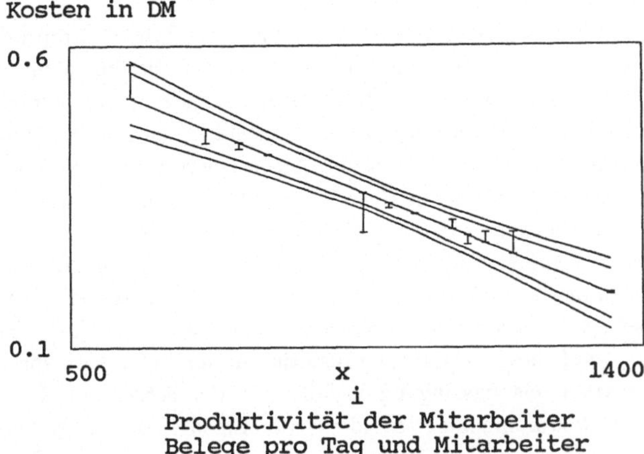

Abb. 3: Regressionsmodell $y = mx + b$

Personalteilkosten eines Geschäftsvorfalls im beleggebundenen zentralen Zahlungsverkehr im wesentlichen direkt von der Produktivität der Mitarbeiter, also dem abgewickelten Belegvolumen je Mitarbeiter und Tag abhängen. Eventuelle andere denkbare Einflußfaktoren üben keinen signifikanten Einfluß aus. Die Abbildung enthält Konfidenzbereiche für die Konfidenzzahlen $\alpha = 0.99$ und $\alpha = 0.95$.

Ein durchgeführter Signifikanztest bestätigte mit der geringen Irrtumswahrscheinlichkeit von $\alpha = 0.05$ die Annahme der Hypothese, daß es sich um einen linearen Zusammenhang handelt (vgl. [18, S. 258 ff.]). Bezeichnet $y = mx + b$ die Regressionsgerade und $\bar{y}$ das arithemtische Mittel der y-Werte, so erhält man für den quadrierten multiplen Korrelationskoeffizienten

$$(2.1) \qquad R = 1 - \frac{\sum_{i=1}^{n} \left(y_i - mx_i - b\right)^2}{\sum_{i=1}^{n} \left(y_i - \bar{y}\right)^2} \approx 0.91 \,.$$

Also können rund 91% der Schwankungen aus dem linearen Modell erklärt werden (vgl. [2, S. 45 f.]). Auffallend ist, daß das Institut mit geringster Mitarbeiterproduktivität (596 Belege je Mitarbeiter und Tag) keinen Belegleser[4] einsetzt, sondern den Zahlungsverkehr "manuell" abwickelt. Die große Masse der Institute setzt Belegleser zur Bearbeitung des Belegvolumens ein. Dies führt zu einer höheren Mitarbeiterproduktivität (zwischen 700 und 1000 Belegen je Mitarbeiter und Tag). Offenbar wurden hier konsequent verfügbare Rationalisierungspotentiale ausgenutzt. Auffallend ist schließlich noch die letzte Zeile von Tabelle 1. Das Institut weist sehr niedrige Personalstückkosten aus. Betrachtet man die maschinelle Ausstattung, so stellt man fest, daß dieses Institut neben einem Belegleser ein Schriftenlesesystem[5] für den Überweisungsausgang einsetzt.

---

[4] Ein Belegleser liest lediglich die Codierzeile des Beleges.

[5] Mit einem Schriftenlesesystem kann gegebenenfalls die gesamte Beleginformation gelesen beziehungsweise interpretiert werden. Genaueres findet man in [19].

Dieses System führt erwartungsgemäß zu einer höheren Mitarbeiterproduktivität. Dennoch resultieren keine wesentlich niedrigeren Teilkosten, da die Sachkosten (Kosten der Geräte, der Software und Wartungskosten) stark gestiegen sind. Lediglich eine weitere Ausweitung des beleggebundenen Überweisungsvolumens führt zu einer weiteren Kostendegression in diesem Bereich, da die Auslastungsgrenze des Systems noch nicht erreicht ist. Dies liegt jedoch im Regelfall nicht im Ermessen des Institutes. Offenbar ist man im vorliegenden Fall in einen Bereich vorgedrungen, indem durch weitere Automatisierung keine signifikanten Kostenreduktionen mehr zu erzielen sind. Kreditinstitute befinden sich bei Entscheidungen für oder gegen ein Schriftenlesesystem in der klassischen Situation des "Gefangenendilemmas" (vgl. [22]). Setzen alle Institute kooperativ auf diese Technik, so resultieren signifikante Einsparungen, da dann der beleghafte Überweisungseingang entfallen würde. Setzen einzelne Institute keinen Schriftenleser ein, so können sie trotzdem vom Einsatz solcher Systeme durch andere Institute profitieren, da sich der beleggebundene Eingang zahlenmäßig verringert. Verfolgen andererseits alle Institute egoistische Ziele und verzichten auf den Einsatz des Systems, so kommt es zu überhaupt keinen Einsparungen beim Überweisungseingang. In diesem Fall stellen sich alle Institute schlechter.

Zusammenfassend bleibt festzuhalten, daß deutliche Anzeichen dafür sprechen, daß auch im klassischen Massengeschäft eine Investition nicht mehr ausschließlich über sofort realisierbare Kostensenkungspotentiale gerechtfertigt werden kann. Die Investitionsentscheidung ist in einem größeren Kontext zu betrachten. Verwiesen sei dabei auf das Verhalten der Mitbewerber und auf qualitative Effekte (geringere Fehlerwahrscheinlichkeiten und damit abnehmende Zahl von Kundenreklamationen, Nutzung der neuen Technologie für weitere Einsatzbereiche wie etwa Unterschriftenprüfung, Abwicklung des internen Rechnungswesens usw., höhere Motivation der Mitarbeiter, Imagevorteile durch Einsatz modernster Technologie, ...).

Ähnliche Verhältnisse liegen im Bereich des Elektronischen Zahlungsverkehrs [12] vor. Dort werden die Institute von Großkunden zur Entwicklung leistungsfähiger Systeme, die es diesen Unternehmen erlauben, ihre Zahlungsströme effizient zu verwalten, gezwungen. Wird diese Dienstleistung nicht angeboten, so verliert das Kreditinstitut aufgrund des starken Wettbewerbs innerhalb dieser Branche mittelfristig attraktive Kunden.

3 Computerunterstützte Sachbearbeitung

3.1 Grundlegende Definitionen

Wir betrachten im folgenden als zweite Fallstudie die Einführung eines Systems zur computergestützten Sachbearbeitung bei einem Kreditinstitut. Aufgrund der immer stärker werdenden Kundenorientierung beobachtet man eine zunehmende organisatorische Trennung in ausführende und dispositive Tätigkeiten. In Analogie zu Czech et al. [7, S. 19 ff.] unterscheiden wir deshalb die folgenden Kategorien von Beschäftigten:

SD: spezialisierter dispositiver Sachbearbeiter (Filialleiter, leitender Kundenberater);

ED: einfacher dispositiver Sachbearbeiter (Kundenberater);

SA: spezialisierter ausführender Sachbearbeiter (Kundenbediener am Schalter, Sachbearbeiter im Backoffice-Bereich);

EA: einfacher ausführender Sachbearbeiter (Kassierer, Sekretariatstätigkeit, Bürohilfstätigkeit).

Dispositiven Sachbearbeitern werden Aufgaben eines bestimmten fachlich eingegrenzten Aufgabenbereiches übertragen. Sie erhalten bei deren Abwicklung Beurteilungsspielräume sowie Handlungs- und Entscheidungskompetenzen. Beim spezialisierten dispositiven Sachbearbeiter kommen bestimmte Managementaufgaben wie Planung, Steuerung und Kontrolle im Rahmen seines Verantwortungsbereiches hinzu. Für die ausführende Sachbearbeitung ist die Arbeit nach vorgegebenen Anweisungen charakteristisch. Dominierend sind insbesondere wiederkehrende Prüf- und Kontrolltätigkeiten sowie die Vor- und Nachbereitung von Geschäftsvorfällen. Der spezialisierte ausführende Sachbearbeiter ist dabei generell mit Tätigkeiten höherer Komplexität betraut als ein einfacher ausführender Sachbearbeiter. Das später verwendete Zahlenmaterial basiert auf der Situation eines öffentlich-rechtlichen Kreditinstitutes. Deshalb werden im folgenden die nach BAT vorgesehenen Gehälter für die einzelnen Gruppen in Tabelle 2 zusammengestellt.

Gruppe	Gehaltsgruppe
SD	BAT Ib-III
ED	BAT IVa-IVb
SA	BAT Vb-Vc
EA	BAT VI-VIII

Tabelle 2: Gehaltsgruppen nach Mitarbeiterklassen

Der Einsatz von Informationstechnik im Bereich der Sachbearbeitung kann vielschichtig erfolgen. Klassische Einsatzgebiete sind die Kredit- beziehungsweise Darlehensbearbeitung, das Passivgeschäft, die Anlageberatung (Effektengeschäft) und in letzter Zeit verstärkt der Immobilienbereich (vgl. [10]). Im folgenden wird näher auf die Bearbeitung von Darlehen und Krediten eingegangen. In diesem Bereich beobachtet man auch heute noch eine mehrfache Datenerfassung:

1. Ausfüllen des Antrags und der Selbstauskunft;

2. Zusammenstellung der Daten in der Kreditbewilligung;

3. Ausfertigung des Kredit- beziehungsweise Darlehensvertrages;

4. DV-mäßige Erfassung zur automatisierten Verwaltung des Kredits beziehungsweise Darlehens.

Durch geeignete IT-Unterstützung kann dies sicherlich vermieden werden. Dazu wird ein Antrag als ein Geschäftsvorfall betrachtet. Die relevanten Daten werden einmal erfaßt und stehen in allen weiteren Bearbeitungsschritten zur Verfügung. Daneben kann der Berater auf entsprechende Rechenmodelle, mit denen vergleichende Zins- und Tilgungsrechnungen möglich sind, zugreifen. Dies führt zu einer deutlichen Verbesserung beziehungsweise Optimierung der Kundenberatung. Die aktuellen Konditionen können stets im System vorgehalten werden, so daß eine entsprechende Kontrolle beziehungsweise Sicherheit gegeben ist. In einer späteren Ausbaustufe kann die elektronische Ablage der Kreditakten erfolgen.

Aus den genannten Gründen sind Kreditinstitute sehr an entsprechenden Techniken beziehungsweise Produkten zur Computerunterstützten Sachbearbeitung (CSB) interessiert. Allerdings ergibt sich bei Einführung eines CSB-Systems ein hoher Investitionsaufwand (Kosten für Hard- und Software, Schulung der Mitarbeiter, ...). Neben dem finanziellen Aufwand muß auch berücksichtigt werden, daß häufig organisatorische Änderungen erforderlich sind, um das Potential, welches CSB bietet, voll nutzen zu können.

Deshalb sind Methoden zur Abschätzung des Kosten-/Nutzenverhältnisses dringend erforderlich. Wie bereits ausgeführt wurde, ist die Kostenseite im Regelfall relativ einfach abschätzbar. Wesentlich schwieriger ist dagegen die Ermittlung des Nutzens. Direkte Kostensenkungspotentiale können kaum mehr realisiert werden. Vielmehr verändern sich durch CSB die Tätigkeitsprofile der Mitarbeiter. Gleichzeitig steigt die Produktivität und die Qualität der Sachbearbeitung. Sassone [29,30,31] stellt zur Quantifizierung dieser Größen interessante Ansätze vor, die im folgenden kurz skizziert und diskutiert werden sollen.

3.2 Modellbildung

Im folgenden soll ein Modell, das die Quantifizierung qualitativer Effekte (insbesondere Produktivitätszuwachs und Tätigkeitsverschiebungen) eines CSB-Systems erlaubt, entwickelt werden. Das hedonistische Modell wurde von Sassone [29,31] ursprünglich zur Quantifizierung des Nutzens von Bürokommunikationssystemen benutzt und wird zwischenzeitlich auch im deutschsprachigen Raum beachtet beziehungsweise mit Erfolg eingesetzt [8;15;27, S. 223]. Man geht davon aus, daß der Wert einer bestimmten Aktivität dem Nutzen, den sie für die Unternehmung besitzt, entspricht. Die theoretischen

Grundlagen hedonistischer Preise wurden von Rosen [28] entwickelt. Explizit lauten die zugrundeliegenden Prämissen wie folgt:

1. Das Unternehmen setzt seine vorhandenen personellen Ressourcen in optimaler Weise ein. Mitarbeiter können sofort eingestellt oder freigesetzt werden. Außer einer möglichen Budgetbeschränkung greifen keine weiteren Restriktionen.

2. Es ist möglich, die Beschäftigten des Unternehmens in Klassen $M_1, \dots, M_n$ (im vorliegenden Fall SD, ED, SA, EA) einzuteilen. Die ausgeführten Tätigkeiten lassen sich analog in Tätigkeitsklassen $T_1, \dots, T_n$ einteilen. Insbesondere hat jede Mitarbeiterklasse eine für sie charakteristische Tätigkeit. Folglich kann eine Gruppe von Beschäftigten auch über ihr Tätigkeitsprofil beschrieben werden.

3. Es sind hinreichend viele Aktivitäten jeder Tätigkeitsklasse vorhanden. Eventuelle Arbeitszeit, die beispielsweise wegen höherer Mitarbeiterproduktivität eingespart wird, kann anderweitig zum Nutzen des Unternehmens eingesetzt werden.

4. Die Mitarbeiter setzen ihre Arbeitskraft in effizienter Weise ein.

Mit diesen Prämissen kann ein formales Optimierungsmodell aufgestellt werden. Dieses wird im folgenden skizziert. Es bezeichne

$$(3.2.1) \qquad a = (a_1, \dots, a_n)^{\mathrm{T}}$$

die Aktivitäten, die innerhalb der Unternehmung beziehungsweise innerhalb des zu untersuchenden Teilbereichs anfallen. Der Vektor

$$(3.2.2) \qquad w = (w_1, \dots, w_n)^{\mathrm{T}}$$

mit der Komponente w_i bezeichne die zur Verfügung stehende Kapazität der i-ten Mitarbeitergruppe. Dabei wird bei den Vektoren a und w jeweils die gleiche Maßeinheit (etwa Mannjahre, Mannmonate oder Manntage) verwendet. Die $n \times n$ Matrix $T = (t_{ij})$ stellt die Tätigkeitsprofile der Mitarbeiter dar. t_{ij} bezeichnet dabei den Anteil der Tätigkeitsklasse j an der Arbeitszeit eines Mitarbeiters der Gruppe i. Folglich gilt

$$(3.2.3) \qquad a = T^{\mathrm{T}} w .$$

Der Skalar B stehe für ein eventuell vorhandenes maximales Budget, während

$$(3.2.4) \qquad c = (c_1, \dots, c_n)^{\mathrm{T}}$$

als Kostenvektor die Personalkosten eines Mitarbeiters einer bestimmten Gruppe beschreibt. Mit $u = u(a)$ wird schließlich die explizit in den meisten Fällen nicht bekannte Nutzenfunktion bezeichnet. Sie ordnet jedem Aktivitätsniveau a den jeweiligen Nutzen $u(a)$ für das Unternehmen zu.

Die erste Prämisse fordert nun, daß die Unternehmung das folgende Optimierungsproblem zu lösen hat:

$$(3.2.5) \qquad \max_w u(a) - c^{\mathrm{T}} w$$

unter den Nebenbedingungen

$$(3.2.6) \qquad a = T^{\mathrm{T}} w, \qquad c^{\mathrm{T}} w \leq B, \qquad w \geq 0.$$

Im folgenden wird dieses Optimierungsproblem formal gelöst. Bezeichnet

$$(3.2.7) \qquad L(w, \lambda) = u\left(T^{\mathrm{T}} w\right) - c^{\mathrm{T}} w + \lambda(B - c^{\mathrm{T}} w)$$

die dem Problem zugeordnete Lagrange-Funktion, und berücksichtigt man, daß in praktischen Anwendungen im Optimum sicher $w > 0$ gilt (also sind von jeder betrachteten Mitarbeiterklasse auch tatsächlich Mitarbeiter vorhanden), so sind die Optimalitätsbedingungen nach dem Theorem von Kuhn und Tucker (vgl. dazu [16, S. 138]) gegeben durch:

$$(3.2.8) \qquad T\mathrm{grad}\left(u\left(T^{\mathrm{T}} w\right)\right) - (1 + \lambda)\, c = 0;$$

$$(3.2.9) \qquad c^{\mathrm{T}} w - B \leq 0;$$

$$(3.2.10) \qquad \lambda(c^{\mathrm{T}} w - B) = 0;$$

$$(3.2.11) \qquad w \geq 0;$$

$$(3.2.12) \qquad \lambda \geq 0.$$

Dabei bezeichnet

$$(3.2.13) \qquad \mathrm{grad}\left(u\left(a\right)\right) = \left(\tfrac{\partial u}{\partial a_1}, \ldots, \tfrac{\partial u}{\partial a_n} \right)^{\mathrm{T}}$$

den Gradienten der Funktion $u(a)$.

Greift die Budgetrestriktion nicht ($c^{\mathrm{T}} w - B < 0$), so ergibt sich die erwartete Gleichgewichtsbedingung

$$(3.2.14) \qquad T\mathrm{grad}\left(u\left(T^{\mathrm{T}} w\right)\right) = c.$$

Im Gleichgewicht entspricht dann der Grenznutzen den Grenzkosten. Sonst entspricht der Grenznutzen im Gleichgewicht einem positiven Vielfachen der Grenzkosten.

Wie bereits erwähnt, ist die Funktion u im allgemeinen nicht explizit bekannt. Im Vektor $\mathrm{grad}(u)$ beschreibt die i-te Komponente den Grenznutzen der i-ten Aktivität für die Unternehmung. Gemäß den Prämissen entspricht dies also dem Wert, den diese Aktivität für das Unternehmen besitzt.

Bevor das hedonistische Modell vorgestellt wird, soll noch kurz ein einfacheres Modell, das im Prinzip auf den gleichen Prämissen beruht, aber eine explizite Berechnung von grad(u) vermeidet, vorgestellt werden [29]. Es handelt sich um das Time-Savings-Times-Salary-Verfahren (TSTS-Verfahren).

3.3 Das TSTS-Verfahren

Wir unterstellen, daß für das betrachtete Unternehmen keine Budgetrestriktion greift. In diesem Fall gilt Gleichung (3.2.14). Wir gehen weiter davon aus, daß sich der Nutzen bei Einführung eines Informationssystems ausschließlich in Zeitersparnis für bestimmte Tätigkeiten ausdrückt. Dabei wird angenommen, daß hinreichend viel Arbeit der einzelnen Tätigkeitsgruppen zur Verfügung steht, so daß die ersparte Zeit für Mehrarbeit in den einzelnen Tätigkeitsfeldern genutzt werden kann. Verschiebungen innerhalb der Tätigkeitsstruktur, also insbesondere die im Regelfall zu beobachtenden Verschiebungen hin zu höherwertigeren Tätigkeiten, werden explizit nicht berücksichtigt. Diese Methode tendiert folglich zur Unterschätzung des Nutzens eines CSB-Systems. Zusätzlich zu den bereits definierten n Tätigkeitsgruppen bezeichne T_{n+1} die unproduktive Tätigkeit (Wartezeiten, ...). Diese Tätigkeit hat für das Unternehmen keinen Nutzen. Für einen Mitarbeiter der i-ten Gruppe bedeutet dann $t_{i,n+1}$ den entsprechenden Anteil unproduktiver Tätigkeit. Die resultierende Matrix wird mit $\bar{T}$ bezeichnet. Nun gilt offenbar

$$(3.3.1) \qquad \sum_{j=1}^{n+1} t_{ij} = 1 \quad \forall\, i = 1, \ldots, n.$$

Wir betrachten im folgenden einen Mitarbeiter der i-ten Gruppe. Von der Gesamtarbeitszeit z_i wird die Zeit z_{ij} für die j-te Tätigkeit verwendet. Offenbar gilt $z_{ij} = z_i t_{ij}$ und $z_{i,n+1} = z_i - \sum_{j=1}^{n} z_{ij}$. Nach Einführung des Systems kann die Tätigkeit T_j in der Zeit $\tilde{z}_{ij}$ durchgeführt werden. Damit ergibt sich für diese Tätigkeit die Ersparnis $s_{ij} = z_{ij} - \tilde{z}_{ij}$. Gilt $s_{ij} < 0$, so bedeutet dies, daß nach Einführung des CSB-Systems die j-te Tätigkeit mehr Zeit benötigt. Zur Abkürzung setzt man noch

$$(3.3.2) \qquad s_i = \frac{\sum_{j=1}^{n+1} s_{ij}}{\sum_{j=1}^{n+1} z_{ij}} = \frac{1}{z_i} \sum_{j=1}^{n+1} s_{ij}.$$

Wir nehmen nun an, daß eine Einheit der Tätigkeit T_j, die von einem Mitarbeiter der i-ten Tätigkeitsgruppe geleistet wird, für das Unternehmen den Nutzen u_{ij} hat. Der betrachtete Mitarbeiter erbringt dann für das Unternehmen den Gesamtnutzen

$$(3.3.3) \qquad U_i = \sum_{j=1}^{n} u_{ij} z_{ij},$$

wobei berücksichtigt wurde, daß $u_{i,n+1} = 0$ für die unproduktive Tätigkeit gilt.

Nach den Prämissen des Modells ist von jeder Tätigkeitsgruppe T_j hinreichend viel Arbeit vorhanden und es stellt sich die Frage, wie die Zeitersparnis $\sum_{j=1}^{n+1} s_{ij}$ des Mitarbeiters auf die einzelnen Tätigkeiten aufzuteilen ist, so daß sich wieder eine Gesamtarbeitszeit von z_i ergibt. Hier werden nach Sassone zunächst die Größen

$$(3.3.4) \qquad \Delta z_{ij} = s_i \left(z_{ij} - s_{ij} \right) - s_{ij} = s_i z_{ij} - (1 + s_i) s_{ij}$$

für $j = 1, \ldots, n$ errechnet. Weiter setzt man

$$(3.3.5) \qquad \Delta z_{i,n+1} = - \sum_{j=1}^{n} \Delta z_{ij} \,.$$

Für $j = 1, \ldots, n + 1$ ist dann das neue Aktivitätsniveau der j-ten Tätigkeitsgruppe festgelegt als

$$(3.3.6) \qquad z_{ij}^* = z_{ij} + \Delta z_{ij} \,.$$

Diese Aufteilung bedarf sicherlich der Motivation. Zum einen gilt wegen

$$(3.3.7) \qquad \sum_{j=1}^{n+1} \Delta z_{ij} = 0 \,,$$

daß die Gesamtarbeitszeit wie bisher z_i beträgt. Der Nutzen $u_{ij} z_{ij}$ wird jetzt in der Zeit $z_{ij} - s_{ij}$ realisiert. Insgesamt werden für die j-te Tätigkeit nach Einführung des Systems z_{ij}^* Zeiteinheiten verwendet. Der Nutzen für das Unternehmen je Zeiteinheit der j-ten Tätigkeit beträgt also offenbar nun

$$(3.3.8) \qquad u_{ij}^* = \frac{z_{ij}}{z_{ij} - s_{ij}} u_{ij} \,.$$

Der Gesamtnutzen des betrachteten Mitarbeiters nach Einführung des CSB-Systems errechnet sich damit zu

$$(3.3.9) \qquad U_i^{neu} = \sum_{j=1}^{n+1} z_{ij}^* u_{ij}^* = (1 + s_i) \, U_i \,.$$

Die Nutzendifferenz

$$(3.3.10) \qquad U_i^{neu} - U_i = s_i U_i$$

hängt insbesondere nicht von den Größen u_{ij}, die ja nicht explizit bekannt sind, ab. Dies erlaubt also eine Berechnung der Nutzendifferenz ohne Kenntnis der hedonistischen Preise $\mathrm{grad}(u)$ und dient als Begründung für die vermeintlich willkürlichen Festsetzungen in (3.3.4), (3.3.5) beziehungsweise (3.3.6).

Da sich das Unternehmen keinen Restriktionen gegenübersieht, gilt nach Gleichung (3.2.14) noch $U_i = c_i$. Man erhält dann für den inkrementellen Nutzen des CSB-Systems den Wert

$$(3.3.11) \qquad U^* = \sum_{i=1}^{n} s_i w_i c_i \,.$$

Kritisch an diesem Verfahren ist die willkürliche Aufteilung der realisierten Zeitersparnis auf die Tätigkeiten eines Mitarbeiters. Diese Aufteilung wurde letztendlich nur deshalb gewählt, damit auf die Ermittlung der Größen u_{ij} verzichtet werden kann. Die im Regelfall bei Einführung von CSB-Systemen zu beobachtende starke Verschiebung der Tätigkeitsstruktur hin zu höherwertigen Tätigkeiten wird nicht ausreichend simuliert. Vermutet man eine andere Allokation, so muß man einen Weg finden, die Größen u_{ij} explizit zu bestimmen.

3.4 Das hedonistische Modell

Als Ausgangspunkt betrachten wir Gleichung (3.2.8). Nimmt man an, daß die Matrix T invertierbar ist, kann man den Nutzen, den die einzelnen Aktivitäten für die Unternehmung haben, bestimmen, obwohl die Nutzenfunktion u explizit nicht bekannt ist. Man erhält nämlich dann

$$(3.4.1) \qquad \operatorname{grad}(u(a)) = T^{-1}(1 + \lambda)c.$$

Sinnvollerweise sollte man $\operatorname{grad}(u(a)) \geq 0$ voraussetzen. Dies bedeutet, daß keine Aktivität für die Unternehmung einen negativen Grenznutzen besitzt. Sonst besteht sicher ein Widerspruch zur ersten Prämisse, die ja eine optimale Aktivitätenallokation fordert. Man erhält daraus die Abschätzung

$$(3.4.2) \qquad \operatorname{grad}(u(a)) = (1 + \lambda)T^{-1}c \geq T^{-1}c,$$

so daß mit $T^{-1}c$ eine untere Abschätzung der hedonistischen Preise gegeben ist. Damit kann auf die explizite Berechnung von λ verzichtet werden. Es sei der Vollständigkeit halber darauf hingewiesen, daß die in der Literatur [29, S. 21; 15, S. 438-439] verwendete Abschätzung für λ fehlerhaft ist. Ein Gegenbeispiel findet man in [33, S. 61].

Nach Einführung des CSB-Systems ergibt sich infolge der Verschiebungen der Tätigkeitsprofile und der eintretenden Produktivitätszuwächse eine modifizierte Matrix $T_M = (t_{ij}^M)$. Wegen eventueller Produktivitätszuwächse gilt Gleichung (3.3.1) nicht unbedingt für die Matrix T_M.

Um den Wert des CSB-Systems im hedonistischen Modell zu errechnen, wird zunächst die Größe

$$(3.4.3) \qquad \Delta A = w^{\mathrm{T}}(T_M - T)$$

errechnet. Sie charakterisiert die Verschiebungen des Aktivitätsniveaus nach Einführung des CSB-Systems. Bewertet man diese Größe nun mit dem Vektor der hedonistischen Preise, so erhält man den Wert V_λ des CSB-Systems. Genauer gilt

$$(3.4.4) \qquad V_\lambda = w^{\mathrm{T}}(T_M - T)\operatorname{grad}(u(a)) = (1 + \lambda)w^{\mathrm{T}}(T_M - T)T^{-1}c.$$

Gilt $V_0 > 0$, so ist offenbar für alle $\lambda > 0$ auch $V_\lambda > 0$. V_0 ist dann eine untere Abschätzung für den Nutzen des CSB-Systems und kann den entsprechenden Kosten gegenübergestellt werden. Dabei ist zu beachten, daß dieser Nutzen in jeder Periode realisiert werden kann, während die Kosten im Regelfall einmalig anfallen. Dies gilt mit Ausnahme des periodischen Pflegeaufwands und der Wartung der Systemhardware. Es ist möglich unter Zugrundelegung eines geeigneten Abzinsungsfaktors $(1+i)^{-1}$ den Barwert des periodisch wiederkehrenden Nutzens zu errechnen und diesen dann den Kosten gegenüberzustellen [15, S. 439]. Bezeichnet V den Mehrnutzen nach Einführung des CSB-Systems, W die jährlich anfallenden Wartungskosten und I die erforderliche Investition in das CSB-System, so ergibt sich bei einer Nutzungsdauer von n Jahren ein Barwert B von

$$(3.4.5) \qquad B = \left(\sum_{k=0}^{n-1} (V - W)(1+i)^{-k} \right) - I.$$

Gilt $B > 0$, so bringt das CSB-System in jedem Fall einen positiven Gesamtnutzen für das Unternehmen. Gilt $B < 0$, so ist eine abschließende Beurteilung nicht möglich, da eventuelle strategische Vorteile, wie Verbesserung der Wettbewerbskraft u.ä., noch überhaupt nicht berücksichtigt worden sind. Ebenso ergibt sich nach Einführung des Systems im Regelfall eine neue optimale Allokation der Arbeitskräfte. Dies eröffnet eventuell weitere Kostensenkungspotentiale (mittelfristige Freisetzung von Arbeitnehmern). Andererseits werden die resultierenden Strukturverschiebungen zu Forderungen der Arbeitnehmer nach Höhergruppierung führen.

4 Ergebnisse und Konsequenzen aus dem Praxiseinsatz

4.1 Ergebnisse

Die oben vorgestellten Modelle wurden zur Abschätzung des Nutzens eines Systems zur Computerunterstützten Sachbearbeitung bei einem öffentlich rechtlichen Institut mittlerer Größe (die Bilanzsumme 1989 betrug DM 8 Mrd.) eingesetzt. Die Klassifikation der Mitarbeiter beziehungsweise Tätigkeiten in Gruppen wurde gemäß Abschnitt 3.1 vorgenommen. Für die Tätigkeitsmatrix $\bar{T} = (t_{ij})$ wurde durch detaillierte Zeitaufschreibungen

$$(4.1.1) \qquad \bar{T} = \begin{pmatrix} 0.26 & 0.21 & 0.27 & 0.20 & 0.06 \\ 0.22 & 0.24 & 0.22 & 0.26 & 0.06 \\ 0 & 0 & 0.38 & 0.50 & 0.12 \\ 0 & 0 & 0.03 & 0.80 & 0.17 \end{pmatrix}$$

ermittelt. Jede Zeile entspricht einer Mitarbeiterklasse beginnend mit einem dispositiven spezialisierten Sachbearbeiter (daran anschließend hierarchisch absteigend). Jede Spalte entspricht einer Tätigkeitsklasse, wobei t_{ii} für die jeweilige charakteristische Tätigkeit steht. Die fünfte Spalte enthält die Anteile der unproduktiven Tätigkeit. Es zeigt sich, daß dispositive Sachbearbeiter einen wesentlichen Teil ihrer Arbeitszeit mit niederwertigeren Tätigkeiten verbringen. Die Einführung des CSB-Systems soll dies unter anderem verändern.

Zunächst erfolgt mit dem TSTS-Modell eine Abschätzung des Nutzens. Dabei wird davon ausgegangen, daß bei der j-ten Tätigkeit eine prozentuale Zeitersparnis e_j resultiert. Man erhält[6]

$$(4.1.2) \qquad e^{\mathrm{T}} = (\, e_1, e_2, e_3, e_4 \,) = (\, 0.05, 0.07, 0.09, 0.11, 0.30 \,)\,.$$

Dabei kommt zum Ausdruck, daß natürlich die höherwertigen Tätigkeiten von der Unterstützung durch das CSB-System nicht so stark profitieren, wie die niederwertigeren Tätigkeiten. Der Sinn eines CSB-Systems liegt letztlich ja darin, die Zeitersparnis bei den niederwertigen Tätigkeiten für die höherwertigeren zu verwenden. Die Werte für den Kostenvektor c wurden aus dem BAT gemäß Tabelle 2 zusammengestellt (vgl. [33, S. 56 f.]). Verwendet wurden die folgenden Kosten in DM pro Jahr:

$$(4.1.3) \qquad c^{\mathrm{T}} = (\, 120.000, 100.000, 80.000, 60.000 \,)\,.$$

Für den Vektor w der verfügbaren Mitarbeiter gilt im vorliegenden Fall für die untersuchte Unternehmenseinheit (Filiale)

$$(4.1.4) \qquad w^{\mathrm{T}} = (\, 1, 3, 3, 2 \,)\,.$$

Insgesamt resultiert der Nutzen

$$(4.1.5) \qquad U^* = 58.453 \text{ DM}\,.$$

Zur Anwendung des hedonistischen Modells wird die letzte Spalte der oben gegebenen Matrix $\bar{T}$ entfernt. Die so erhaltene Matrix T ist quadratisch und entspricht der bei der Vorstellung des hedonistischen Modells definierten Profilmatrix. Man erhält für den Vektor der hedonistischen Preise in DM:

$$(4.1.6) \qquad x^{\mathrm{T}} = (\, 375.163, -111.547, 117.647, 70.588 \,)\,.$$

Dies stellt offenbar ein unsinniges Ergebnis dar. Man kann davon ausgehen, daß die Prämissen des hedonistischen Modells nicht erfüllt sind. Eine detaillierte Untersuchung ergab, daß keine Budgetrestriktion, sondern Verfügbarkeitsrestriktionen der Form $w_i \leq v_i$ vorlagen. Es war für das Institut nicht möglich, am Arbeitsmarkt in genügender

---

[6] Die Tätigkeiten wurden getrennt nach Mitarbeitergruppen entsprechend dem in [13, S. 71 ff.] vorgegebenen Detaillierungsgrad gewählt. Dabei ist zu beachten, daß es Tätigkeiten gibt, die nach Einführung des CSB-Systems ersatzlos entfallen (Kopieren, Mehrfacherfassung), die mit entsprechenden Produktivitätsgewinnen unterstützt werden (Antragsbearbeitung, Modellrechnungen) und die überhaupt keine oder nur unbedeutende Unterstützung erfahren (Mitarbeiterführung, Besprechungen, Dienstreisen). Nach Einführung des CSB-Systems kann es dafür neue Tätigkeiten geben (etwa computergestützte Auswertungen u.ä. vornehmen). Aus Vorsichtsgründen wurde generell ein eher pessimistisches Szenario unterstellt.

Zahl dispositive Sachbearbeiter zu finden[7]. Diese Parameter mußten als mittelfristig unveränderbar akzeptiert werden. Der Mitarbeitereinsatz war insoweit als optimal zu bezeichnen.

4.2 Eine Erweiterung des hedonistischen Modells

In diesem Abschnitt wird kurz auf eine Erweiterung des Modells eingegangen, die den Fall bestimmter zusätzlicher Restriktionen explizit einschließt. Mit den bereits eingeführten Notationen betrachten wir jetzt das Optimierungsproblem

$$(4.2.1) \qquad \max_w u(a) - c^\mathrm{T} w$$

unter den Nebenbedingungen

$$(4.2.2) \qquad a = T^\mathrm{T} w, \qquad g(w) \leq 0, \qquad w \geq 0.$$

Dabei ist $g : R^n \longrightarrow R^m$ mit den Komponenten g_i eine konvexe und hinreichend glatte Funktion in der Variablen w. Durch diese im allgemeinen nicht explizit ermittelbare Funktion sollen entsprechende zusätzliche Restriktionen modelliert werden. Dieses Optimierungsproblem kann nun unter Verwendung der Kuhn-Tucker-Bedingungen formal gelöst werden (vgl. [33, S. 57 f.]). Unter wenig restriktiven Annahmen[8] über die Funktion g, erhält man dann ein lineares Optimierungsmodell der Form

$$(4.2.3) \qquad \min_{x \geq 0} V(x) = w^\mathrm{T} (T_M - T) x$$

unter der Nebenbedingung

$$(4.2.4) \qquad Tx \geq c, \qquad x_1 \geq \ldots \geq x_n \geq 0.$$

Bei der Lösung dieses Problems ist man ausschließlich am Wert der Zielfunktion $V(x^*)$ im Minimum interessiert. Dieser Wert gibt eine Untergrenze für den Wert des CSB-Systems an. Der zulässige Bereich ist dabei durch den oben definierten Kegel gegeben. Innerhalb dieses Kegels liegt der unbekannte Vektor h der hedonistischen Preise mit dem Zielfunktionswert $V(h) \geq V(x^*)$.

Wir kommen nun erneut auf das im letzten Abschnitt vorgestellte Fallbeispiel zurück. Bei der Ermittlung der modifizierten Tätigkeitsmatrix T_M wurde davon ausgegangen, daß sich Zeiteinsparungen bei den einzelnen Tätigkeiten ergeben. Dazu gibt es in der Literatur umfangreiche quantitative Untersuchungen, die im allgemeinen nach

---

[7] Ausschlaggebend dafür ist unter anderem das niedrige Gehaltsniveau bei öffentlich rechtlichen Instituten. Der Bundesangestelltentarif (BAT) gibt einen starren Rahmen vor, der nicht ohne weiteres überschritten werden kann.

[8] Man nimmt an, daß $\mathrm{grad}(g_i(w)) \geq 0$ gilt. Dies ist bei Budgetrestriktionen $c^\mathrm{T} x - B \leq 0$ und Verfügbarkeitsrestriktionen der Form $w_j \leq v_j$ der Fall.

Branchen und Mitarbeitergruppen differenzierte Produktivitätsgewinne für Tätigkeiten mit hohem Detaillierungsgrad ausweisen [13]. Durch Zeitaufschreibungen, die zur Festlegung der Matrix T in (4.1.1) verwendet wurden, stand für derartige Tätigkeiten entsprechend umfangreiches Datenmaterial zur Verfügung. Zur Abbildung sich ergebender Verschiebungen der Tätigkeitsprofile wurden die tatsächlichen Arbeitsabläufe vor den wahrscheinlichen beziehungsweise geplanten Arbeitsabläufen nach Einführung des CSB-Systems gegenübergestellt. Insgesamt ergab sich auf diese Weise für die neue Profilmatrix die Schätzung

$$(4.2.5) \qquad T_M = \begin{pmatrix} 0.46 & 0.26 & 0.17 & 0.10 \\ 0.25 & 0.44 & 0.18 & 0.11 \\ 0 & 0 & 0.72 & 0.24 \\ 0 & 0 & 0.11 & 0.84 \end{pmatrix}$$

Die Lösung des skizzierten Optimierungsproblems ergibt dann den Wert

$$(4.2.6) \qquad V(x_{opt}) = 82.979 \text{ DM}.$$

Dieser Wert ist erwartungsgemäß höher als der Wert, den die TSTS-Methode lieferte. Erneut ist zu beachten, daß diese Größe prinzipiell in jeder Periode realisiert werden kann.

5. Zusammenfassung

Die Bewertung der Wirtschaftlichkeit des Einsatzes der modernen Informationstechnik ist von großer Bedeutung für die Unternehmen. Diese Investitionen können in den meisten Fällen weder im Massengeschäft noch im Bereich der computerunterstützten Sachbearbeitung ausschließlich durch direkt realisierbare Kostenreduktionen gerechtfertigt werden. Dies wurde anhand zweier Fallstudien verdeutlicht. Insbesondere bei CSB-Systemen stehen qualitative Effekte im Vordergrund. Die zur Abschätzung dieser Effekte häufig eingesetzten Verfahren wurden analysiert und auf ihre Praxistauglichkeit untersucht. Dabei zeigte es sich, daß die zugrundeliegenden Prämissen eine sinnvolle Modellierung der betrieblichen Realität nicht unbedingt erlauben. Aus diesem Grund wurde ein verallgemeinertes hedonistisches Modell vorgestellt.

Literaturverzeichnis

[1] Anselstetter, R.: Betriebswirtschaftliche Nutzeffekte der Datenverarbeitung. Springer-Verlag, Berlin (1984).

[2] Bamberg, G., Baur, F.: Statistik. 5. überarbeitete Aufl., Verlag Vahlen, München (1987).

[3] Bea, F. X.: Entscheidungen des Unternehmens. In: Bea, F. X., Dichtl, E., Schweitzer, M. (Hrsg.): Allgemeine Betriebswirtschaftslehre Band 1: Grundfragen. 5. neubearbeitete Auflage, UTB-Verlag, Stuttgart. S. 302-328, (1990)

[4] Betsch, O.: Strukturwandel und Wettbewerb am Bankenmarkt. Poeschl-Verlag, Stuttgart (1988).

[5] Binder, R., Stickel, E.: Entwurf und Umsetzung eines Information-Engineering-Konzeptes. In: Rau, K.-H., Stickel, E. (Hrsg.): Software Engineering. Erfahrungen aus Dienstleistungsunternehmen, Handel und Industrie. Gabler-Verlag, Wiesbaden. S. 67-94 (1991).

[6] Clemons, E.: Evaluation of Strategic Investments in Information Technology. Communications of the ACM; 1, S. 22-36 (1991).

[7] Czech, D., Schumm-Garling, U., Weiß, G.: Rationalisierte Sachbearbeitung im Bankgewerbe. Campus-Verlag, Frankfurt (1988).

[8] Deiss, G., Heymann, M.: Die Investition in Bürokommunikation - Wesen und Wege einer Rechtfertigung. ZfB 58, 10; S. 1072-1089 (1988).

[9] Doll, D., Martin, J.: o.T. Perspective, Vol. 2,2 (1983).

[10] Fischer, T.: Chancen einer integrierten Netzwerkarchitektur. In: Rau, K.-H., Stickel, E. (Hrsg.): Software Engineering. Erfahrungen aus Dienstleistungsunternehmen, Handel und Industrie. Gabler-Verlag, Wiesbaden. S. 49-66 (1991).

[11] Gongla, P., Sakamoto, G., Bach-Hock, A., Goldweic, P., Ramos, L., Sprowls, R. C., Kim, C.-K.: S*P*A*R*K*: A knowledge-based system for identifying competitive uses of information technology. IBM Systems Journal Vol. 28, 4, S. 628-645 (1989).

[12] Hagemann, H.: Strategien für den Erfolg. Manager Magazin 21. Jg., Heft 3; S. 164-178 (1991).

[13] IBM (Hrsg.): Management der individuellen Informationsverarbeitung. Stuttgart (1987).

[14] Jacob, A.-F.: Neue Aspekte zur Kalkulation im Zahlungsverkehr. Kreditwesen 16, S. 753-758 (1989).

[15] Janko, W. H., Pönighaus, R., Taudes, A.: Der Nutzen von Büroautomation - Eine Fallstudie. Angewandte Informatik 10, S. 436-445 (1989).

[16] Kall, P.: Mathematische Methoden des Operations Research. 1. Aufl., Teubner-Verlag, Stuttgart (1976).

[17] Kasten, E., Bergmann, B., Richard, W., Mühlmeyer, J.: Betriebslehre der Banken und Sparkassen. Rinteln (1987).

[18] Kreyszig, E.: Statistische Methoden und ihre Anwendungen. 7. Aufl., Verlag Vandenhoeck & Ruprecht, Göttingen (1979).

[19] Lahmann, H.-D., Stickel, E.: Die Erstellung einer Wirtschaftlichkeitsrechnung im Bereich Schriftenlesung. Bank und Markt, 10, 17. Jg., S. 31-34 (1988).

[20] Lahmann, H.-D., Stickel, E.: Ein Regressionsmodell für Kostenuntersuchungen im beleghaften Zahlungsverkehr. Betriebswirtschaftliche Blätter 2, 40. Jg., S. 80-82 (1991).

[21] Liang T.-P., Tang, M.-J.: VAR-Analysis: A Framework for Justifying Strategic Information System Projects. DataBase, Vol. 23 No. 1, S. 27-35 (1992).

[22] Locher, K.: Struktur und Erscheinungsformen des Gefangenen-Dilemmas. WiSt 1; S. 19-24 (1991).

[23] Martiny, L., Klotz, M.: Strategisches Informationsmanagement. Oldenbourg-Verlag, München (1989).

[24] Nagel, K.: Nutzen der Informationsverarbeitung. Oldenbourg-Verlag, München (1988).

[25] Nolan, R. L.: Managing the Crisis in Data Processing. Harvard Business Review, March-April 1979, 57,2; S. 115 ff (1979).

[26] Pantages, A.: Mixed Forcasts for DP. Datamation, June 15; S. 161 ff. (1986)

[27] Rau, K.-H.: Integrierte Bürokommunikation. Organisation und Technik. Gabler-Verlag, Wiesbaden (1991).

[28] Rosen, S.: Hedonic Prices and Implicit Markets: Product Differentiation in Pure Competition. Journal of Political Economy, 1, S. 34-55 (1974).

[29] Sassone, P. G.: Cost Benefit Analysis of Information Systems: A Survey of Methodologies. Technical Paper Georgia Inst. of Technology (1986).

[30] Sassone, P. G.: Cost Benefit Methodology for Office Systems. ACM Transactions on Office Systems, Vol. 5, 3; S. 273-289 (1987).

[31] Sassone, P. G., Schwartz, A. P.: Cost-Justifying OA. Datamation, February 15, S. 83-88 (1986).

[32] Slevogt, H.: Rentabilität des Zahlungsverkehrs. Kreditwesen 21, S. 996-1001 (1989).

[33] Stickel, E.: Eine Erweiterung des hedonistischen Verfahrens zur Ermittlung der Wirtschaftlichkeit des Einsatzes von Informationstechnik. ZfB 62, H. 7, S. 47-64 (1992).

[34] Wöhe, G.: Einführung in die Allgemeine Betriebswirtschaftslehre. 17. Aufl., Verlag Vahlen, München (1990).

Prof. Dr. Eberhard Stickel
Berufsakademie Stuttgart
Fachrichtung Wirtschaftsinformatik III
Postfach 100563
W-7000 Stuttgart 50
Email: stickel@ba-stuttgart.de

Management der Anwendungsentwicklung bei Volkswagen

Rolf Großjohann

Volkswagen AG

Kurzfassung

Dieser Artikel stellt die Managementprozesse der Anwendungsentwicklung und -betreuung bei Volkswagen und deren Unterstützung durch Kennzahlen vor.
In der Anwendungsentwicklung bei Volkswagen hat der "Function-Point" als Maß für die Systemgröße zur Steuerung in den Prozessen eine besondere Bedeutung bekommen.
Das klassische Function-Point Verfahren nach A. Albrecht wurde derart erweitert, daß neben der Aufwandschätzung für Neuentwicklungsprojekte auch der Aufwand der Weiterentwicklung und des Systemservice geschätzt werden kann. Darüberhinaus werden die für die Steuerung der IS-Arbeit benutzten Kennzahlen und deren Verwendung beschrieben.

0. Managementprozesse

"We do not understand our business" erklärte Victor R. Basili auf dem Symposium "Metriken ´92" im Frühjahr dieses Jahres.

Hinter dieser Aussage steht die Forderung, daß wir uns intensiver mit unserem eigenen Prozeß beschäftigen müssen - wofür wir allerdings häufig keine Zeit finden - um ihn wahrhaft zu verstehen.

Mit dem Einsatz von CASE und einem zentralen Repository für die Speicherung der Objekte des Systementwicklungsprozesses ist es für die Unternehmen unumgänglich geworden, sich mit dem Entwicklungsprozeß zu befassen. Häufig sind auch die vorhandenen Vorgehensmodelle nicht auf die neue Technologie ausgerichtet, so daß Volkswagen ein eigenes, neues Vorgehensmodell entwickelt hat [14].
Die Auseinandersetzung mit dem eigenen Prozeß unter dem fachlich, qualitativen Gesichtspunkt wird in diesem Artikel jedoch nicht behandelt.

Der andere Gesichtspunkt - wie kann die Anwendungsentwicklung und - betreuung gesteuert werden, um die Software wirtschaftlich, schnell und mit guter Qualität zu entwickeln - verlangt eine andere Art des Verstehens.
Auf diesen Aspekt soll in dem vorliegenden Artikel allein eingegangen werden, obwohl natürlich zwischen beiden Betrachtungen eine enge Beziehung besteht [26].

Im Frühjahr 1991 hatte Volkswagen eine Studie durchgeführt, die das Ziel verfolgte, die Managementprozesse in der Anwendungsentwicklung und - betreuung zu untersuchen und zu verstehen, wie die einzelnen Managementaktivitäten im Prozeß

Ziele setzen
Planen
Ausführen und
Messen

angewendet werden [16].

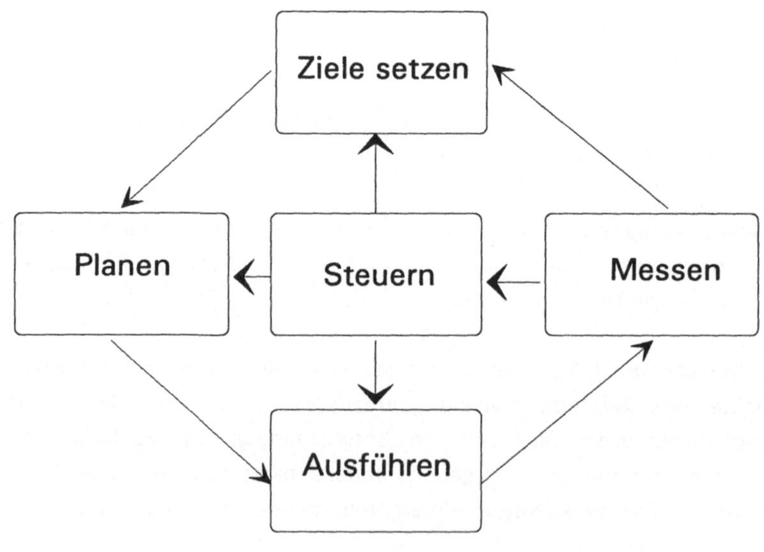

Abb. 1

Im Gegensatz zur ISM-Architektur erkannte das Projektteam folgende wesentliche Prozesse, die eng miteinander verknüft sind:

Zielsetzungs-,
Planungs- und
Durchführungsprozeß.

Mit dem Zielsetzungsprozeß ist nicht die einzelne Aktivität "Ziele setzen" gemeint, die integraler Bestandteil aller Managementprozesse im Sinne des kooperativen Führungsverständnisses ist, sondern globale Zielsetzungen, die größere organisatorische Einheiten betreffen und mit in die jährliche Planung der Aufgaben aufgenommen und umgesetzt werden.

Steuern und messen, bzw. treffen von Entscheidungen, im Sinne dieser globalen Betrachtungsweise sind Bestandteil der Prozesse. Obwohl wir sich Volkswagen hier von dem ISM-Ansatz unterscheiden, ist das Schema in Abb. 1 dennoch geeignet, die Aktivitäten im Entwicklungsprozeß unter dem Aspekt "Management des Prozesses" zu erklären. Deshalb wurde der gesamte Artikel entsprechend dieser Betrachtung eingeteilt.

1. Ziele setzen

Ein Ziel beschreibt einen zukünftig angestrebten Zustand, bewirkt also eine Zustandsänderung. Hierfür muß der aktuelle Zustand bekannt sein, da sonst seine Veränderung nicht beurteilt werden kann. Zu einem Ziel gehört immer sein Inhalt, ein Termin und eine quantitative Angabe, an der die Zielerreichung gemessen werden kann. Das gilt global im Sinne des Zielsetzungsprozesses, wie auch lokal in der Zielvereinbarung zwischen Mitarbeitern und Vorgesetzten.
Um die Zielerreichung messen zu können, ist eine Meßmethode, eine Maßeinheit und ein Meßobjekt zu bestimmen.

Ziel in der Anwendungsentwicklung kann z.B. sein

Steigerung der Produktivität in der Anwendungsentwicklung um den Faktor x bis 199x.

Damit dieses Ziel einen Sinn ergibt, muß zuerst bestimmt werden, was unte
Produktivität verstanden wird. Danach muß der aktuelle Zustand, die aktuell
Produktivität gemessen werden.
Nach Ablauf der festgesetzten Frist, die im Sinne des kooperativer
Führungsverständnisses einvernehmlich mit den Beteiligten vereinbart wurde, is
die Erreichung des erlangten Zustandes wiederum zu messen, um di
Zielerreichung beurteilen zu können.

In dem Beispiel ist die erreichte Produktivität P(199x).
Der Produktivitätsfaktor ist P(heute)/P(199x).

Die IS-Ziele sind aus den Unternehmenszielen abzuleiten. Die Zielvorgabe erfolg
also nur **top down.**

2. Planen

Im Planungsprozeß werden

- Bedarfspläne erarbeitet,
- IS-Ressourcenplanung durchgeführt,
- im Rahmen der Finanzplanung zur Entscheidung gebracht,
- in einem IS-Vorhabenplan des Unternehmens einer Periode zusammengefaßt
  und schließlich
- einzelne Projektpläne entwickelt.

Der Planungsprozeß ist periodenorientiert, im Zusammenhang mit den lang-,
mittel- und kurzfristigen Planungen des Unternehmens. In den Planungsprozeß
fließen die Anforderungen der Nutzer nach Entwicklungsleistung und
Sicherstellung des operativen Einsatzes der Informationssysteme ein.

Das IS-Budget im Unternehmen orientiert sich am Bedarf der Nutzer nach IS-
Dienstleistungen. Entscheidungen über die Höhe des gesamten IS-Budgets, daß
sich aus der Summe der einzelnen IS-Budgets der Fachbereiche ergibt, trifft der
Vorstand der Volkswagen AG, über die Höhe des IS-Budgets der einzelnen
Geschäftsbereiche das Nutzergremium IS-Kommitee der Volkswagen AG.

Aus der Bedarfsplanung des Unternehmens wird die IS-Ressourcenplanung mit den entsprechenden Plänen abgeleitet.

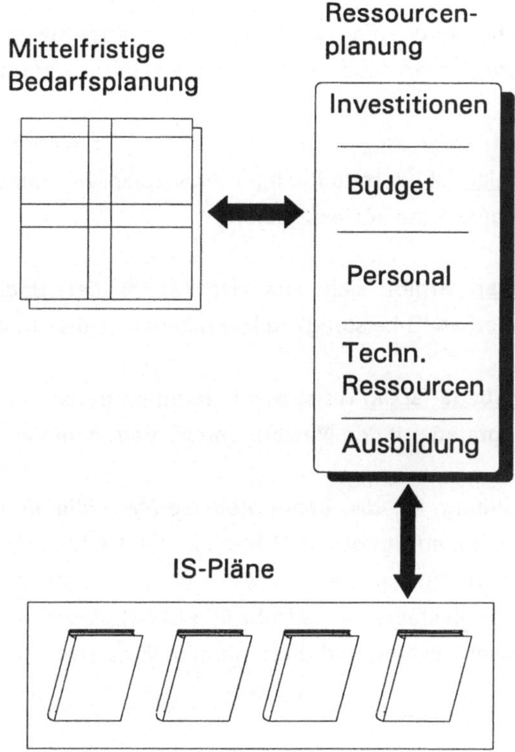

Abb. 2

IS-Pläne

Der **IS-Geschäftsplan** ist eine Managementübersicht über die geplanten Vorhaben, das bisher Erreichte und einer entsprechenden Hintergrundinformation.

Der **IS-Mittelfristplan** ist der mittelfristige , der **Rahmenplan** der jahresbezogene IS-Projektplan.

Die **Vorhabenpläne IIV und CAD/CAM** enthalten den geplanten Geräteeinsatz im Fachbereich und die voraussichtliche Zahl der Nutzer über einen mittelfristigen Zeitraum für die Themengebiete IIV und CAD/CAM.

Der Rahmenplan und die Vorhabenpläne informieren die Organe der Betriebsverfassung vorab über die geplanten IS-Projekte bzw. -Vorhaben des Unternehmens.

Der **Investitionsplan** ist ein mittelfristiger Finanzplan, der mit den Vorhabenplänen, bzw. mit dem Rahmenplan korrespondiert.

Der **IS-Budgetplan** ergibt sich aus der Matrix der Bedarfsplanung, Nutzer-Kostenstelle (Bedarf an IS-Leistung) zu IS-Kostenstelle (Leistungserbringer).

Der **IS-Kapazitätsbedarfsplan** weist den benötigten Bedarf an IVZ-Leistung aus, die dann über Katalograten mit den Nutzern und IS verrechnet wird.

Die Bedarfsermittlung für die benötigten Geräte , die in den Vorhabenplänen ausgewiesen werden, erfolgt durch Abfrage in den Fachbereichen.
Für die Projektplanung (s. Rahmenplan) wird ein gutes Schätzverfahren zur Bestimmung des Projektaufwandes frühzeitig benötigt, um den Kapazitätsbedarf für die Anwendungsentwicklung und -betreuung in IS zu ermitteln.

3. Ausführen

Ist das IS-Budget der Nutzer verabschiedet, können Dienstleistungsvereinbarungen zwischen Nutzer und den IS-Stellen abgeschlossen werden.
In den Dienstleistungsvereinbarungen sind Umfang und Qualität der Leistung, Zahlungsmodalitäten, Preis und Laufzeit beschrieben.
Der Preis korrespondiert mit den Kennzahlen Projektaufwand und Stundensatz, die Laufzeit im allgemeinen mit der Projektdauer, Phasendauer, oder - im Falle des Systemservice - ein Kalender-Jahr.
Über die Verrechnung auf Basis der Dienstleistungsvereinbarungen (Status 8) fließen dann die Beträge, entsprechend dieser Vereinbarung aus dem IS-Nutzerbudget (Sekundärbudget) in das IS-Budget (Primärbudget).

IS ist also gezwungen, aus den erzielten Erlösen, die eigenen Ausgaben zu finanzieren ("Profit-Center").

Gesteuert wird die Ertragsituation von IS mit Hilfe einer monatlich durchgeführten, internen Gewinn und Verlustrechnung, die eine Vorschau für das laufende Jahr enthält. Durch diese Verfahrensweise wird

1. eine **Kosten-Transparenz** erzwungen,
2. die IS-Kosten nach dem **Verursacherprinzip** abgerechnet,
3. die IS-Aufgaben den Erfordernissen des Unternehmens angepaßt und
4. über den Weg das IS-Budget der Nutzer zu reduzieren, ein Spannungsfeld zwischen Nutzer und IS aufgebaut, das notwendig für die Konzentration auf das wesentliche ist.

Die Steuerung innerhalb der Projekte erfolgt über den Soll-/Ist-Vergleich bezüglich Aufwand, Kosten und Termine entsprechend der prozentualen Phasenaufteilung des Projektes, die aus gemessenen Verteilungen abgeschlossener Projekte ermittelt wurde.

4. Messen

Um überhaupt die für den Planungsprozeß notwendigen Daten, z.B. Kosten für IS-Vorhaben, bekommen zu können, werden **Kennzahlen** benötigt, aus denen die Planungsdaten ableitbar sind.
Diese Kennzahlen können nach [9] folgendermaßen klassifiziert werden:

1. **Ressource-**
2. **Prozeß-** und
3. **Produkt-Metriken,**

im folgenden **IS-Kennzahlen** genannt.

Die IS-Kennzahlen erfüllen zwei Funktionen:

1. Sie unterstützen die Steuerung der IS-Arbeit in den Managementprozessen von IS und
2. sie sind Grundlage für die Ermittlung der Planungsdaten.

Eng an diese zwei Funktionen ist die Art der Ermittlung gebunden. Für di
Steuerung ist das **Messen** der Ergebnisse notwendig. Für die Ermittlung de
Planungsdaten ist das **Schätzen** der benötigten Kennzahlen erforderlich. Di
Schätzungen häufig auf der Analogiemethode beruhen, ist wiederum das Messer
abgeschlossener Projekte Voraussetzung für gute Schätzungen. Hier wird de
Regelkreis zwischen Messen und Verstehen des Prozesses deutlich, da nur gute
Vorhersagen getroffen werden können, wenn Erkenntnis über die Wirkweite
bestimmter Einflußgrößen existiert.

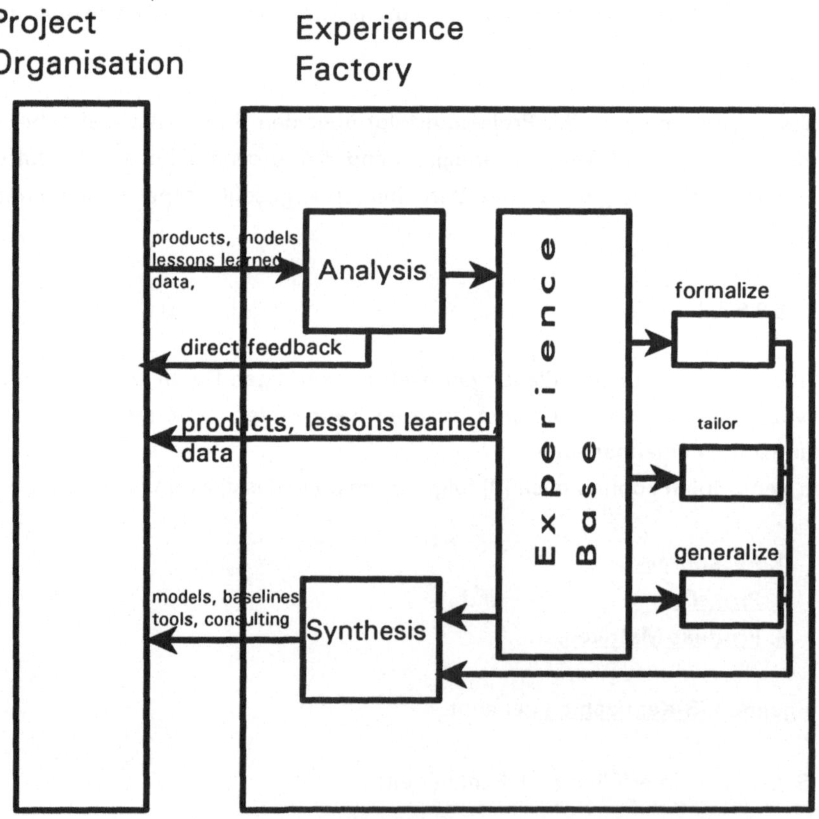

Abb. 3

Victor Basili bezeichnet diesen Regelkreis zwischen den Projekten und der organisatorischen Einheit, die sich um Erkenntnis der Einflußgrößen bemüht als "**Experience Factory**", unterstützt durch eine Erfahrungsbank, die die Datenbasis der Erkenntnisgewinnung ist. Die "Experience Factory" tastet sich schrittweise an die zu bestimmenden Merkmale und Kenngrößen nach dem GQM-Paradigma (Goal/ Question/ Metric) heran und ermittelt mit Hilfe statistischer Untersuchungen die Wirkungen von Vorgehen und neu eingesetzten Maßnahmen in der IS-Arbeit. Die Erkenntnis über die Wirkung bestimmter Einflüsse fließt danach zurück zu den Projekten, die die neu gewonnenen Erkenntnisse für ihre weitere Arbeit nutzen [5].

So kann die IS-Arbeit des Unternehmens schrittweise bezüglich festgelegter Zielsetzungen, wie Qualitäts- und Produktivitätsziele, verbessert werden.

Erst durch ein derartiges organisatorisches Konzept bekommt die Auseinandersetzung mit IS-Kennzahlen ihren Sinn.

Da das **Maß für die Systemgröße** elementar ist, ist vor allen anderen Maßen zuerst die Entscheidung zu treffen, welches Maß hier zum Einsatz kommen soll. Volkswagen hat sich für den Function Point, im Gegensatz zu ELOC oder DSI entschieden, da der Function Point sowohl für Messungen als Standard-Größenmaß, unabhängig von der technischen Realisierung, als auch über die Beziehung Größe/Aufwand, frühzeitig für die Aufwandschätzung der Entwicklungsprojekte genutzt werden kann. Der Function Point bildet somit die Basis für viele andere Kennzahlen.

4.1 Das Function Point Verfahren

Im Jahre 1979 wurde von A. Albrecht das Function-Point Verfahren als Methode für die Aufwandschätzung von IS-Projekten entwickelt [1].

Wie bei anderen Verfahren zur Aufwandschätzung wurde hier die Beziehung zwischen Systemgröße bzw. Komplexität des Systems und Aufwand gewählt. Das Function Point Verfahren berücksichtigt bei der Bewertung die Elemente, die bei kommerziellen Systemen wesentlich sind. Das sind

Eingaben, Ausgaben, Abfragen und die Datenstrukturen,

die im Anwendungssystem benötigt werden.

Über die Datenstrukturen erhält der Schätzer ein Maß für die interne Komplexität der Programme. Das trifft für kommerzielle Systeme zu, für technisch-wissenschaftliche Systeme jedoch nur eingeschränkt.

Der Nachteil des Function Point Verfahrens wird - neben den vielen Vorteilen - in der Literatur immer in der Subjektivität der Schätzung mit Hilfe dieses Verfahrens gesehen [24].
Diese Subjektivität kann weitgehend vermieden werden, wenn die Schätzbasis eindeutig definiert wird.
Volkswagen bezieht sich bei der Schätzung auf das Funktionsmodell und das Datenmodell, das während der Anforderungsanalyse erstellt wird.
Das Funktionsmodell wird auf der Ebene der Blätter der Funktionshierarchie mit den Funktionen Eingabe, Ausgabe und Abfrage bewertet.
Im Datenmodell werden alle echten Entitäten bewertet, nicht aber die assoziativen Entitäten, die keine Attribute besitzen.
Grundlage dieser Bewertung, die auf einem Vorschlag des G.U.I.D.E USA [12] basiert, ist das neue VW-Vorgehensmodell [14].

Über eine firmenspezifische Relation

Systemgröße[FP]/Aufwand[PS]

erhält man eine Schätzung des, für das gesamte Projekt benötigten Aufwandes in Personenstunden.
Die Verteilung dieses Gesamtaufwandes auf die einzelnen Phasen des Projektes wird mit Hilfe von Erfahrungswerten projektbezogen oder über die VW-Standard-Verteilung ermittelt:

Vorklärung	**5%**
Anforderungsanalyse	**20%**
Systementwurf	**30%**
Realisierung	**45%**

Bei Volkswagen ist die Maßeinheit für den Aufwand Personenstunden, um die Schätzung unabhängig von einer 37 oder 35 Stundenwoche zu erhalten. Für die Zeitdauer des Projektes spielt diese Einflußgröße, neben der Teamgröße, natürlich eine wesentliche Rolle.

Das ursprüngliche Verfahren wurde von einigen Autoren [19], [8], [25], [12] um die Schätzung der Weiterentwicklung und die Schätzung techn.-wissenschaftlicher Anwendungen erweitert.

Darüberhinaus hat Volkswagen das Function-Point Verfahren um die Schätzung des Serviceaufwandes weiterentwickelt. Diese Schätzmethode basiert auf einer Idee Charles Symons, für die Bestimmung des Wartungsaufwandes die sog. "Bath-Tube-Curve" zu nutzen [25].

4.2 Schätzung des Serviceaufwandes

Der Aufwand für den Systemservice wird auf Basis der bewerteten Function Points ermittelt. Der Systemservice enthält die Umfänge

Wartung, Anwenderbetreuung und Betrieb

der Anwendungen.

Bei Volkswagen gehört die Weiterentwicklung, im Gegensatz zu [6] nicht zum Systemservice . Eine Definition der Aufgabenarten sind im Anhang 1 zu finden.

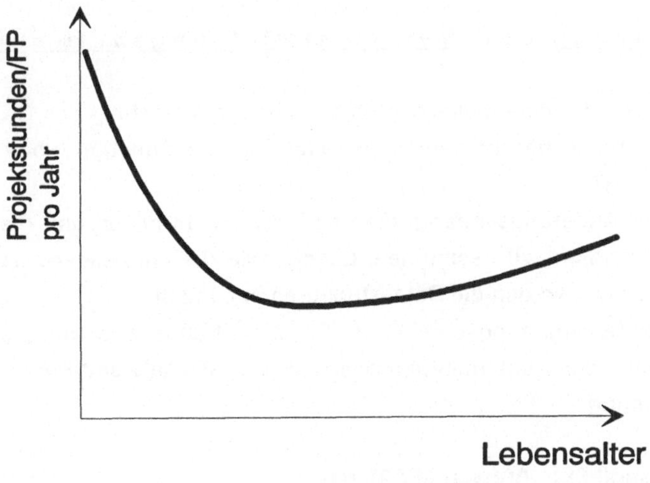

Abb. 4

Die Grundidee der Systemserviceschätzung besteht darin, einen jahresbezogenen Faktor zu ermitteln, der den Aufwand für den Service eines Function Points im Lebenszyklus eines Systems wiederspiegelt, wie in Abb. 4 dargestellt.

Die bewerteten Function Points, die ein Maß für die Größe und Komplexität darstellen, werden mit diesem Faktor multipliziert. Durch die Gewichtung dieses Produktes mit jahresbezogenen Einflußfaktoren erhält man den Planaufwand für den Systemservice.
Bei der Bestimmung der Faktoren ist Volkswagen von einer Lebensdauer der Systeme von 10 Jahren ausgegangen. Es wird erwartet, daß sich der Aufwand über den gesamten Lebenszyklus folgendermaßen verteilt:

Neuentwicklung	**30%**
Weiterentwicklung	**40%**
Systemservice	**30%**

Diese Annahme wird durch unterschiedliche Autoren [6] bestätigt, wobei jedoch immer zu beachten ist, welche Definition die Autoren für den Systemservice verwenden.

4.3 Schätzung des Weiterentwicklungsaufwandes

Der Aufwand der Weiterentwicklung wird nach dem Vorschlag des G.U.I.D.E, bzw. der von B. Dreger beschriebenen Erweiterung des Function Point Verfahrens geschätzt [12], [8].
Hierbei ist der Änderungsumfang, die neu hinzugekommenen und die gelöschten Elementar-Funktionen, zu bestimmen. Ebenso wie die Funktionen - auf Basis des Funktionsmodells - werden die Datenstrukturen behandelt.
Ist der gesamte Änderungsumfang in Function Points bestimmt, so wird der Aufwand mit der unternehmensspezifischen FP/Aufwand-Kurve über die Differenzrechnung:

Aufwand(FPE) - Aufwand(FPA), mit

FPA: Function Points des zu ändernden Systems
FPE: FPA + Änderungsumfang

ermittelt.

Durch diese Differenzrechnung wird die vorhandene Komplexität des zu ändernden Systems berücksichtigt, die einen Einfluß auf den Aufwand hat.

Nach Abschluß der Weiterentwicklung ist die Systemgröße neu zu bestimmen.

Durch die umfassende Behandlung der Aufwandschätzung ist Volkswagen in der Lage, die für die mittelfristige Bedarfsplanung benötigten Kosten- und Kapazitätsdaten zu bestimmen. Diese Plandaten werden von einem **Res**sourcen **Man**agement System (**RESMAN**) verwaltet und mit den Ist-Daten verglichen. Durch die permanente Erfassung der Ist-Daten kann mittelfristig auf immer exaktere Daten für die Planung zurückgegriffen werden. Abb. 5 veranschaulicht diese Beziehung.

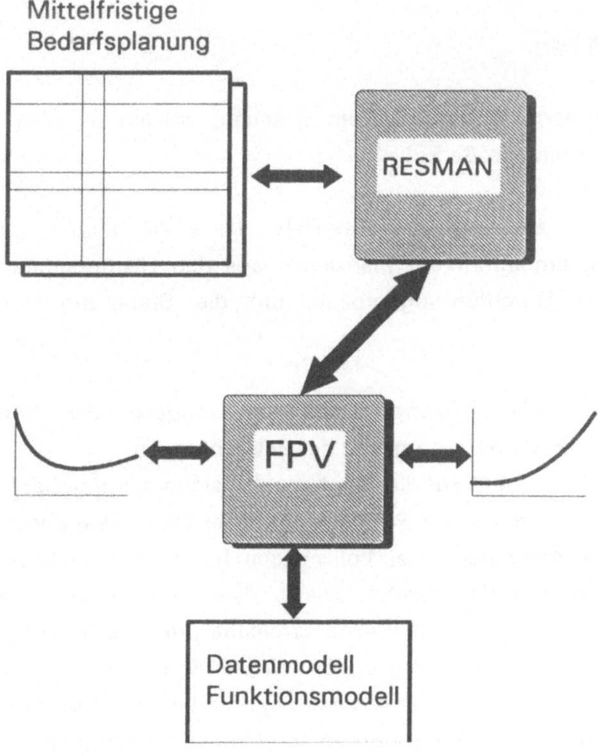

Abb. 5

Mit diesem so erweiterten Function Point Verfahren und der Verwaltung der Ressourcen Daten ist jedoch nicht nur die Aufwandschätzung von IS-Projekten umfassend behandelt, sondern auch die Grundlage für weitere Kennzahlen gelegt, die die Steuerung der IS-Arbeit unterstützen.

5. Steuern

Der Begriff "**Steuern**", der bei Volkswagen im Zusammenhang mit der IS-Arbeit verwendet wird, ist im Verständnis der von der IBM entwickelten ISM-Architektur gleichbedeutend sowohl mit "to manage" als auch mit "to control".
Das Steuern ist, wie wir gesehen haben, integraler Bestandteil aller Management-Prozesse.
Notwendige Voraussetzung für eine **effektive Steuerung** sind die Meßergebnisse aus den Management-Prozessen, die IS-Kennzahlen.

6. Kennzahlen

Wie in den vorhergehenden Kapiteln gesehen, spielen in allen Management-Prozessen Zahlen eine große Rolle.

Im Zielsetzungsprozeß, um das Erreichen der Ziele messen zu können, im Planungsprozeß, um überhaupt Planzahlen aus den Historiendaten ermitteln zu können und im Durchführungsprozeß, um die Steuerung der Projekte zu unterstützen.

Neben der Aufwandschätzung steht insbesondere die Beurteilung der Kostenstrukturen in IS im Vordergrund der Betrachtungen.
Einen wesentlichen Einfluß auf die IS-internen Kostenstrukturen hat die Qualität der ausgelieferten Software und die Produktivität in der Entwicklung und im Service.
Die Informationsverarbeitung bei Volkswagen hat sich bezüglich dieser beiden Aspekte ehrgeizige Ziele gesetzt. Diese Ziele sind nicht ohne erhebliche Investitionen in den IS-internen Prozeß erreichbar. In diesem Zusammenhang ist die Entwicklung eines neuen Vorgehensmodells [14], der konsequente Einsatz von CASE-Werkzeugen, Sprachen der 4. Generation und ein großes Engagement in der Wiederverwendbarkeit von Programmen und Modellen zu nennen.

Um die Wirkung der Investitionen wirklich beurteilen zu können, muß die Produktivität, die Produktivitätssteigerung, die Qualität und die Verbesserung der Qualität gemessen werden.

Diese Maße sind folgendermaßen definiert:

$$\text{Entwicklungsproduktivität} = \frac{\text{Größe [FP]}}{\text{Aufwand [PS]}}$$

Der

$$\text{Produktivitätsfaktor} = \frac{\sum_i \text{Aufwand(FP-Kurve 1991) [PS]}}{\sum_i \text{Istaufwand [PS]}}$$

für abgeschlossene Projekte i eines Jahres

wird als Maß für die Produktivitätssteigerung in IS verwendet.

$$\text{Serviceproduktivität} = \frac{\text{betreute Systemgröße [FP]}}{\text{Mitarbeiter pro Jahr [MJ]}}$$

Die beschriebenen Produktivitätsmaße sind relativ einfach zu bestimmen. Ungleich schwieriger ist die Bestimmung der Qualität. Nach [28] ist die Qualität der Software durch folgende Eigenschaften beschrieben:

Wartbarkeit
Benutzerfreundlichkeit
Zuverlässigkeit
Korrektheit
Effizienz
Portabiltät
Sonstige Eigenschaften

Capers Jones [20] erwartet von den Qualitätsmerkmalen, daß sie

> 1. **meßbar** und
> 2. **vorhersagbar**

sind.
Leider unterscheidet er nicht in **Produkt- und Projekt-Qualität**, was die
Bestimmung der Qualitätskennzahlen erschwert.
Die

$$\text{Produktqualität} = \frac{\text{Anzahl Fehler nach Auslieferung}}{\text{Systemgröße [kFP]}}$$

ist ein Maß, das die von Capers Jones geforderten Eigenschaften besitzt, wobei die
Fehler nach den Fehlerklassen

> **Severity 1:** **Produktion steht**
> **Severity 2:** **Produktion stark eingeschränkt**
> **Severity 3:** **Produktion eingeschränkt**
> **Severity 4:** **Produktschwächen**

klassifiziert werden [17].

Die **Projektqualität** ergibt sich aus der Projektbewertung:

> **anforderungsgerecht** (Benutzerabnahme)
> **termingerecht** (Plantermin vs Einführungstermin)
> **kostengerecht** (Planaufwand vs Istaufwand).

Anhaltspunkte für die Wartbarkeit und Zuverlässigkeit bzw. Verfügbarkeit der
Software (Produktqualität) liefern auch das **McCabe´sche Komplexitätsmaß** [23].

$$v(F) = e - n + 2,$$

wobei **e** die Kanten und
  n die Knoten des Kontrollflußgraphen sind

und die jährliche

Änderungshäufigkeit der Programme pro kFP

nach Einsatz des Systems.

Eine weitere Prozeßkennzahl, neben dem Projektaufwand, ist die

mittl. Projektdauer [ZM] pro kFP.

Die **Projektdauer** pro Projekt berechnet sich aus

$$\frac{\text{Aufwand [PM]}}{\text{mittl. Teamgröße [Anzahl MA]}}$$

plus der bekannten Fehlzeiten, wie Urlaub etc.

Die **mittlere Teamgröße pro Projekt** kann nährungsweise aus

$$\sqrt{\text{Aufwand [PM]}}$$

bestimmt werden.

Die Steuerung der Ressourcen nimmt erfahrungsgemäß einen breiten Raum bei der Arbeit des Managements ein. Kennzahlen, die hier Unterstützung liefern, sind

> **Bruttokapazität [h] / MA pro Jahr**
> **Bruttoprojektkapazität [PS] / MA pro Jahr**
> **Stundensatz [DM] / MA pro Jahr**

und

> **das Verhältnis Fremd- zu Eigenkapazität in IS.**

Außerdem sind die in den Projekten eingesetzten Methoden und Werkzeuge, sowie der zur Verfügung stehende Büro-Raum und die Qualifikation der Mitarbeiter von Interesse, da diese einen wesentlichen Einfluß auf die Produktivität der Projekte haben. Über die Messung dieser Einflußgrößen lassen sich weitere Erkenntnisse bezüglich der Verbesserung der Produktivität gewinnen.

Mit den beschriebenen Kennzahlen sind die hauptsächlich, verwendeten Kennzahlen aufgeführt. Nach der METKIT-Klassifizierung [9] ergibt sich folgende Übersicht :

1. Produkt-Metriken

Systemgröße [FP]
Lebensalter [J]
Komplexität (McCabe)
Änderungshäufigkeit
Anzahl Nutzer
Produktqualität
Performance
Verfügbarkeit [%]

2. Prozeß-Metriken

Entwicklungsproduktivität
Produktivitätsfaktor
Serviceproduktivität
Projektqualität
Projektaufwand (Neu- und Weiterentwicklung, Systemservice)
Projektkosten
Projektdauer
mittl. Projektdauer/kFP
Aufwandverteilung (Phasen)
Aufwandverteilung (Lebenszyklus)

3. Ressource-Metriken

Anzahl MA
Bruttokapazität/MA pro Jahr
Bruttoprojektkapazität/MA pro Jahr
Stundensatz
Eigen-/Fremdkapazität
Budgetmittel
Qualifikation der MA
genutzte Werkzeuge und Methoden
verfügbarer Büroraum, Projekträume

Schlußwort

Wie wir gesehen haben, helfen Kennzahlen - als **ein Mittel der Modellbildung** - unseren Prozeß zu verstehen.

Im Sinne der "Experience Factory" ist das Messen, integriert in den Software-Entwicklungsprozeß, ein iterativer Vorgang, der schrittweise weitere Erkenntnisse über unseren Prozeß ermöglicht.

Bei dieser Gelegenheit möchte ich jedoch ausdrücklich betonen, daß steuern nicht mit kontrollieren gleichgesetzt werden darf. Es darf nicht vergessen werden, daß der Mitarbeiter, der vielleicht den größten Einfluß auf eine effiziente Anwendungsentwicklung hat, unter zu starkem Druck vom Management seine Kreativität in der Aufgabe verliert [7].

Kennzahlen ersetzen nicht ein persönliches und gutes Management, sondern sie unterstützen lediglich bei den Managementaufgaben und helfen bei der Beurteilung des gesamten Entwicklungsprozesses.

Danksagung

Zum Abschluß dieses Artikels möchte ich mich bei den vielen Kollegen bedanken, die durch ihre Arbeit, die Kennzahlenthematik bei Volkswagen unterstützt und maßgeblich beeinflußt haben. Das sind der Function Point Arbeitskreis, bestehend

aus den Herren	E. Bagusch
	J. Greve
	A. Hafemann
	W. Linde
	A. Rieckmann
	R. Weilmann
und die Herren	A. Arras
	H.-H. Baumgärtel
	Dr. J. Kahmann
	Dr. H.-W. Weinrich

Literaturverzeichnis

[1]   Albrecht, A.J., Gaffney, J.E.:
"Software Function, Source Lines of Code, and Development
Effort Prediction: A Software Science Validation"
IEEE Trans. on Software Eng. , Vol. SE-9, 639-648, 1983

[2]   Arras, A., Großjohann, R., Papenfuß, G., Riedig, Hafemann,A.:
"Steuerung der IS-Arbeit in GOA"
Int. Studie, VOLKSWAGEN Apr. 1991

[3]   Barkow,G., Hesse, W., Luft, A.L. et al.:
"Begriffliche Grundlagen für die frühen Phasen der Software-
Entwicklung"
GI Softwaretechnik-Trends, Bd. 9, Nr. 3, Okt. 1989, S. 103ff.

[4]   Basili, V.R., Musa, J.D.:
"The Future Engineering of Software:
 A Management Perspective"
IEEE Computer, Vol. 24, Sept. 1991

[5]   Basili, V.R.:
"The Experience Factory: Packaging Software Experience"
Symposium "Metriken 92" , Jan. 1992

[6]   Boehm, B. W.:
"Wirtschaftliche Software Produktion"
Forkel Vlg. 1986

[7]   DeMarco,T., Lister,T.:
"Wien wartet auf Dich!
Der Faktor Mensch im DV-Management"
C. Hanser Vlg. 1991

[8]   Dreger, B.B.:
"Function Point Analysis"
Prentice Hall 1989

[9]   Fenton, N. E.:
"Software Metrics
A Rigorous Approach"
Chapman & Hall 1991

[10]   Griese,J., Obelode,G., Schmitz,P., Seibt:
"Ergebnisse des Arbeitskreises Wirtschaftlichkeit der
Informationsverarbeitung"
ZFBF 39 1987

[11]   Großjohann, R.:
"Kennzahlen für das Software Management:
Function Points und abgeleitete Metriken"
Fachseminar Wien 1992

[12]   GUIDE GPP-134:
"Estimating using Function Points"
GUIDE Handbook 1985

[13]   Hartmann, R.:
"Informatik-Controlling - Pflicht statt Kür"
Diebold Management Report 9/91

[14]   Hinrichsen, U., Webner,H.-A.:
"Das VW-Vorgehensmodell"
Int. Handbuch, VOLKSWAGEN 1992

[15]   Hultzsch, H.:
"Wettbewerbsvorteile durch IT sehr wohl meßbar"
CW Extra, Nr. 5, 13. Dez. 1991

[16]   IBM Deutschland:
"Information Systems Management"
IBM Form GE12-1621-0, 1984

[17]   IBM Deutschland:
            "Kennzahlen der Anwendungsentwicklung und -betreuung"
            Int. Bericht, Oktober 1990, Ehningen

[18]   Jones, C.:
            "Effektive Programmentwicklung - Grundlagen der
            Produktivitätsanalyse"
            McGraw Hill 1987

[19]   Jones, C.:
            "Software Measurement and Estimation"
            GMO Symposium Sept. 1990

[20]   Jones, C.:
            "Applied Software Measurement
            Assuring Productivity and Quality"
            McGraw Hill 1991

[21]   Lindskog, D.:
            "Measurement Theory applied to Function Points"
            Int. Report, Toronto 1986

[22]   Lientz, B. P.:
            "Issues in Software Maintenance"
            ACM Computing Surveys , Vol. 15, No. 3 , 271-284, Sept. 1983

[23]   McCabe, T.J. , Butler, Ch.W.:
            "Design Complexity Measurement and Testing"
            ACM Communications, Vol.32, 1415 - 1425, Dec. 1989

[24]   Symons, Ch. R.:
            "Function Point Analysis : Difficulties and Improvements"
            IEEE Trans. on Software Eng. Jan. 1988

[25]   Symons, Ch. R.:
            "Software Sizing and estimating : MK II FPA"
            John Wiley & Sons Ltd. 1991

[26]   Tate,G., Verner, J., Jeffery,R.:
"CASE: A testbed for modelling, measurement and management"
ACM Communications Vol. 35, S. 65-72 , 1992

[27]   Verner, J., Tate, G.:
"A Software Size Model"
IEEE Trans. on Software Eng., Vol. 18, No. 4 , 1992

[28]   Wallmüller, E.:
"Software-Qualitätssicherung"
C. Hanser Vlg. 1990

[29]   Zuse, H.:
"Software Compexity - Measures and Methods"
de Gruyter Vlg. 1991

Dipl. Inform. R. Großjohann
Volkswagen AG
K-GOA-01 IS-A/Organisation
Heinrich Nordthoff Str.
3180 Wolfsburg
Tel.: 05361/9-23767
Fax.Nr.: 05361/9-74795

Anhang   Definitionen

Neuentwicklung
Entwicklung einer Systemtechnisch neuen Lösung für einen abgeschlossenen Aufgabenumfang der betrieblichen Informationsverarbeitung.

Weiterentwicklung, Erweiterung
Änderung/Erweiterung des fachlichen Funktionsumfangs eines System(-teils), der Anwendungsform (Bedienungskomfort, Sicherheit, ...) und/oder Nutzerkreise.

Systemservice
Sammelbegriff für Wartungs- und Betriebsaufträge und Betreuung von Anwendern.

Wartung
Erhaltung der Betriebsbereitschaft und Leistungsfähigkeit eines Systems/ Systemteils (z.B. Fehlerbeseitigung, Stabilisierung, Tuning, Anpassung an Änderungen in der Basissoftware oder den Schnittstellen, Anpassung an neue/ geänderte systemtechnische Richtlinien und Standards)

Betrieb
Abwicklung von (einzelnen) Funktionen der Betreibssteuerung und/oder der fachlichen Anwendung von Systemen/-teilen (z.B. Ablaufkontrolle, Datensicherung/ -Reorganisation, Spacemanagement, Pflege von Steuerdaten, Nutzungsstatistik, etc.)

Anwenderbetreuung
Einweisung neuer Anwender, Anwenderberatung, Klärung ung Behebung von Bedienungsfehlern, Anpassung der fachlichen Aufgabenverteilung bei organisatorischen/strukturellen/personellen Änderungen bei Anwendern.

Verwendete Abkürzungen

IS	: Informationssysteme, hier: Synonym zu Informationsverarbeitung
ISM	: Information System Management
IVZ	: Informationsverarbeitungszentrum
DLVn	: Dienstleistungsvereinbarungen
MA	: Mitarbeiter
PS	: Personenstunden
PM	: Projektmonat
ZM	: Zeitmonat
FP	: Function Points, bzw. kFP (1000 FP)
MJ	: Mitarbeiter Jahr
ELOC	: Effective Lines of Code
DSI	: Delivered Source Instructions

Die Analyse der "Prozeßqualität"
von
Software-Produzenten
nach dem europäischen
BOOTSTRAP-Verfahren

Beitrag zur Tagung

"Wirtschaftlichkeit von Software-Entwicklung und -Einsatz"   Universität Ulm 21./22. 9. 1992

Dipl.-Inform. G. Koch
Dipl.-Inform. H. Gierszal

2i Industrial Informatics GmbH
Haierweg 20 e
7800 Freiburg i. Br.

Zusammenfassung

Qualität in Bezug auf Software wurde bisher immer als Produktqualität definiert. Heute bekannte Metriken z. B. der Komplexität, Wirtschaftlichkeit und Qualität beziehen sich so gut wie ausschließlich auf Software als Produkt. Zwei Bewegungen haben seit kurzem das Interesse der Fachleute auf den Entstehungs-, Transfer- und Pflegeprozeß von Software gelenkt. Zm einen hat 1990 das US Software Engineering Institue (SEI) das Fünfebenenmodell des "Reifegrades" eines Softwareproduzenten und eine zugehörige Methode zur Identifikation des Reifegrades eingeführt.

Zur etwa gleichen Zeit begann die in Europa besonders beobachtete und vor allem in der Fertigungsindustrie angewandte Qualitätsnorm ISO 9000 Verbreitung zu finden. Erste ISO 9000-Anwendungen im Dienstleistungsbereich werden aus England und Skandinavien berichtet.

Im Rahmen eines europäischen Projektes namens BOOTSTRAP wurden die beiden Verfahren (SEI und ISO 9000) zusammengeführt und ein übergreifendes Verfahren zur Analyse der Unternehmen(seinheiten) vorgelegt. Es basiert im wesentlichen auf einer strukturierten Anwendung sogenannter Prozeßqualitätsattribute.

Die Anwendung des BOOTSTRAP-Verfahrens ergibt für das untersuchte Unternehmen ein präzises Stärken/Schwächenprofil zusammen mit einem daraus abgeleiteten Aktionsplan zur Beseitigung der Schwächen. Da bis Anfang 1992 schon über 30 BOOTSTRAP-Assessments durchgeführt waren, liegt mittlerweile eine statistisch relevante Datenbasis der Qualitätsstärken der europäischen Softwareindustrie vor, die sich mit Daten aus USA und Japan vergleichen lassen.

1.　Überblick

Der vorliegende Artikel beschreibt das BOOTSTRAP-Verfahren zur Feststellung der Qualität des Software-Entwicklungsprozesses. Dazu wird zunächst Prozeßqualität von Produktqualität abgegrenzt. Der Darstellung von grundsätzlichen Ursachen mangelnder Software-Qualität folgt die Wiedergabe des theoretischen Hintergrundes des hier vorgestellten Ansatzes: Die sog. "Reifegradstufen" von Entwicklungsprozessen.

Auf dieser Basis wurde die BOOTSTRAP eigene Prozeßmetrik entwickelt, die die Grundlage zur Analyse von Software-Produzenten bildet. Gleich großes Gewicht wird aber auch auf eine geordnete und transparente Vorgehensweise bei der Anwendung dieser Metrik gelegt, die in einem Assessment erhoben wird.

Um eine genaueren Eindruck zu vermitteln, zu welchen Konsequenzen die Durchführung eines Assessment führen kann, wird ebenfalls beschrieben, welche Verbesserungsmaßnahmen jeweils typischerweise auf den verschiedenen Reifegradstufen sinnvoll und erforderlich sind. Abschließend werden Erfahrungen und Ergebnisse zusammengestellt, die in den USA, Japan und Europa mit Untersuchungen zu dieser Problematik gemacht wurden.

Die Analyse der "Prozeßqualität" von Software-Produzenten nach dem europäischen BOOTSTRAP-Verfahren

Dipl.-Inform. G. Koch; Dipl.-Inform. H. Gierszal, Freiburg

Inhalt

Die Analyse der "Prozeßqualität" von Software-Produzenten
nach dem europäischen BOOTSTRAP-Verfahren

Dipl.-Inform. G. Koch; Dipl.-Inform. H. Gierszal, Freiburg

Zusammenfassung

Qualität in Bezug auf Software wurde bisher immer als Produktqualität definiert. Heute bekannte Metriken z. B. der Komplexität, Wirtschaftlichkeit und Qualität beziehen sich so gut wie ausschließlich auf Software als Produkt. Zwei Bewegungen haben seit kurzem das Interesse der Fachleute auf den Entstehungs-, Transfer- und Pflegeprozeß von Software gelenkt. Zm einen hat 1990 das US Software Engineering Institue (SEI) das Fünfebenenmodell des "Reifegrades" eines Softwareproduzenten und eine zugehörige Methode zur Identifikation des Reifegrades eingeführt.

Zur etwa gleichen Zeit begann die in Europa besonders beobachtete und vor allem in der Fertigungsindustrie angewandte Qualitätsnorm ISO 9000 Verbreitung zu finden. Erste ISO 9000-Anwendungen im Dienstleistungsbereich werden aus England und Skandinavien berichtet.

Im Rahmen eines europäischen Projektes namens BOOTSTRAP wurden die beiden Verfahren (SEI und ISO 9000) zusammengeführt und ein übergreifendes Verfahren zur Analyse der Unternehmen(seinheiten) vorgelegt. Es basiert im wesentlichen auf einer strukturierten Anwendung sogenannter Prozeßqualitätsattribute.

Die Anwendung des BOOTSTRAP-Verfahrens ergibt für das untersuchte Unternehmen ein präzises Stärken/Schwächenprofil zusammen mit einem daraus abgeleiteten Aktionsplan zur Beseitigung der Schwächen. Da bis Anfang 1992 schon über 30 BOOTSTRAP-Assessments durchgeführt waren, liegt mittlerweile eine statistisch relevante Datenbasis der Qualitätsstärken der europäischen Softwareindustrie vor, die sich mit Daten aus USA und Japan vergleichen lassen.

1.   Überblick

Der vorliegende Artikel beschreibt das BOOTSTRAP-Verfahren zur Feststellung der Qualität des Software-Entwicklungsprozesses. Dazu wird zunächst Prozeßqualität von Produktqualität abgegrenzt. Der Darstellung von grundsätzlichen Ursachen mangelnder Software-Qualität folgt die Wiedergabe des theoretischen Hintergrundes des hier vorgestellten Ansatzes: Die sog. "Reifegradstufen" von Entwicklungsprozessen.

Auf dieser Basis wurde die BOOTSTRAP eigene Prozeßmetrik entwickelt, die die Grundlage zur Analyse von Software-Produzenten bildet. Gleich großes Gewicht wird aber auch auf eine geordnete und transparente Vorgehensweise bei der Anwendung dieser Metrik gelegt, die in einem Assessment erhoben wird.

Um eine genaueren Eindruck zu vermitteln, zu welchen Konsequenzen die Durchführung eines Assessment führen kann, wird ebenfalls beschrieben, welche Verbesserungsmaßnahmen jeweils typischerweise auf den verschiedenen Reifegradstufen sinnvoll und erforderlich sind. Abschließend werden Erfahrungen und Ergebnisse zusammengestellt, die in den USA, Japan und Europa mit Untersuchungen zu dieser Problematik gemacht wurden.

2.   Einführung

In der Vergangenheit verstand man unter Qualitätssicherung lediglich die Sicherstellung der Produktqualität. Insbesondere standen dabei im Mittelpunkt des Interesses:

- die konstruktive Verbesserung von Software-Produkten,

- Modelle zur Festlegung der Qualität von Software-Produkten,

- Messungen am Zwischen- und Endprodukt.

Heutzutage ist die Erkenntnis aber, daß die sog. "Software-Krise"

- in erster Linie eine Krise der Qualitätssicherung in Organisation und Management ist,

- in zweiter Linie erst eine Krise der Software-Entwicklungsmethoden und der Entwicklungstechniken ist, und

- ganz zuletzt erst eine Krise der Technologie, d. h. der technischen Infrastruktur, der CASE-Tools usw. ist.

Es genügt also nicht mehr, das zu erstellende Software-Produkt oder -System isoliert zu betrachten, sondern es ist auch das gesamte Umfeld mit zu berücksichtigen, in dem die Entwicklung der Software stattfindet. Demzufolge wird heute immer mehr Augenmerk auf Prozeßqualität gelegt, wobei folgende Themen Schwerpunkte bilden:

- Stärkere Konzentration auf den Software-Herstellungsprozeß und

- Verlagerung auf die genaue Definition, Planung und Steuerung von Prozessen.

Unter einem (Software-Entwicklungs-) Prozeß (oder kurz: Software-Prozeß) verstehen wir die Gesamtheit aller Vorgänge, bei dem Personen, Prozeduren, Methoden, Hardware- und Software-Ausstattung sowie (Software-Entwicklungs-) Werkzeuge integriert sind, um das gewünschte Endresultat zu erzielen. Ein Software-Entwicklungsprozeß verkörpert ein kontrollierbares Entwicklungsmodell, welches die verschiedenen zu befolgenden Entwicklungsschritte beschreibt. Dies umfaßt auch Beschreibungen zum Einsatz von Werkzeugen während der verschiedenen Entwicklungsphasen. Jede Entwicklung ist weiter unterteilt in eine Reihe von Einzelschritten, die während dieser Phase durchzuführen sind. Bekannte Repräsentanten von Software-Entwicklungsprozessen sind z. B. das Wasserfall-Modell oder das Spiral-Modell (vgl. [1]).

Es sei hier bemerkt, daß heutzutage Prozeßbeherrschung noch gleichbedeutend mit (Projekt-) Management ist.

3.　Ursachen mangelnder Software-Qualität

Mangelnde Software-Qualität hat i. d. R. viele Ursachen; wohl selten ist eine einzige Ursache dafür verantwortlich zu machen.

Es seien hier einige der wichtigsten Gründe für mangelnde Software-Qualität aufgeführt, und zwar gegliedert nach den drei zuvor genannten Schwerpunkten:

Organisation und Management

* unklare Zielvorstellung,

* schlechtes Anforderungsengineering,

* unklare Verantwortlichkeiten,

* unzulängliche Aufwandsabschätzung,

* nicht adäquate Projektplanung und -steuerung,

* Qualitätssicherung nicht unabhängig,

* keine Nutzung von Projektmanagementwerkzeugen.

Methodik

* fehlende bzw. ungenügende Anforderungserfassung,

* keine Nutzung von Methoden zur Funktionsspezifikation,

* unvollständige Dokumentation,

* keine Standards oder keine Nutzung von Standards,

* keine Qualitätssicherungsprozesse,

* einseitige Förderung ingeniöser Eleganz.

Technologie

* kein Rahmenmodell,

* keine IT-Strategie,

* kein Konzept für integrierte und offene Entwicklungsumgebung,

* geringe Nutzung von CASE-Tools,

* keine Messanalytik.

Im folgenden Abschnitt wird ein Ansatz zur Lösung vorgestellt, der der Erkenntnis der vielfältigen Ursachen mangelnder Software-Qualität Rechnung trägt.

4. Humphrey's Reifegradstufen für Software-Entwicklungsprozesse

Alle im Zusammenhang mit Software-Entwicklung durchzuführenden Aktivitäten können als ein Prozeß betrachtet werden, der kontrolliert, gemessen und verbessert werden kann.

Humphrey [3] definiert in ähnlicher Weise einen Prozeß als eine Sequenz von Aufgaben, die, falls richtig durchgeführt, zum gewünschten Ergebnis führen. Um dies zu erreichen, muß der Software-Entwicklungsprozeß die Beziehungen zwischen den einzelnen Aufgaben, die eingesetzten Methoden und Werkzeuge, sowie Ausbildung, Fähigkeiten und Motivation der beteiligten Personen berücksichtigen.

Humphrey berichtet, daß Unternehmen (oder Unternehmenseinheiten, Abteilungen usw.), um ihre Software-Fähigkeiten zu erhöhen, folgende fünf Stufen durchlaufen müssen, um ihre Software-Fähigkeiten zu erhöhen:

- Verstehen des gegenwärtigen Status des Software-Entwicklungsprozesses.

- Erarbeitung einer Vorstellung des für das Unternehmen idealen Software-Entwicklungsprozesses.

- Aufstellen einer Liste von nach Prioritäten geordneten notwendigen Prozess-Verbesserungsmaßnahmen.

- Erstellen eines Plans zur Durchführung dieser Maßnahmen.

- Bereitstellen der Ressourcen und Einverständnis der beteiligten Personen zur Durchführung des Plans.

Zur Unterstützung dieser Schritte wurde vom Software Engineering Institute (SEI, Pittsburgh, USA) ein "Maturity Framework" entwickelt (vgl. [5]). Dieses erlaubt es, Software-Prozesse zu untersuchen und bzgl. ihres "Reifegrades" einzustufen (maturity levels). Ist der Reifegrad (oder Fortgeschrittenheitsgrad) eines Unternehmens bzgl. seiner Software-Fähigkeiten festgestellt, fällt es Software-Ingenieuren wie auch Management leichter, diejenigen Felder zu identifizieren, in denen Verbesserungsmaßnahmen schnell positive Ergebnisse zeitigen.

Humphrey unterscheidet fünf Reifegrade für den Software-Entwicklungsprozeß:

1. Initial

2. Wiederholbar

3. Definiert

4. Beherrscht (managed)

5. Optimiert

In Abb 1 sind diese fünf Reifegrade als aufeinander aufbauende Stufen dargestellt.

Level	Charakteristika	Maßnahmen-Schwerpunkte
5 Optimiert	Verbesserungen gehen in Prozeß ein	Technologie-Management Unternehmen auf dieser Stufe halten
4 beherrscht	(quantitativ) Gemessener Prozeß	Wechselnde Technologie Problemanalyse Problemverhinderung
3 Definiert	(qualitativ) Prozeß ist definiert und institutionalisiert	Messungen am Prozeß Prozeßanalyse Quantitativer Qualitätsplan
2 Wiederholbar	(intuitiv) Prozeß abhängig von Individuen Kontrolle durch Management ist eingeführt	Training Technische Praktiken: - Reviews, Testen Prozeßschwerpunkte: - Standards Prozeßgruppe
1 initial	(ad hoc / chaotisch)	Projektmanagement Projektplanung Configuration Management Qualitätssicherung

Abb. 1: Maturity Levels

Nachfolgend widmen wir uns ausführlicher den einzelnen Reifegraden und den jeweils spezifischen Maßnahmen, mittels derer der Software-Entwicklungsprozeß verbessert werden kann.

4.1 Der Initiale Prozeß

Der initiale Prozess kann richtigerweise auch als "ad hoc" Prozeß bezeichnet werden - oft ist er sogar chaotisch. Es mangelt an formalisierten Prozeduren, Kostenschätzungen und Projektplanungen. Falls überhaupt Werkzeuge eingesetzt werden, sind diese weder in die Prozeßkette integriert noch werden sie von Projekt zu Projekt in gleicher Weise benutzt. Änderungskontrolle ist lax und oft fehlt dem Management das Problemverständnis. Probleme werden oft vor sich hin geschoben oder gar vergessen.

Unternehmen auf dieser Prozeßstufe haben zwar formale Prozeduren für die Kontrolle von Projekten, es ist aber nicht sichergestellt, daß diese auch befolgt werden. Am anschaulichsten werden die dadurch bedingten Mängel in einem Krisenfall: die etablierten Prozeduren werden umgangen und es wird nur noch codiert und getestet. Im Klartext: sofern Prozeduren und Methoden adäquat sind, müssen sie insbesondere auch in Krisen benutzt werden; sind sie jedoch nicht angemessen, sollten sie besser gar nicht angewendet werden.

Eine Hauptursache, warum sich Unternehmen in solchen Fällen oft so chaotisch verhalten, liegt darin, daß sie noch nicht genügend Erfahrung besitzen, um die Konsequenzen von Entscheidungen vorhersehen zu können. Zudem werden Entscheidungen oft einzelnen Personen überlassen und sind selten explizit. Ihnen ist der Sinn und Zweck von z. B. Design- und Code-Reviews oder Testdatenanalyse für die Qualität ihres Produktes nicht klar. Von daher halten sie solche Aktivitäten für überzogen.

4.2 Der wiederholbare Prozeß

Der wiederholbare Prozeß besitzt eine Stärke, die der initiale Prozeß nicht besitzt: er verfügt bereits über Routine bzgl. der Art und Weise, in der das Unternehmen seine Pläne und Verpflichtungen durchführt. Diese Kontrolle stellt eine derartige Verbesserung gegenüber der initialen Prozeßstufe dar, daß Mitarbeiter in solchen Unternehmen dazu tendieren zu glauben, daß sie das Software-Problem bereits gelöst hätten. Sie haben diesen Grad an Kontrolle erreicht durch Erlernen der Fähigkeit, Schätzungen durchzuführen und Pläne einzuhalten. Diese Stärke beruht auf früher gemachten Erfahrungen in ähnlich gelagerten Projekten. Die Konfrontation mit neuen Herausforderungen stellt für Unternehmen auf dieser Prozeßstufe ein beträchtliches Risiko dar. Solche Risiken sind z. B.:

- Die Einführung neuer Werkzeuge und Methoden macht u. U. eine Modifikation des bereits etablierten Prozesses notwendig; dies ist insofern problematisch, als daß damit die dem Prozeß zugrundegelegten bisherigen Erfahrungen nicht länger relevant sind.

- Ein neue Art von Produkt, z. B. für ein neues Anwendungsgebiet, muß entwickelt werden.

- Änderung der Unternehmensstruktur.

4.3 Der Definierte Prozeß

Mit Erreichen der definierten Prozeßstufe hat das Unternehmen den Grundstein für weitere Verbesserungsmaßnahmen gelegt. So wird nun z. B. eine Entwicklungsgruppe auch bei einer aufgrund unerwarteter, externer Gegebenheiten auftretenden Krise oder eines Ausnahmefalles den definierten Prozeß nicht verlassen. Ab jetzt kann der Prozeß selbst überprüft und verbessert werden.

So machtvoll der definierte Prozeß bereits ist, so ist er doch nur qualitativ, d. h. es existieren kaum Daten, die anzeigen, wie effektiv der Entwicklungsprozeß nun wirklich ist. Dazu benötigt man Maße. Es gibt eine Menge Diskussionen über den Wert von Software-Prozeß-Maßen und welche verwendet werden sollten. Diese Unsicherheit liegt meist im Fehlen einer Prozeßdefinition begründet und in der Streitfrage, welche Größen gemessen werden sollten. Beim definierten Prozeß kann man sich auf das Messen spezifischer Aufgaben konzentrieren. Eine Prozeßarchitektur ist daher essentielle Voraussetzung für effektive Messungen.

4.4 Der Beherrschte Prozeß

Bei jedem der Schritte vom initialen zum beherrschten Prozeß wird das Unternehmen substantielle Qualitätsverbesserungen erfahren. Das möglicherweise größte Problem beim beherrschten Prozeß sind die Kosten für die Gewinnung der Daten. Viele potentiell wertvolle Maße für die Software-Entwicklung und -Wartung existieren, aber dazu alle benötigten Daten zu sammeln und aufzubereiten ist kostspielig.

Das Sammeln der Daten sollte daher vorsichtig angegangen werden. Welche Daten benötigt werden, sollte vorher festgelegt werden. Die Interpretation von Produktivitätsdaten ist sinnlos, wenn die Daten nicht explizit definiert sind. So kann z. B. das einfache und bekannte Maß Lines Of Code pro Mann-Monat, vgl. [1], abhängig von der Interpretation der Parameter, um zwei Größenordnungen variieren.

Wenn verschiedene Gruppen Daten sammeln und dabei nicht identische Definitionen zugrundelegen, sind die Resultate nicht unbedingt vergleichbar, auch wenn ihr Vergleich sinnvoll wäre. Oft besteht die Tendenz, mittels solcher Daten die Leistung verschiedener Teams zu vergleichen und undifferenziert, d. h. ohne Angabe, wie die Verbesserungen zu erreichen seien, Druck auf die Teams mit dem schlechteren Ergebnis auszuüben. Dies ist jedoch ein Mißbrauch der Prozeßdaten.

Es ist kaum denkbar, daß zwei Projekte mittels irgendwelcher einfacher Maße vergleichbar sind. Die Variation bzgl. der Komplexität einer Aufgabe kann den Faktor 5:1 übersteigen, abhängig vom Typ des Produktes und der äußeren Umstände, wie z. B. der Formulierung und der Stabilität der Anforderungen. Die Häufigkeit der Anforderungsänderungen und der Zustand des Entwurfs des ursprünglichen Programms können erhebliche Unterschiede bewirken. Entsprechend sind die Kosten pro Line Of Code bei kleinen Änderungen in bestehenden Programmen oft zwei- oder dreimal so hoch wie bei einem neu zu erstellenden Programm.

Prozeßdaten dürfen nicht zum Vergleich von Projekten und Teams oder deren Mitgliedern herangezogen werden. Sollte dies aber dennoch getan werden, verschlechtert sich zwangsläufig die Verläßlichkeit der Daten selbst: Das äußere Erscheinungsbild ändert sich, weil meßbare Kennzahlen auf Kosten nicht explizit erfaßter Faktoren höher benotet werden. Zudem werden Mitarbeiter kaum verläßliche Daten bzgl. ihrer eigenen Produktivität bereitstellen wollen.

4.5   Der Optimierte Prozeß

Die Optimierung des Prozesses setzt sich auf allen Stufen fort. Beim Übergang vom beherrschten zum optimierten Prozeß findet jedoch ein Paradigmenwechsel statt. Bis zu diesem Punkt konzentrierten sich Entwickler und Management auf ihr Produkt. Typischerweise wurden bisher nur solche Daten gesammelt und analysiert, die direkt in bezug zur Verbesserung des Produktes standen. Der optimierte Prozeß macht Daten verfügbar, mittels derer er selbst bei geeigneter Interpretation verbessert werden kann. Mit etwas Erfahrung wird das Management gewahr werden, daß eine Optimierung des Prozesses in zweiter Instanz beträchtliche Qualitäts- und Produktivitätsverbesserungen bewirken kann.

Ein Beispiel, wie der Prozeß optimiert werden kann: Viele Fehler können mittels Code-Inspektionen eher entdeckt und mit geringeren Kosten behoben werden, als wenn sie erst relativ spät beim Testen aufgedeckt werden. Zwar gibt es wenig veröffentlichte Daten, aber eine Daumenregel besagt, daß Fehler mittels Inspektion in ca. 4 Stunden zu entdecken und beheben sind, während es bei funktionalen und Systemtests üblicherweise bis zu 20 Stunden dauern kann.

Die beim optimierten Prozeß verfügbaren Daten bieten eine neue Perspektive für das Testen. Für die meisten Projekte zeigt schon eine oberflächliche Analyse, daß zwei verschiedene Aktivitäten betroffen sind: die Beseitigung von Fehlern und die Untersuchung der Qualität des Programms. Zwecks Reduktion der Kosten für das Beheben von Fehlern sind Inspektionen hervorzuheben. Dadurch kann die Rolle des funktionalen Testens und des Systemtests verändert werden, nämlich hin zur Sammlung von Qualitätsdaten über das Programm. Dies beinhaltet die Untersuchung eines jeden Fehlers um festzustellen, ob es sich nur um ein isoliertes Problem handelt oder ob dies auf Entwurfsprobleme hinweist, die dann einer umfassenderen Analyse bedürfen.

5.   Humphrey's Technologie-Ebenen

Der Einsatz von technischen Hilfsmitteln bei der Software-Erstellung ist wichtig, da diese die Qualität des Software-Prozesses beeinflussen. Hilfsmittel unterstützen (oder erzwingen gar) Standardisierung; sie erfordern auch einen höheren Ausbildungsstandard, usw. Humphrey definiert zwei Technologie-Ebenen: eine niedrige und eine höhere.

5.1   Niedrige Technologie-Ebene

Zwar mögen technische Hilfsmittel verfügbar und in Gebrauch sein, aber die Technologie wird nicht effizient eingesetzt. Ein Unternehmen, das Software-Entwicklungstechnologie ineffizient einsetzt, ist wahrscheinlich auch ineffizient bei der Entwicklung der Software. Darüberhinaus sind auf dieser Technologie-Ebene einige wichtige Software-Engineering-Techniken nicht praktizierbar.

5.2 Hohe Technologie-Ebene

Hier sind vielfältige technische Hilfsmittel verfügbar, und sie werden nachgewiesenermaßen effektiv eingesetzt. In diesem Fall arbeitet ein Unternehmen wahrscheinlich zumindest einigermaßen effektiv und, abhängig vom Reifegrad seines Software-Entwicklungsprozesses, angemessen gleichmäßig in der Ausführung, d. h. von Projekt zu Projekt sind ähnliche Ergebnisse zu erwarten.

6. Kombinierte Prozeß- und Technologie-Evaluation

Die zwei oben beschriebenen Maße Prozeß-Reifegrad und Technologie-Ebene charakterisieren ein Unternehmen bzgl. seiner Fähigkeit, Software zu entwickeln. Beide Maße lassen sich in Form einer (Prozeß-Reifegrad-/Technologie-) Matrix (vgl. Abb. 2) kombinieren und darstellen.

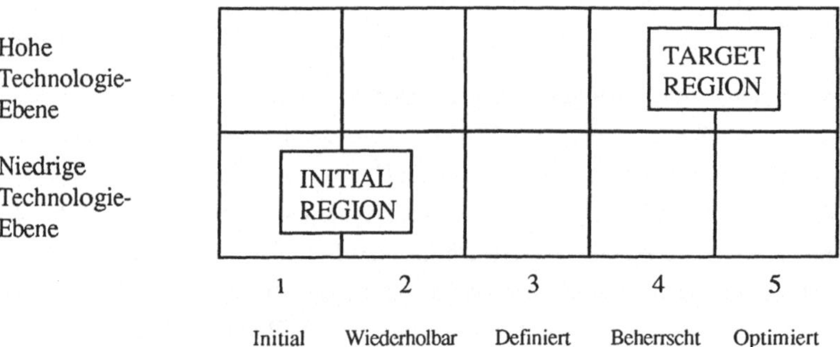

Abb. 2: Prozeß-Reifegrad / Technologie-Matrix

Das SEI entwickelte ein Untersuchungsverfahren (sog. Assessment), bei dem mittels Interviews Unternehmen als gesamtes wie auch einzelne Einheiten daraus (z. B. Projekte) unter die Lupe genommen werden und ihre Software-Entwicklungsfähigkeiten objektiviert werden. Durch das Assessment wird der Ist-Zustand eines Unternehmens ermittelt, der dann in die Prozeß-Reifegrad/Technologie-Matrix eingetragen werden kann. Aus den Untersuchungsergebnissen lassen sich gezielt die für das Unternehmen spezifisch notwendigen Verbesserungsmaßnahmen definieren und einleiten.

In den USA werden Assessments vom SEI selbst durchgeführt. In Europa wurde in einem von der Europäischen Gemeinschaft geförderten ESPRIT-Projekt ein weitergehender und auf die europäischen Gegebenheiten abgestimmter Assessment-Ansatz namens BOOTSTRAP entwickelt.

Die Erkenntnisse des SEI dienen als Ausgangsbasis und bilden insofern einen Bestandteil, es wurden aber wesentliche Erweiterungen vorgenommen. Wesentliche Konzepte sind insbesondere den Normen ISO 9000 ff. [4] und den System Entwicklungsstandards der ESA (European Space Agency) [2] entnommen.

Aus ihnen resultiert ein allgemeines Software-Lebenszyklusmodell, das als Rahmen zugrunde gelegt wird um Funktionen zu beurteilen,die einzelnen Phasen des Lebenszyklus zuzuordnen sind.

Außerdem wurde die Prozeßmetrik vollkommen neu überarbeitet, umfangreicher und feiner gefaßt. Somit ist es nun möglich, 13 Qualitätskriterien des Prozesses einzeln zu bewerten und man erhält ein aussagefähiges Stärken-/Schwächen-Profil für jede untersuchte Einheit. Dieses Profil ist jeweils mit Absolutwerten versehen oder bezieht sich auf ein Durchschnitts- oder Ziel-Niveau.

7.   Analyse nach dem BOOTSTRAP-Verfahren

Die Inhalte der in einem Assessment erhobenen Fragen sollen anhand der Themenkomplexe, der Dimensionen, erläutert werden. Jede Dimension wird in weitere Kriterien aufgeschlüsselt, wobei jedes Kriterium wiederum durch eine Anzahl Indikatoren konkretisiert wird.

Auf die Darstellung des gesamten Erhebungsbogens wird aus verständlichen Gründen verzichtet. Er umfaßt für Site und Projekt jeweils über 100 Fragen, die mit einem "Score" zu beantworten sind. Hinzu kommen nochmals umfangreiche Freitextfragen, die die Site/das Projekt hinreichend beschreiben.

Unter einer Site verstehen wir die organisatorische Einheit mit gemeinsamen Software Entwicklungsstandards, die den Projekten übergeordnet ist. Es kann sich dabei z. B. um die Abteilung, Hauptabteilung, Unternehmensbereich, zentrale Entwicklungsabteilung aber eben auch um das Gesamtunternehmen handeln.

7.1 Dimensionen

Alle Dimensionen werden sowohl auf die Site, als auch auf das Projekt angewendet. Dabei werden die Fragen zur Site meist so formuliert, ob ein entsprechendes Kriterium (z. B. in Handbüchern) vorgeschrieben oder empfohlen ist, während bzgl. des Projekts nach der wirklichen Praktizierung gefragt wird.

1   Organisation

In erster Linie ist hier nach der Einbettung der Site bzw. des Projektes in die Gesamtorganisation gefragt. Es geht dabei um funktionale Verantwortlichkeiten, Personal und sonstige Ressourcen. Dabei werden insbesondere die Funktionen Qualitätssicherung, Entwicklungsprozeß-Management und Configuration Control untersucht.

Weitere wichtige Punkte sind die Implementierung eines Qualitätssicherungssystems als Unterstützungsfunktion für das Management und das Resourcen Management, insbesondere die Personalentwicklung, und -weiterbildung.

2 Methodologie

Sämtliche angewandte Methoden werden erfaßt und bewertet, wobei sie in drei Kategorien unterschieden werden.

• Prozeß-bezogene Funktionen

Die Kernfrage lautet: Ist ein wohldefinierter Entwicklungsprozeß vorhanden, der auch die Identifikation, Behebung und Vermeidung von Problemen erlaubt? Dabei geht es auch um die Abgrenzung und Abgeschlossenheit der verschiedenen Phasen als auch um Nachvollziehbarkeit und Nachverfolgungsmöglichkeit zwischen den Phasen.

Ein wichtiger Punkt ist ebenfalls die Möglichkeit, den Entwicklungsprozeß zu verbessern. Deshalb wird die Verwendung von quantitativen und qualitativen Metriken detailliert erfragt. Außerdem werden Vorkehrungen zur Risikovermeidung und -beherrschung verlangt.

• Phasen-unabhängige Funktionen

Es handelt sich hierbei um die bekannten Funktionen Projekt-Management, Qualitäts-Management, Prozeßmessung, Process Control, Configuration und Change Management, Lieferanten-Management. All diese Funktionen sind nicht auf bestimmte Phasen des Entwicklungszyklus beschränkt, sondern müssen ständig und in gleicher Weise praktiziert werden.

• Phasenbezogene Funktionen

Hier geht es um Methoden, die nur in bestimmten Phasen eingesetzt werden (z. B. Testmethoden eben in der Testphase). Diese werden anhand eines umfangreichen, aber lediglich als nicht unbedingt verbindlicher Rahmen gedachten Phasenmodells erhoben. Dabei wird als erstes festgestellt, ob Spezialsysteme entwickelt werden, d. h. sicherheitskritische, eingebettete oder Realzeit-Systeme. In diesem Fall werden nämlich an das Phasenmodell besonders strenge Anforderungen gerichtet.

3 Technologie

Hierunter werden alle Maßnahmen verstanden, die den Entwicklungsprozeß automatisieren, also z. B. Einführung von CASE-Tools i. w. S. und sonstige Verbesserung der Basistechnologie im Software und HW Bereich. Eine Automatisierung ist aber nur sinnvoll, wenn der Prozeß selbst bereits wohldefiniert ist. Organisatorische Maßnahmen und Einführung von Methoden müssen der Technologie also vorangehen. Daher ist die erste Frage, wie die Einführung von Technologie gehandhabt wird.

In einem Fragebereich nach Unterstützung der phasenunabhängigen Funktionen geht es um technologischer Umsetzung von Kommunikation, Projekt-Management, Qualitäts-Management sowie Configuration und Change Management. Im Fragebereich nach phasenbezogenen Funktionen werden die entsprechenden methodischen Maßnahmen auf angemessene technologische Unterstützung überprüft.

Ein letzter wichtiger Aspekt ist dann, ob alle eingesetzten Software-Werkzeuge (Tools) auch in geeigneter Weise integriert sind.

7.2 Analyse der einzelnen Projekte

Die Organisationsfragen bezüglich einzelner Projekte unterscheiden sich grundsätzlich von den Organisationsfragen der gesamten Site. Dies liegt darin begründet, das aus Unternehmenssicht ein Projekt einen konkreten Entwicklungsauftrag hat und zeitlich befristet ist, während die Site alle Projekte zu unterstützen hat und zeitlich unbefristet angelegt ist.

Bezüglich der Organisation eines Projektes wird nach Verantwortungsumfang des Projektmanagers und Anwendung bestimmter organisatorischer Maßnahmen gefragt.

Die Fragen nach den Dimensionen Methodologie und Technologie unterscheiden sich nicht von den globalen Fragen; mit einer Ausnahme: Einführung von neuer Technologie ist nicht Sache des Projekts sondern liegt in der Verantwortung der gesamten Site.

7.3 Die Auswertung des Erhebungsbogens

Der Erhebungsbogen dient als Leitfaden für die eigentlichen Assessments, die im Stile eines strukturierten Interviews durchgeführt werden.

Die der Einstufung dienlichen Fragen sind einer Stufe des Reifegrades zugeordnet. Während des Assessment ordnen die BOOTSTRAP Berater einen Score zu.

Einerseits kann somit aufgrund der gewichteten Summen der erreichte Reifegrad als hochaggregierte Kennzahl vergeben werden, wenn ein bestimmter Schwellenwert erreicht wurde.

Andererseits liegen die Auswertungen im Detail auch für alle Dimensionen und Faktoren vor, so daß man ein genaues und vergleichbares Stärken-/Schwächenprofil erhält.

Die Erhebungsmethode garantiert also ein größtmögliches Maß and Objektivität und Vergleichbarkeit.

8. Ablauf eines Assessment

Bei der Durchführung eines Assessment ist eine sensible Vorgehensweise unabdingbar. Es darf nicht der falsche Eindruck entstehen, daß lediglich der Zweck verfolgt wird, die Mitarbeiter zu kontrollieren. Eine positive und konstruktive Einstellung der Betroffenen wird durch folgende Maßnahmen erreicht:

- Sorgfältige Auswahl des Assessment Teams

- Frühzeitige und umfassende Einbindung

- Information über Ziele, Ablauf und Art der Ergebnisse

- Information über Hindergrund, Sinn und Zweck der zu erwartenden Fragen

- Wahrung größtmöglicher Anonymität gegenüber Kollegen und sogar Vorgesetzten

Die Abstimmung dieser Maßnahmen erfolgt in einer Vorbereitungsphase vor dem eigenlichei Assessment, in der Informationen ausgetauscht und Vereinbarungen schriftlich fixiert werden. S‹ kann bei allen Beteiligten das nötige Vertrauen geweckt werden.

8.1 Ziele

In einem Assessment sollen die Maßnahmen bestimmt werden, die erforderlich sind, um die de: Software Entwicklung vom Management vorgegebenen Ziele zu erreichen. Solche Ziele sind typi scherweise:

- Verbesserung der Software Qualität

- Verbesserung der Entwicklungsproduktivität

- Verbesserung der Qualität der Dokumentation

- Verbesserung der Reaktion auf Kundenwünsche

Zu diesem Zweck ist es erforderlich, den Zustand einer Software produzierende Einheit festzus- tellen. Auf dieser Basis müssen dann Empfehlungen zur Weiterentwicklung und Verbesserung gegeben werden. Der Erfolg gilt als nachgewiesen, wenn es gelingt, einen höheren Reifegrad i. S. von Humphrey zu erreichen.

Dabei müssen die durch das Assessment verursachten direkten und indirekten Kosten angemessen gering gehalten werden.

8.2 Gegenstand

Der Untersuchungsgegenstand eines Assessment ist die Software Produktion (bzw. im allgemei- nen Sprachgebrauch die Software Entwicklung) einer Gesamtorganisation (z. B. eines Unternehmens oder Konzerns). Letztere umfaßt im Normalfall mehrere "Sites", und jede Site wie- derum mehrere Projekte, von denen (ca. vier) betrachtet werden.

Oft ist es so, daß aufgrund organisatorischer Gegebenheiten (Zusammenfassung in Zentralabtei- lungen an einem Ort; Profit Center mit relativ kleiner, jedoch organisatorisch unabhängiger Software Entwicklung) ein Assessment zunächst für eine Site durchgeführt wird.

Die Unterscheidung in "Global Site" und "Project" wird konsequent durchgehalten. Während des Assessment wird immer genau unterschieden, ob sich eine Frage auf die Site oder das konkrete Projekt bezieht.

8.3 Personen

Auf die Auswahl und Vorbereitung der beteiligten Mitarbeiter wird große Sorgfalt verwendet. Mitglieder des Assessment Teams müssen sich zur aktiven Unterstützung verpflichten. Die betroffenen Personen werden anhand ihrer Stellung im Unternehmen und Rolle während des Assessment charakterisiert.

• Assessment Manager

Der Mitarbeiter der Organisation, der für das gesamte Assessment verantwortlich ist. Er plant und führt das Assessment durch, sorgt für Kooperation und Vertraulichkeit, überwacht die Umsetzung der Ergebnisse.

• Ombudsman (Moderator)

Er stellt eine unabhängige Vertrauensperson dar und klärt Probleme durch sein Fachwissen und ausreichende interne Kenntnisse des Unternehmens.

Für jede Site sind mit einzubeziehen:

• Manager

Ist in der Organisation disziplinarisch und fachlich verantwortlich für die gesamte Software Entwicklung. Er ist einerseits der eigentliche Auftraggeber des Assessments und hat sich und seine Mitarbeiter zur aktiven Begleitung zu verpflichten. Andererseits ist er der Adressat, dem die Wichtigkeit der Software Entwicklung oftmals erst verdeutlicht werden muß.

• Professional

Der Mitarbeiter, der bei der Site für Software Engineering verantwortlich ist. Er stellt die Organisation und sämtliche Software Entwicklungsstandards der Site vor. Insbesondere wertet er die Assessment Ergebnisse aus, stellt einen Aktionsplan (basierend auf dem Assessment Report) auf und sorgt für dessen Durchführung.

• BOOTSTRAP-Berater

Zwei oder drei mit der Materie des Software Engineering und der BOOTSTRAP Methode vertraute Experten.

Von jedem Projekt ist einzubeziehen:

• Projektleiter

Er stellt sein Projekt ausführlich dar.

8.4 Ergebnisse

I. Assessment Review

Durchführung: je Site

Beteiligte: Site Professional und BOOTSTRAP Berater

Diskussion und Auswertung des Erhebungsbogens,
Festlegung der Ergebnisse und Verbesserungsvorschläge

II. On-Site Final Meeting

Durchführung: je Site

Beteiligte: Site Professional, Site Manager, alle Projektleiter und BOOTSTRAP Berater

Darstellung der projektbezogenen Ergebnisse und Vorschläge jeweils für die einzelnen Projektleiter.

Gesamtüberblick und zusammenfassende Schlußziehung, Darstellung des Zustands (Reifegrades der Software Produktion) der Site, der wesentlichen Erkenntnisse, der wichtigsten Empfehlungen und Verteilung eines Entwurfs des Assessment Report an alle.

III. Assessment Report

Für jede Site wird ein Assessment Report erstellt, der den Zustand der Software Entwicklung quantitativ und qualitativ äußerst genau wiedergibt. Die nächsten zu ergreifenden Schritte werden vorgeschlagen, im Zusammenhang begründet und in ihrer Auswirkung dargestellt.

IV. Action Plan

Auf der Basis des Assessment Report erstellt der Site Professional den Aktionsplan. Er beinhaltet die operative Ziel-, Maßnahmen- und Ressourcenplanung für die als nächstes zu unternehmenden Verbesserungen. Die Inhalte sind mit dem Zeithorizont so abzustimmen, daß kurzfristige, wenn auch maßvolle, Erfolge zu erzielen sind.

V. Progress Check

Der Progress Check dient allen Beteiligten des Site Assessment als Rückmeldung. Es wird ein Soll/Ist-Vergleich bzw. eine Kosten-/Nutzen-Analyse durchgeführt und aktuelle Probleme in Zusammenhang mit Software Engineering allgemein, dem BOOTSTRAP Modell oder Assessment im besonderen angegangen:

- Definition und Dokumentation des Software Entwicklungsprozesses

- Implementierung wichtiger Prozeßmaße

- Planung organisatorischer Maßnahmen, neuer Methoden, Tools oder Technologien

- periodische Durchführung von Reviews des Software Entwicklungsprozesses

- Begleitung bei der Anwendung verbesserter Methoden und Techniken

9. Globale Verbesserungsmöglichkeiten

Das BOOTSTRAP-Verfahren schafft die Grundlage zur Verbesserung der Qualität und Produktivität von Software-Produzenten. Bezogen auf das Humphrey Referenzmodell der "Reifegradstufen" soll sich eine Software produzierende Einheit nach der Durchführung des "Action Plan" meistens eine Stufe weiterentwickelt haben. Zu jeder Stufe kann man dabei einige Themenbereiche benennen, in denen Verbesserungsmaßnahmen ergriffen werden müssen.

Von allgemeinem Interesse sind hierbei insbesondere die Maßnahmen auf der untersten Stufe, da hier Hinweise zu finden sind, die für jeden Software-Produzenten Gültigkeit haben.

9.1 Auf initialer Prozeßstufe

Für ein Unternehmen auf der initialen Prozeßstufe sind die wichtigsten Verbesserungsmaßnahmen:

- Einführung von Projektmanagement

Größere Projekte verlangen den koordinierten Einsatz vieler Mitarbeiter, und dies macht gegenseitige Verpflichtungen notwendig. Die Hauptaufgabe eines Projektmanagementsystems besteht in der Kontrolle der Einhaltung dieser Verpflichtungen. Projektmanagement von Software-Projekten beginnt mit der Definition der zu erledigenden Aufgabe und deren Planung. Dieser Plan bestimmt die Teilaufgaben inklusive Schätzungen für deren Zeitaufwand und benötigten Resourcen, des weiteren eine Festlegung von Reviews und anderen Kontrollaktivitäten.

- Einbindung der Entscheidungsträger

Alle wichtigen Entwicklungspläne sollen vor dem eigentlichen Projektbeginn von den Entscheidungsträgern überprüft und genehmigt werden, um potentielle Konflikte zu identifizieren und zu beseitigen. Solche Konflikte resultieren z. B. aus widersprüchlichen Zielsetzungen zwischen verschiedenen Gruppen und Abteilungen des Unternehmens. Zusätzlich sollten in periodischen Abständen Reviews durchgeführt werden, die der Auflösung von zwischenzeitlich aufgetretenen Konflikten dienen und die den Fortschritt in bezug auf Zeit- und Produktvorgaben überwachen sollen.

- Einführung von Qualitätssicherung.

Software-Qualitätssicherung soll dem Projektverantwortlichen versichern, daß die Entwicklungsarbeiten jederzeit so durchgeführt werden, wie dies auch vorgesehen ist. Die Qualitätssicherung muß eine eigenständige und unabhängige Instanz innerhalb des Unternehmens sein (am besten direkt der Geschäftsführung unterstellt), mit direktem "Draht" zu den Entscheidungsträgern und mit ausreichend Ressourcen, um die Durchführung aller Planungs-, Entwicklungs- und Verifikationsaktivitäten zu überwachen.

Im Allgemeinen werden dafür ca. 3-6% des Entwicklungsaufwandes benötigt (vgl. [3]), u. U. auch mehr.

- Einführung von Änderungsmanagement.

Änderungsmanagement (Configuration und Change Management) ist eine der fundamentalen Aktivitäten des Software Engineering. Änderungen an den Anforderungen haben Auswirkungen auf den Entwurf, Änderungen an diesem wiederum wirken sich auf den Code aus. Um Qualitäts-Software nach "Fahrplan" zu entwickeln, müssen Änderungen richtig verwaltet und durchgeführt werden.

9.2 Auf wiederholbarer Prozeßstufe

Wichtige Verbesserungsmaßnahmen auf dieser Stufe sind:

- Gründung einer Software Engineering Prozeß Gruppe (SEPG).

Diese technisch orientierte Gruppe befaßt sich mit der Verbesserung des Software-Entwicklungsprozesses. Dies ist der einzige Weg, Verbesserungen des Prozesses festzustellen, da die Entwickler oft mit Projektarbeiten "zu" sind. Zu den Aufgaben der SEPG gehören Beschreibung des Ablaufs, Identifikation der benötigten Technologie (z. B. Software), Beratung von laufenden Projekten, und die Veranstaltung periodischer Management-Reviews, um den Prozeßstatus und die Durchführung des Prozesses bei einzelnen Projekten zu überwachen.

- Etablierung einer Entwicklungsprozeßarchitektur.

Diese soll alle technischen und Management-Aktivitäten zur korrekten Durchführung des Software-Entwicklungsprozesses beschreiben. Sie besteht in einer strukturellen Zerlegung des Entwicklungszyklus in Aufgaben; jede jeweils mit Eingangskriterien, funktionaler Beschreibung, Verifikationsprozeduren und Ausgangskriterien.

- Einführung einer Sammlung zusammengehörender Methoden und Werkzeugen des Software Engineering.

Dies beinhaltet Entwurfs- und Code-Inspektionen, formale Entwurfsmethoden, Bibliothekssysteme und umfassende Testmethoden. Prototyping wie auch moderne Implementierungssprachen und -werkzeuge sollten ebenfalls mit einbezogen werden.

9.3 Auf beherrschter Prozeßstufe

Die wichtigsten Verbesserungsmaßnahmen auf dieser Stufe sind:

- Einrichtung einer minimalen Menge von Prozeßmaßen. Diese Maße sollen die Qualitäts- und Kostenparameter eines jeden Prozeßschrittes erfassen.

- Einrichtung einer Prozeßdatenbasis sowie Bereitstellung von Ressourcen zu deren Verwaltung. Kosten- und andere Daten sollten zentral verwaltet werden, allen Projekten verfügbar sein, und als Eingabedaten für Prozeßqualitäts- und Produktivitätsanalysen dienen.

- Bereitstellung von Ressourcen zur Gewinnung und Aufbereitung der Prozeßdaten sowie für Beratung bei Anwendung dieser Daten in den Projekten.

- Einrichtung von Qualitätsuntersuchungen.

- Eine unabhängige Qualitätssicherungsgruppe untersucht die relative Qualität eines jeden Produktes und informiert das Management, falls die vorgegebenen Qualitätsziele nicht erreicht wurden. Für jedes Projekt sollen alle Aktivitäten mit Auswirkung auf die Qualität des zu erstellenden Produktes untersucht werden, und zwar gegen den entsprechenden Qualitätssicherungsplan.

9.4 Fortgeschrittene Prozeßstufen

Die Hinweise zu den beiden höchsten Stufen sind nicht so detailliert, da sie bisher in der Praxis so gut wie nie vorkommen. Es handelt sich im folgenden also eher um Herleitungen von Zielvorstellungen, auf die daher nicht detailliert eingegangen werden soll.

Wichtige Verbesserungsmaßnahmen auf der Stufe "beherrschter Prozeß" sind:

- Automatische Sammlung von Prozeßdaten. Einige Daten können nicht von Hand gewonnen werden, und alle manuell gesammelten Daten sind fehleranfällig.

- Benutzung der Prozeßdaten zur Analyse und Modifikation des Prozesses.

Das Erreichen der Stufe "optimierter Prozeß" bedeutet nicht, daß nun keine Verbesserungen mehr möglich wären; vielmehr handelt es sich um die Stufe, auf der immer wieder Maßnahmen zur Optimierung des Prozesses durchzuführen sind. Hierbei gilt das Grundprinzip der Fehlervermeidung: Die gewonnenen, umfangreichen Daten sind dazu zu nutzen, die Ursachen von aufgetretenen Fehlern im Entwicklungsprozeß sofort zu lokalisieren. Der Entwicklungsprozeß ist dann so zu ändern, daß gleiche oder ähnliche Fehler nicht mehr auftreten können. Ferner wird auf dieser Stufe auch in verstärktem Umfang nach Möglichkeiten gesucht, die Software-Entwicklung zu automatisieren.

10. Erfahrungen und Ergebnisse

In den vergangenen Jahren wurden insbesondere in den USA und in Japan Assessments durchgeführt, in der Mehrzahl durch das SEI. Auch für Europa liegen nun aufgrund der von BOOTSTRAP durchgeführten Assessments Ergebnisse vor (vgl. Tabelle 1). Dabei bezieht sich die erste Assessment-Serie in den USA auf sog. Self-Assessments, d. h. die Untersuchungen wurden von den betreffenden Unternehmen selbst durchgeführt; bei der zweiten Serie waren es Assessments durch das SEI.

Land	Assessor	Anzahl Assessments	Prozeß-Reifegrad (Anteil in Prozent)				
			1	2	3	4	5
USA	SEI	113	85	14	1	-	-
USA	SEI	55	74	22	4	-	-
Japan	SEI	196	93	3	3	-	1
Europa	BOOTSTRAP	20	50	45	5	-	-

Tabelle 1: Erste Assessment-Ergebnisse

Schon auf den ersten Blick kann festgestellt werden, daß sich die überwältigende Mehrzahl der untersuchten Unternehmen noch auf den beiden niedrigsten Ebenen des Prozeß-Reifegrades befinden. Bemerkenswert ist hierbei, daß die Untersuchungsergebnisse in den USA und in Europa in der Tendenz durchaus miteinander vergleichbar sind, wenn auch aufgrund der geringen Anzahl Assessments noch keine statistisch abgesicherten Aussagen möglich sind. Zudem wurde bereits oben angedeutet, daß sich in beiden Fällen die Untersuchungsverfahren geringfügig voneinander unterscheiden.

Wichtiger noch als quantitative Ergebnisse ist jedoch das nicht in Übersichtstabellen festgehaltene Feedback der untersuchten Unternehmen. Dieses fällt durchweg außerordentlich positiv aus. Sehr gut kommt der im Vergleich zum Resultat recht geringe Aufwand seitens des untersuchten Unternehmen an. Die Ergebnisse der Untersuchungen werden durchweg als sehr aufschlußreich und zutreffend eingeschätzt, insbesondere werden die Schwachstellen im Software-Entwicklungsprozeß nach Meinung der untersuchten Unternehmen in der Regel auch schonungslos offen gelegt. Die im Rahmen einer Abschlußbesprechung erläuterten Untersuchungsergebnisse werden oft lebhaft diskutiert; sie erweitern das Problemverständnis der beteiligten Entscheidungsträger und steigern deren Sensibilität bzgl. der Probleme im Software Engineering und in der Qualitätssicherung. Die von den Assessoren vorgeschlagenen Vorgehensschritte werden oftmals schon bald umgesetzt und führen innerhalb relativ kurzer Zeit schon zu einer wahrnehmbaren Verbesserung der Software-Entwicklung in den betreffenden Unternehmen.

11. Literaturverzeichnis

[1]   Barrry W. Boehm: "Software Engineering Economics". Prentice-Hall, 1981.

[2]   european space agency: "ESA software engineering standards".
      ESA PSS-05 Issue 2 Draft 5, January 1991.

[3]   Watts Humphrey: "Managing the Software Process". Addison-Wesley, 1989.

[4]   International Standardization Organization: "Quality systems - Model for quality assurance in
      design/development, production, installation and servicing".
      International Standard ISO 9001, 1. edition 1987-03-15

[5]   Software Engineering Institute: "Capability Maturity Model for Software".
      CMU/SEI-91-TR-24, Pittsburgh 1991.

Dipl.-Inform. G. Koch
Dipl.-Inform. H. Gierszal

2i Industrial Informatics GmbH
Haierweg 20 e
7800 Freiburg i. Br.
Tel.: 07 61/4 22 57
Fax: 07 61/47 43 12

Fehlervermeidung in der Softwareentwicklung

Thomas Kellermann, Böblingen

Zusammenfassung: Seit es Software gibt, benutzen Software-Entwicklungsteams Techniken zur *Fehlerentdeckung*, um zu verhindern, daß fehlerhafte Software ausgeliefert wird, wie z. B. das Durchführen von Inspektionen oder sog. Walkthroughs während der frühen Entwicklungsphasen und Testen in den späteren Stufen. Das Finden und Beheben von Fehlern ist zeitaufwendig und außerdem sehr teuer, wenn Fehler erst spät während des Entwicklungszyklus' gefunden werden.

Deshalb konzentrieren sich Software-Entwicklungsprojekte in den letzten Jahren nicht nur darauf, Fehler früher zu finden (je früher gefunden, desto billiger behoben), sondern auch darauf, Techniken zu entwickeln, systematisch die Gesamtanzahl von Fehlern, die während der Entwicklung gemacht werden, zu reduzieren, wobei sich dann auch der Gesamtaufwand und die benötigte Zeit verringert. Diese Methode zur *Fehlervermeidung* wird in diesem Artikel diskutiert.

1.0 Warum Fehlervermeidung?

Der Fehlervermeidung wird heute mehr Beachtung geschenkt als jemals zuvor, da der Druck wächst, die Entwicklungszeiten zu reduzieren und gleichzeitig qualitativ besseren Kode zu produzieren.

Mit der Anwendung der Methode *Fehlervermeidung* verlieren die alten Qualitätsmythen

- „bessere Qualität braucht mehr Zeit", und
- „Qualität bei gleichzeitig kürzerer Entwicklungszeit kostet mehr"

ihre Richtigkeit. Tatsächlich kann man gute Qualität erreichen und gleichzeitig den Entwicklungsaufwand reduzieren, wenn man die Gründe, warum Fehler gemacht wurden, systematisch aufdeckt. Sobald der Grund für einen Fehler bekannt ist, kann man ihn vermeiden, z. B. durch Vereinfachung des Prozesses, durch frühzeitiges Aufdecken von Ausbildungslücken, Mißverständnissen oder fehlenden Kommunikationswegen oder durch Veränderung unzureichender Arbeitsumgebungen.

Die Umsetzung geeigneter Aktionen führt dann zu

- kürzeren Entwicklungszeiten,
- geringeren Kosten sowie
- erhöhter Kundenzufriedenheit,

und damit insgesamt zu profitableren Projekten.

Im übrigen betont auch die ISO 9000-Norm, daß Fehlervermeiden vor Fehlerentdecken in der Softwareentwicklung geht.

2.0 Wie funktioniert die Fehlervermeidung?

Die Methode besteht aus vier Hauptelementen:

1. Dem *Kick-off-Meeting* am Beginn einer jeden Entwicklungsphase,

2. regelmäßigen *Kausalanalyse-Meetings*, nachdem eine gewisse Anzahl von Fehlern gefunden wurde,

3. den *Aktionsteam-Meetings*, in denen über vorgeschlagene Aktionen entschieden wird und

4. der *Umsetzung der fehlervermeidenden Aktionen* durch die Mitglieder des Projektteams selbst.

Jedes dieser Elemente wird im Folgenden genauer betrachtet.

2.1 Das Kick-off-Meeting

Am Beginn jeder Entwicklungsphase sollte ein sogenanntes Kick-off-Meeting stehen. Dieses Meeting wird vom dem/den Teamleiter(n) des Projekts durchgeführt. Es dauert gewöhnlich ein bis zwei Stunden, wobei alle Mitglieder des Entwicklungsteams teilnehmen. Das Meeting hat zum Ziel, alle Dinge zu diskutieren, die für die kommende Entwicklungsphase relevant sind.

So können z. B. die für die Durchführung dieser Phase erforderlichen Dokumente sowie die erwarteten Ergebnisse diskutiert werden, möglicherweise indem man gute Beispiele aus anderen Projekten zeigt. Oder es werden die zu benutzende Entwicklungsmethode bzw. die zugehörigen Tools besprochen. Hier sollte auch der Projektplan (Termine) nocheinmal gezeigt werden, so daß alle Teammitglieder wissen, welche Verpflichtungen eingegangen wurden. Ebenfalls können die vorgesehenen qualitätssichernden Aktivitäten und die Qualitätsziele für diese Phase besprochen werden. Am Ende des Kick-off-Meetings sollte dann jeder Entwickler alles wissen, was er benötigt, um seine Aufgabe im Team zu erfüllen.

2.2 Die Kausalanalyse-Meetings

Ein Kausalanalyse-Meeting sollte stattfinden, sobald einige Inspektionen oder Tests durchgeführt wurden, oder genügend Fehlerberichte von den Benutzern gekommen sind. Eine frühzeitige Kausalanalyse macht es leichter, systematische Fehler zu beheben, bevor sie viel Unheil angerichtet haben. Jeder analysierte Fehler kann dazu beitragen, eine Vielzahl von Fehlern der gleichen Art während der verbleibenden Entwicklungszeit zu vermeiden.

Kausalanalyse bedeutet, systematisch aus den bereits gemachten und gefundenen Fehlern zu lernen, indem man die folgenden drei Grundfragen beantwortet:

1. In welcher Phase ist der Fehler entstanden?

2. Was war die Ursache für den Fehler?

3. Was kann man tun, um diese Art von Fehlern in Zukunft zu vermeiden?

Diese Fragen können nur befriedigend beantwortet werden, wenn

- ausreichende Informationen über bereits gefundene Fehler vorliegen,
- die Entwickler, die den Fehler gemacht haben, selbst bei der Analyse dabei sind.

Dabei können beliebige Unterlagen über gefundene Fehler für die Analyse herangezogen werden, z. B.:

Inspektionsreports   um Fehler zu analysieren, die in Spezifikations-, Design- oder Kodeinspektionen oder Inspektionen von Testplänen oder anderer Dokumentation gefunden wurden,

Testlogs   um Fehler zu analysieren, die während der Testdurchführung aufgetreten sind (Testansatz und -umgebung),

Problemreports   um Fehler zu analysieren, die während der Tests im Kode aufgetreten sind und Probleme, die den Testfortschritt behindert haben. Ebenso können Problemreports des Kunden eines laufenden Systems analysiert werden (in denen nicht nur Probleme mit dem Kode, sondern auch z. B. Installations-, Paketierungs-, Preis- oder Dokumentationsprobleme angesprochen sein können).

Die Kausalanalyse-Sitzung ist eine sehr kreative Veranstaltung. Deshalb sollte sie in einer offenen Atmosphäre ablaufen. Mehrere Entwickler/Tester, die die Fehler verursacht haben, sollten teilnehmen, aber nicht mehr als fünf. Außerdem sollte(n) der/die Teamleiter sowie ein Repräsentant der Qualitätssicherung teilnehmen, nicht jedoch der Entwicklungsmanager. Die Veranstaltung verläuft so, daß jeder Teilnehmer bis zu fünf seiner eigenen Fehler erläutert. Pro Fehler wird versucht, seine eigentliche Ursache herauszufinden. Dann werden mögliche Aktionen, diese Fehlerursache zukünftig zu beheben, vorgeschlagen. Diese Diskussion sollte pro Fehler nicht mehr als fünf Minuten dauern, so daß das gesamte Meeting nicht mehr als zwei Stunden dauert. Die vorgeschlagenen Aktionen sollten so geartet sein, daß ihre Umsetzung einen sofortigen Effekt für die noch verbleibenden Projektphasen (und nicht erst für das nächste Projekt) zeigt.

Folgende Fehlergründe werden am häufigsten genannt:

<u>Ausbildung:</u>   Die zu implementierende Funktion, das Werkzeug, die Design-/Programmiersprache o. ä. wurde nicht richtig verstanden.

Mögliche Aktionen: Das Problem wird im gesamten Team besprochen. Der betreffende Entwickler erhält eine Ausbildung. Die richtige Literatur wird zur Verfügung gestellt.

<u>Kommunikation:</u>   Informationen erreichen nicht die notwendigen Adressaten.

Mögliche Aktionen: Die fehlenden Kommunikationswege werden eingerichtet (durch Besprechungen, elektronische Post, Wandzeitungen etc.).

<u>Übersehen:</u>   Es wurden nicht alle möglichen Fälle/Bedingungen bearbeitet.

Mögliche Aktionen: Ein Tool, das alle Fälle prüft, wird geschrieben.

Übertragung: Der Entwickler/Tester wußte zwar, was zu tun war, hat aber aus irgendeinem Grund doch einen Fehler gemacht.

Mögliche Aktionen: Die Arbeitsumgebung wird verändert (z. B. durch Verminderung von Arbeitsunterbrechungen durch Telefonanrufe). Es werden unverwechselbare Namen für Programmvariable eingeführt.

Prozeß: Der Fehler entstand aufgrund eines Mangels im Entwicklungsprozeß.

Mögliche Aktionen: Der fehlerverursachende Prozeß wird vereinfacht, Variationsmöglichkeiten werden verringert, schlechte Werkzeuge werden ersetzt.

2.3 Das Aktionsteam-Meeting

Die Definition und die Umsetzung der Aktionen, die zur Fehlervermeidung führen, ist Teil des Prozesses. Dazu muß ein sogenanntes *Aktionsteam* benannt werden, das aus drei bis vier Projektbeteiligten besteht, die auch Entscheidungen über zusätzlichen Aufwand bzw. Kosten treffen können. Dieses Team, dem vorzugsweise auch der Projektleiter angehört, trifft sich regelmäßig nach den Kausalanalyse-Meetings, um zu entscheiden, welche der vorgeschlagenen Aktionen wirklich umgesetzt werden sollen, in welcher Reihenfolge und von wem. In diesem Meeting wird auch der Status der bereits eingeleiteten Aktionen überprüft.

2.4 Die Umsetzung der fehlervermeidenden Aktionen

Alle vom Aktionsteam akzeptierten Vorschläge müssen von den entsprechenden Teammitgliedern unverzüglich umgesetzt werden. Nur so wird schließlich das bestmögliche Ergebnis erreicht. Außerdem steigt die Motivation der Entwickler bzw. Tester, wenn der Effekt der Kausalanalye-Meetings bald zu sehen ist. Das Aktionsteam muß also wirklich die Umsetzung treiben.

3.0 Wie fängt man mit Fehlervermeidung an?

Die Methode sollte in einem Pilotprojekt ausprobiert und dann auf die gesamte Entwicklungsorganisation ausgedehnt werden. (Sie ist natürlich auch auf jede andere Organisation, nicht nur auf die Entwicklung anwendbar.) Auf diese Weise werden Fehler bei der Implementierung des Prozesses erkannt, die dann in den weiteren Projekten vermieden werden können. Auch das ist eine Anwendung der Fehlervermeidung!

Zu Beginn sind folgende Voraussetzungen absolut notwendig:

- Unterstützung der Methode durch das Management,
- Schulung der gesamten Entwicklungsmannschaft, wie Fehlervermeidung funktioniert,
- Benennung eines Aktionsteams.

Sind diese Voraussetzungen erfüllt, kann man einfach mit den Kick-off- und Kausalanalyse-Meetings starten. Die Beteiligten werden mit Begeisterung bei der Sache sein.

4.0 Erfahrungen mit Fehlervermeidung

Unsere Erfahrungen mit der Fehlervermeidungsmethode in abgeschlossenen Projekten zeigen, daß

- der Prozeß von den Entwicklungsteams sehr gut angenommen wird,
- die Projekte von einer 20% (oder mehr) Reduktion der insgesamt gemachten Fehler berichten,
- der Effekt der vermiedenen Fehler (nämlich geringerer Aufwand) bei weitem den Zusatzaufwand übertrifft, der durch die beschriebenen Aktivitäten erzeugt wird,
- Fehlervermeidung eine Menge Produktivitätspotential freisetzt, das sonst nicht genutzt würde.

Für Software-Entwicklungsprojekte innerhalb der IBM ist die Fehlervermeidungsmethode mittlerweile Standardbestandteil aller Prozeßbeschreibungen.

Das neue Vorgehensmodell des Bundesverwaltungsamtes

Dirk Schreiber, Köln

Gliederung:

1. **Aufgaben des Bundesverwaltungsamtes**

2. **Ausgangssituation (Rückblick)**

3. **Struktur und Schichten des Vorgehensmodells**
3.1 Projektmanagement, -organisation
3.2 Qualitätsmanagement, -sicherung
3.3 Zeitliche Dimension (Phasen der Softwareentwicklung)
3.4 Mitarbeiter, Formen der Zusammenarbeit und Kommunikation

4. **Beispiele, Anwendung in konkreten Projekten**

5. **Erfahrungen, Probleme bei der Einführung/Anwendung**

Zusammenfassung: Vor dem Hintergrund der vielfältigen Aufgaben des Bundesverwaltungsamtes entstand das Vorgehensmodell zur Abwicklung von IT-Projekten. Das Vorgehensmodell soll wesentlich dazu beitragen, vorgegebene Projektziele zu erreichen. Die Qualität der Software stellt dabei einen wesentlichen Produktivfaktor dar; Produktivität und Qualität bilden keine Gegensätze.

Produktivität in der Softwareentwicklung bestimmt sich aber auch durch das gemeinsame Problemverständnis der am Entwicklungsprozess beteiligten Menschen; d.h. der Abbau von Kommunikationsbarrieren stellt die vorrangigste Aufgabe bei der Einführung eines Vorgehensmodells dar. Diese Barriere bildet das wesentliche Hindernis auf dem Weg zu einer partizipativen Arbeitsweise in der Softwareentwicklung.

Das Vorgehensmodell umfasst derzeit die Aufgabenbereiche Projektmanagement, Qualitätsmanagement und Methodiken für Analyse, Design und Realisierung eines Systems. Die Analyse einer Problemstellung gliedert sich in Definition, Vorstudie, Grobkonzept und Feinkonzept. In der Definition wird der Problemtyp, die Organisationsform zur Lösung der Aufgabe und die Aufgabenstellung für die Vorstudie beschrieben. Die Vorstudie definiert und präzisiert die Ziele einer Problemlösung und gibt die wesentlichen Maßzahlen für die Qualität vor. Außerdem bestimmt sie die Sicherungsmaßnahmen zur Prüfung der erreichten Qualität. Die Phasen Grobkonzept und Feinkonzept wenden im Verbund die Methoden /Beschreibungstechniken der Geschäftsvorfallanalyse mittels endlicher Automaten, erweitertes Entity-Relationship-Modell und strukturierte Analyse an. Das Systemdesign zerlegt die Software nach einem Standard-Schichten-Modell. Pakete und Funktionen, gebildet durch abstrakte Datentypen, beschreiben die Funktionalität des Systems.

Die im Vorgehensmodell des Bundesverwaltungsamtes vorhandenen Methoden der Analyse- und Designphasen eröffnen mittelfristig den Weg zu einem objektorientierten Vorgehensmodell.

1.   **Bundesverwaltungsamt (BVA)**

Das BVA ist eine selbständige obere Bundesbehörde im Geschäftsbereich des Bundesminister des Innern. Das BVA wurde als zentrale Verwaltungsbehörde für die Übernahme verschiedenster Aufgaben der Bundesverwaltung geschaffen. Die Bundesminister können dem BVA Aufgaben zur Erledigung in eigener Zuständigkeit unter ihrer Fachaufsicht übertragen. 19 Bundesbehörden haben von dieser Möglichkeit Gebrauch gemacht.

Das BVA dient so dem Zweck, die Bundesministerien von Arbeiten nicht-ministerieller Art zu entlasten und die Zersplitterung der Bundesverwaltung in zahlreiche kleine selbständige Bundesoberbehörden zu verhindern. Als eine große zentrale Verwaltungsbehörde ist das BVA leistungsfähiger und kann wirtschaftlicher arbeiten als mehrere kleine selbständige Behörden.

Das BVA erledigt Aufgaben aus den Bereichen Staatsangehörigkeitsrecht, Ausländerrecht und Vertriebenenrecht. Aufgaben aus dem Bereich des Auslandsschulwesens, Aufgaben des Verwaltens und Einziehens von Darlehen nach dem Bundesausbildungsförderungsgesetz und viele andere Aufgaben.

Die Fülle und die Verschiedenartigkeit der rund 60 Aufgabenbereiche kommt in der Aufteilung der Haushaltsmittel auf 15 Einzelpläne, 32 Kapitel und rund 200 Titel des Bundeshaushalts zum Ausdruck. Das Gesamtvolumen der bewirtschafteten Mittel betrug in 1990 etwa 1,45 Mrd. DM.

Für die Datenverarbeitung des BVA werden neben dezentralen Rechner-Systemen 2 Rechner vom Typ SIEMENS H90-D und ein Entwicklungsrechner vom Typ SIEMENS 7560-F eingesetzt. Für die Systementwicklung werden zukünftig in zu nehmendem Maß PC-Netze bzw. UNIX-Systeme eingesetzt werden. Die Anwendungsentwicklung des BVA deckt ein breites Spektrum unterschiedlicher Aufgaben stellungen ab. Aufgaben wie das Aussiedlerverfahren und das Verfahren zur Schadensregulierung nach Tschernobyl zählen zur Kategorie der Ad-Hoc-Aufgaben (diese Anwendungen sind wertlos, wenn sie nicht kurzfristig entwickelt und einsetzbar sind). Aufgaben wie das AZR-Verfahren, das VISA-Verfahren und das BAföG-Verfahren zählen zur Kategorie der langlebigen und mit hohen Software-Qualitätsanforderungen gestellten Aufgaben. Diese Anwendungen erfordern den Einsatz entwickelter Software-Produktionsumgebungen, insbesondere zur Qualitätssicherung und Wartungsunterstützung. Daneben ist ein gut organisiertes Projektmanagement zur Steuerung von Projekten unabdingbare Voraussetzung, um die Entwicklung von Systemen dieser Größenordnung im Interesse seiner Benutzer möglichst termingerecht in Betrieb zu nehmen.

2.   **Ausgangssituation (Rückblick)**

1. Die häufig diskutierte "Softwarekrise" ist bei genauerem Hinsehen auch
   eine <u>Managementkrise</u>. Daher muß es vorrangige Aufgabe sein, den
   Verantwortlichen für die Steuerung der Informationstechnik diese Probleme bewußt zu machen.

2. Den Beteiligten ist mittlerweile bewußt, daß die Informationstechnik einen
   wesentlichen <u>Produktivfaktor</u> darstellt.
   Daß aber eine funktionierende informationstechnische Infrastruktur nicht
   nur die sichtbare Hardware umfaßt, sondern vor allem auch durch die Güte
   ihrer Software geprägt ist, merken die außenstehenden Verantwortlichen
   leider erst dann, wenn ein Softwareentwicklungsstau auftritt bzw. mit den
   geplanten Entwicklungen nicht die gewünschten Ziele erreicht werden.

3. Die Entwicklung eines DV-Systems ist als integraler Bestandteil der Arbeitsabläufe einer Fachabteilung ggfls. auch bei anderen Behörden zu sehen.
   Folgende Einheiten müssen daher im Sinne einer <u>partizipativen Entwick-
   lungsmethodik</u> zusammenarbeiten:
   - *die zuständige Fachabteilung*
   - *die Datenverarbeitung*
   - *die Organisation*
   Die genauen Aufgaben und Rollen dieser Organisationseinheiten sind im
   Rahmen des Vorgehensmodells-BVA festgeschrieben.
   Diese drei genannten Punkte haben im BVA zur schrittweisen Entwicklung
   des jetzt weitgehend konsolidierten <u>Vorgehensmodells</u> geführt. Wesentliche Aspekte dabei waren:
   - *für umfangreichere Softwareentwicklungen Projektstrukturen temporär ein-*
     zurichten
   und
   - *nach neuen Methoden der Zusammenarbeit zu suchen (durch partizipative*
     Verfahrensentwicklung bestehende Barrieren überwinden).

4. <u>Kriterien</u> bei der Wahl einer Methode/ eines Vorgehensmodells:
   - *Umfang der vom Hersteller angebotenen Unterstützung*
   - *Einpassungsfähigkeit in die Anforderungen der benutzenden Behörde*
   - *Verbreitung der Methode/des Modells*

5. Das Vorgehensmodell enthält neben Projektsteuerungshilfen und Qualitäts-
   sicherungsfunktionen Methoden, die Beschreibungen folgender <u>Sichten auf
   ein System</u> im Verbund unterstützen:

   - *Modellieren der Daten (erweitertes Entity-Relationship-Modell)*

   - *Modellieren der Dynamik (Methode: endliche Automaten, Zustandsüber-
     gangsdiagramme)*

   - *Modellieren der Funktionen (Methode: Strukturierte Analyse)*

   - *Modellieren der Systemoberfläche (Verwendung von Prototyping Werk-
     zeugen).*

6. Für die Phasen des fachlichen und dv-technischen Entwurfs (System-Ana-
   lyse und Design) wird nach derzeitigem Erkenntnisstand den <u>objektorien-
   tierten Prinzipien</u> die Zukunft in den nächsten 10 Jahren gehören.
   Diese Denkweise/Methode ist in kontrollierbaren Schritten auf breiter Basis
   einzuführen. Dazu wird die fachliche Spezifikation mit (schwerpunktmäßi-
   ger) Anwendung der Modellierung der Daten und des Verhaltensmodells ob-
   jektbasierte Aspekte in der Analyse ermöglichen; es werden die Übergänge
   zu objektbasiertem Design beschrieben. Die Vorgehensweise, das Systemdesign in einer Standard-Schichtenarchitektur mit den Mitteln der Datenabstraktion zu gestalten und die Anwendungen mit dieser Systemarchitektur zu
   realisieren, bildet einen weiteren Schritt in diese Richtung.
   Das BVA hat für die fachlichen Entwurfsphasen ein methodisch abgesicher-
   tes Vorgehensmodell entwickelt, das durch geeignete Werkzeuge unterstützt
   wird.

7. Systementwicklungen im BVA lassen sich durch zwei wichtige <u>Extrem-
   werte</u> kennzeichnen:

   - Entwicklung von Verfahren, die auf eine langfristige Wartungsphase hin
     konzipiert werden müssen (z.B. BAföG, AZR u.ä.). Sie sind in ihrer Ent-
     wicklungsmethodik auszurichten auf Vorgehensweisen, die das Projekt-
     management und die Qualitätssicherung in den Vordergrund stellen.

   - Entwicklung von Verfahren, die ergebnisorientiert in einem schnellebi-
     gen Umfeld realisiert werden müssen (z.B. "Tschernobyl", AAG). Sie be-
     nutzen Methoden/Modelle, die sich auf erfahrene Mitarbeiter stützen, die
     Sprachen der vierten Generation verwenden. Dabei ist jedoch zu beach-
     ten, daß

   • bei diesem Vorgehen in der Regel eine Neuentwicklung bei größeren
     Änderungen der Aufgabenstellung günstiger ist, als aufwendige An-
     passungen, die das System instabil werden lassen
     und

   • bei Verfahren von größerer Komplexibilität die analytischen Projekt-
     phasen unumgänglich sind, da ansonsten die Gefahr wächst, wesentli-

che Ziele zu verfehlen.

Verfahren dieser Art sind in der Wartung darüber hinaus vom Entwickler abhängig; personelle Ressourcen werden also fest an dieses Verfahren gebunden.

8. Die Anwendungen im Bundesverwaltungsamt entstanden als "isolierte Insellösungen". In einer ersten Analyse wurden eine Reihe wesentlicher, gemeinsamer Objekte gefunden. Zur wirtschaftlicheren Softwareentwicklung ist mit Blick auf eine möglichst weitgehende Wiederverwendung von Verfahrensteilen eine Migrationsstrategie zu entwickeln, um dieses Ziel zu erreichen. Die einzuleitenden Schritte sind organisatorischer und softwaretechnischer Art.

3. Struktur und Schichten des Vorgehensmodells

3.1 Projektmanagement, -organisation

Für die Dauer eines Projektes wird temporär eine projektbezogene Organisationsstruktur aufgebaut, welche die Aufgaben, Kompetenzen und Zusammensetzung der Steuerungs- bzw. Regelungsinstanzen festlegt.

Das Vorgehensmodell sieht folgende Instanzen vor:

- *Entscheidungsgremium*
- *Qualitätssicherung*
- *Fachreferatsleitung*
- *Projektleitung*
- *Projektteam*
- *Projektberatung*

Je nach Bedeutung eines Projektes werden/wurden die im Bild "Organisationsformen eines Projektes" dargestellten Strukturen temporär eingerichtet.

Die konkret auszufüllenden Rollen und Instanzen sind jeweils zu Beginn eines Projektes im <u>Projekthandbuch</u> festzuschreiben (Bild: Projektorganisation....).

Dem Vorgehensmodell liegen die Ansätze/Konzepte einer partizipativen Entwicklungsmethodik in folgendem Sinne zugrunde:

Zur optimalen Gestaltung des gesamten Arbeitssystems kommt es vorrangig darauf an, die sozialen Teilsysteme (sowohl im Entwicklungsprozeß als auch im Produktionsprozeß des Zielsystems) mit ihren spezifischen Eigenschaften und Bedingungen in ihren Kopplungen mit den technischen Teilsystemen (inklusive der anzuwendenden Entwicklungsmethoden) zu optimieren [5] (vgl. Bild: Arbeitsabläufe und ....).

Dabei sind im wesentlichen 3 Klassen von Schwierigkeiten und Hindernissen zu berücksichtigen:

1.

Es sollte für die Entwickler sichergestellt sein, daß die Auftraggeber (Fachreferate, Entscheidungsgremium) ihre Anforderungen an das zu entwickelnde DV-System vollständig, korrekt und während der Projektdauer unverändert bzw. eindeutig beschreiben. Das setzt jedoch ein Wissen und eine Qualifikation auf seiten der Auftraggeber voraus, das sich diese Gruppe zu Beginn des Entwicklungsprozesses häufig nicht aneignen will oder z.T. auch nicht aneignen kann.

Es sollten daher Wege gefunden werden, um über informale, semiformale bis zu formalen Analyse- und Spezifikationsmethoden die Aufgaben zu beschreiben. Ein folgenschwerer Irrtum besteht oft darin anzunehmen, daß die Auftraggeber über <u>alle</u> Sichten und Anforderungen an ein DV-System Auskunft geben können.

2.

Eine weitere Schwierigkeit liegt in einer "Kommunikations-Barriere" zwischen Anwendern, Benutzern einerseits und Softwareentwicklern andererseits. Die nicht-technischen Fakten in der Kommunikation zwischen allen am Entwicklungsprozeß Beteiligten fallen durch das Raster der technischen Analyse- und Spezifikationssprachen. Der Bruch zwischen anwendungsbezogener Fachsprache, mit ihrer unscharfen Semantik, die nur kontextuell verstanden werden kann, und der technischen Sprache der Softwareentwickler läßt sich nur begrenzt mit visuellen oder simulativen Kommunikationsmitteln überwinden.

3.

Die letzte Problemklasse resultiert aus dem Irrtum, daß zu Beginn eines Projektes irgendeine Gruppe von Personen eine vollständige, erschöpfende Sicht auf das Soll-Konzept haben kann. Vielmehr ist es so, daß erst im Laufe der Analyseprozesse und des Designprozesses alle Beteiligten ein zunehmend klares Bild vom Zielsystem entwickeln. Dies erklärt, warum sich die Anforderungen scheinbar verändern; sie verändern sich aber nicht, sondern konkretisieren und präzisieren sich im Fortschritt des Softwareentwicklungsprozesses. Dieser Konkretisierungsprozeß kann häufig durch ein iterativ- zyklisches Vorgehen in den Analyse- und Designphasen wesentlich kostengünstiger gestaltet werden, als die Anwendung eines rein hinearen Phasenmodells.

Das Auffinden einer optimalen Lösung bedeutet, alle nur beschränkt zur Verfügung stehenden finanziellen, technischen und menschlichen Ressourcen so einzusetzen, daß unter den gegebenen Randbedingungen das beste Ergebnis erzielt wird (Bild: Zyklus im Rahmen....).

Nimmt man die erläuterten Schwierigkeiten ernst, so ist im Verlauf eines Projektes zu entscheiden, an welchen Stellen im Entwicklungsprozeß Zyklen unabdingbar sind. In diesem Sinne bietet das Vorgehensmodell nicht nur die Vorgehensweise nach einem reinen Steuerungssystem, sondern auch die Funktionsweise eines Reglungssystems, in dem Rückkopplungen zwischen gelenktem und lenkendem System möglich sind.

Je nach Beschaffenheit der Aktivitäten in einem Zyklus ergeben sich Durchlaufzeiten von Sekunden bis zu mehreren Jahren. Je größer die Durchlaufzeit, desto kostspieliger ist der jeweilige Zyklus (Bild: Ablaufmodell....).

Den Analyse-Phasen kommt dabei eine sehr große Bedeutung zu, da sie oft zu den am meisten vernachlässigten Phasen gehören; andererseits aber (wie viele Untersuchungen und auch die eigene (leidvolle) Praxis zeigen, Fehlerbehebungen aufgrund suboptimaler Analysen unverhältnismäßig hohe Kosten verursachen. Für diese Aufgaben sollten im Rahmen der verbreiterten Basis in der Anwendung des Vorgehensmodells speziell ausgebildete Systemanalytiker im BVA die Strukturierungs- und Gestaltungsaufgaben übernehmen.

3.2 <u>Qualitätsmanagement, -sicherung</u>

Der Erfolg eines Projektes hängt entscheidend von einem guten Qualitätsmanagement ab[1].

Die Leitgedanken hierbei sind:

- *die Ausformulierung klarer Projektziele,*

- *ein grundsätzliches, umfassendes Problemverständnis*

und

- *eine Lösungsidee, um ein Lösungskonzept zu erarbeiten.*

Das Qualitätsmanagement enthält die Teilaufgaben

- *Definieren und fortlaufendes Verfeinern der Projektziele*

und

- *Erstellen und Fortschreiben eines Qualitätssicherungsplanes*

Die Projektziele lassen sich grob in

- *funktionale* *("Was soll erreicht werden")*

- *qualitative* *("Wie gut soll eine Eigenschaft erfüllt sein")*

und

- *beschränkende* *("Welche Grenzen und Randbedingungen sind einzuhalten")*

Ziele klassifizieren.

Jede Projektphase des Vorgehensmodells enthält daher Teilaufgaben der Qualitätssicherung. Die Phasen werden durch Meilensteine (Checkpoints) getrennt.

Zu jedem Phasenabschluß werden die für dieses Projekt spezifisch vorab vereinbarten Erfüllungskriterien von der Qualitätssicherung geprüft. Das Entscheidungsgremium steuert dann den weiteren Projektfortschritt.

Im Hinblick auf die Verwirklichung einer partizipativen Entwicklungsmethodik, ist aber anzustreben, daß die Qualitätssicherung das gesamte Projekt unterstützt und begleitet, so daß durch die Entwicklung eines gemeinsamen Verständnisses der Aufgabe eine optimale Lösung erzielt wird. Dadurch wird erreicht, daß anstelle eines gesteuerten Systems das Vorgehensmodell weitgehend als ein sich selbst regulierender Prozeß gelebt wird.

Die Qualitätssicherung unterstützt ein Projekt alternativ in folgenden Formen:

A) Standort-Bestimmung durch Standard-QS bei Phasenabschluß bzw. nach Bedarf innerhalb einer Phase (keine Erfolgsgarantie durch QS).

B) Qualitäts-Siegel durch gemeinsame QS ab Projektdefinition und Einhalten der Standards gemäß der vorgegebenen Leitfäden (QS übernimmt Teilverantwortung für Erfolg).

C) Wie B aber mit zusätzlicher unterstützender Mitarbeit. Dies ist gerade in der Einführungsphase des Vorgehensmodells und bei unerfahrenen, neuen Teams wichtig (QS trägt aktiv zum Erfolg bei).

Die Entwicklungsergebnisse besitzen Stati zur Unterstützung des Projektablaufes und zur Steuerung des Projektes.

Die Dokumente können folgende Stati und Übergänge besitzen:

in-Arbeit ⟶ *in- Prüfung*   (*durch Vorlage bei Qualitätssicherung*)
in-Prüfung ⟶ *in-Arbeit*   (*durch Überarbeitung*)
in-Prüfung ⟶ *geprüft*   (*durch QS-Freigabe*)
geprüft ⟶ *in-Arbeit*   (*durch Änderungsanforderung*)

3.3   <u>zeitliche Dimension (Phasen der Softwareentwicklung)</u>

Aus der Erfahrung vieler Projekte erhofft man sich von der Zergliederung umfangreicher, komplexer Aufgabenstellungen in überschaubare Einheiten (Projekt-Phasen) eine bessere Beherrschbarkeit und Kontrolle chaotischer Prozesse. Die Phasen des BVA-Vorgehensmodells sind folgendermaßen bezeichnet:

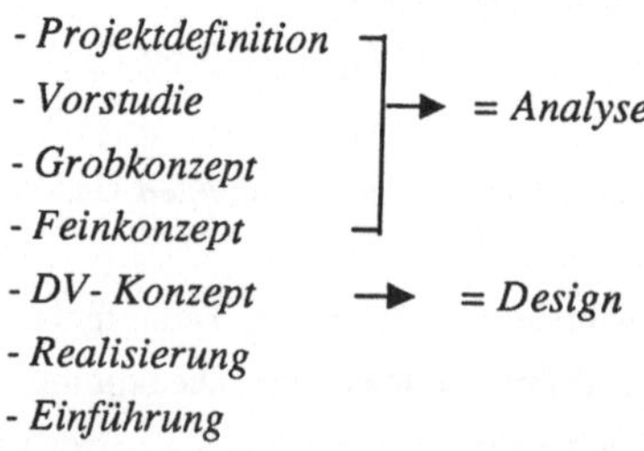

Die Aktivitäten und Vorgehensweisen der verschiedenen Phasen lassen sich wie folgt grob charakterisieren:

<u>Projektdefinition</u>

Es wird das grobe Projektziel definiert und die Vorstudie in Auftrag gegeben.
Dafür sind Auftraggeber ("Wer") und Auftragnehmer ("Mit Wem") zu benennen.

<u>Vorstudie</u>

In der Vorstudie sind folgende Aktivitäten durchzuführen:

- Bezeichnung des Auftraggebers
- Bezeichnung des Auftragnehmers
- Bestimmen eines Projektleiters für die Vorstudie
- Wer ist beteiligt
  -- Rollen
  -- Aufgaben
  -- Kompetenzen

- Erstellen eines <u>Projektplanes</u>
  Dieser Plan stellt den groben Projektablauf insgesamt dar. Die Phasen Vorstudie, Grobkonzept und Feinkonzept werden fein geplant, die Phasen DV-Konzept, Realisierung und Einführung grob geplant.

- Die <u>Vorgehensweise/Methoden</u> im Rahmen des Vorgehensmodells werden auf das Projekt <u>zugeschnitten</u>; die Abweichungen von den Standards sind festzulegen.

- Ein <u>Qualitätssicherungsplan</u> wird erarbeitet und abgestimmt; d.h. alle Meilensteine bis zum Projektende sind festgelegt.

- Der <u>Zielfindungsprozess</u> wird initiiert und damit die <u>Anforderungen</u> an das Projekt abgeleitet. Dabei sind folgende Fragen zu beantworten
  (vgl. Bild: Arbeitsmethodik "Vorstudie"):
  - *Welche Ziele gibt es?*
  - *Wie hängen die Ziele kausal zusammen?*
  - *Welche Ziele sind Q-Ziele?*
  - *Wie gut sind diese Q-Ziele heute erreicht?*
  - *Wie gut sollen sie durch das Projekt erreicht werden?*

- <u>Analysieren</u> der bestehenden <u>Probleme</u>.
  Folgende Fragen sind zu entscheiden:
  - *Was muß untersucht werden, um die Ziele zu erreichen?*
  - *Welche Probleme sind wesentlich?*
  - *Wo liegen Widerstände und Risiken?*

- <u>Analysieren der Ablauforganisation.</u>
  Folgende Aufgabenbereiche sind zu untersuchen:
  - *Welche Arbeitsabläufe sind betroffen?*
  - *Wie sehen die wichtigsten Abläufe heute aus?*
  - *Was soll geändert werden im Hinblick auf die Ziele?*

- Untersuchen <u>weiterer Details</u> (optional).

  Dabei können folgende Themenkreise untersucht werden:

  • Beschreiben des Informationsbedarfs (erstes grobes Datenmodell mit ERM)

  • Grobe Beschreibung der Funktionalitäten (mittels SA)

  • Untersuchen der Systemoberflächen (Prototyp)

  • Festlegen des Projekttyps und wesentlicher techn. Bedingungen (Reeningeering, Erweitungsprojekt, ...)

  • Festlegen eines Konfigurationsmanagements

<u>Grobkonzept</u>

Im Grobkonzept werden die analysierenden Softwareengineering Methoden des Fachkonzeptes angewendet:

(vgl. Bild: System Fachkonzept)

- *konzeptionelle Datenmodellierung*
- *Beschreiben der Geschäftsvorfälle*
- *Strukturierte Analyse*
- *Verfeinern der Gestaltung der Systemoberfläche (Prototyp)*

Darüber hinaus werden die Ergebnisse der Vorstudie fortgeschrieben aufgrund des erarbeiteten besseren Verständnisses der Aufgabe und somit auch Rückkopplungen auf diese Ergebnisse möglich.

Mit der Beschreibung der Geschäftsvorfälle wird, im Unterschied zu einer Reihe anderer Analysetechniken, die Analyse der Arbeitstätigkeiten hinsichtlich ihrer Ablaufstruktur und den darin enthaltenen Teiltätigkeiten berücksichtigt. Dabei kann auch Art der Tätigkeit, Auftrittshäufigkeit und Zeitanteil erfaßt werden.

Die Planungsgrundlagen zur Projektsteuerung (PM/QM) sind zum Ende der Phase fortzuschreiben.

<u>Feinkonzept</u>

Die im Grobkonzept begonnene Analyse wird abgeschlossen. Damit sind alle fachlich relevanten Aufgaben beschrieben. Die Beschreibung besteht aus 3 miteinander konsistenten Sichten auf das System (vgl. Bild: System Fachkonzept)

- *Datensicht*   *(durch ERM)*
- *Ablaufsicht*   *(Zustandsübergangsdiagramme)*
- *Funktionale Sicht*   *(durch SA)*

Die Dokumentation der Systemoberfläche beschreibt die Mensch-Maschine-Schnittstelle vollständig.

Das nun beschriebene fachliche System ist als lebendige Organisation zu begreifen, als ein sich selbst erhaltender Prozess, der sich aber entwickeln und verändern können muß, um die organisatorischen Ziele zu erreichen. Nur durch eine integrierte Optimierung des technischen und sozialen Teilsystems kann das Ganze optimal gestaltet werden.

Zum Ende der Phase werden die Planungsgrundlagen fortgeschrieben. Bei großen Projekten hat sich in der Praxis des BVA herausgestellt, daß Zyklen und Iterationen in der Projektabwicklung zwischen Fach- und DV-Konzept häufig auftreten; es entwickelt sich ein zunehmend fachlich klareres Bild auch noch während der Designphase.

DV-Konzept

Die Optimierung des Gesamtsystems erfordert zunächst weiterhin Rückkopplungen zum Feinkonzept. Aber der Schwerpunkt des Interesses richtet sich auf das Design der technisch zu unterstützenden Aufgaben. Beim Entwurf der Systemarchitektur sind folgende Ziele zu erreichen:

- *einfache und saubere Systemstruktur*
- *Bilden abstrakter Systemsichten*
- *Entkoppeln von Moduln durch Minimalität der Schnittstellen*
- *Vermeiden globaler Daten (soweit möglich)*
- *Entwurf des logisch, physikalischen Datenmodells.*

Das Vorgehensmodell DV-Konzept enthält Vereinbarungen über Form und Gliederung der DV-Spezifikation. Die Tätigkeit des Spezifizierens bzw. Entwerfens im Sinne des Modells besteht darin, eine Zerlegung des Problems zu finden, so daß die Komplexität des Systems reduziert und somit bewältigt werden kann (vgl. Bilder: System-Architekturen). Das ausgewählte Entwurfsmodell orientiert sich an einer objektbasierten Methodik. Hieraus werden folgende Zerlegungsprinzipien für das "Programmieren im Großen" angewandt[2)u.3)]:

- *das Geheimnisprinzip,*
- *das Prinzip der schmalen Datenkoppelung,*
- *das Prinzip der Modularität,*
- *das Prinzip der Schnittstellenspezifikation,*
- *das Prinzip der geschichteten Zerlegung.*

Das DV-Konzept enthält Entwürfe folgender Art (vgl. Bilder: System DV-Konzept und Datenmodellierung):
- *Zerlegungseinheiten der Klasse "Paket" und "Funktion".*
Der innere Zusammenhang der Funktionen eines Paketes kann dabei unterschiedliche Ursachen haben (z.B. funktional, zeitlich, objektorientiert).

- Beziehungen zwischen den Zerlegungseinheiten:
  - *Sichtbarkeits-Relationen   IMPORT-/EXPORT-Beziehungen*
  - *Benutzt-Relationen*
- Leistungsbeschreibungen, die aus folgenden Teilen bestehen:
  -- *Schnittstellen (Parameter, Returncodes)*
  -- *Effekt-Beschreibungen informeller oder formaler Art (Entschei-dungstabellen, Pseudocode, Zustandsmatrizen).*

Damit eröffnet die Spezifikationsmethodik mittelfristig den Weg zum objektorientierten Design.

Daneben erwartet das Vorgehensmodell in dieser Phase die Spezifikation von <u>Testfällen</u> als einen wesentlichen, vorbereitenden Teil der Qualitätssicherung der Realisierungsphase. Zum Ende der Phase DV-Konzept sind die Planungsunterlagen für die Realisierung festzuschreiben.

<u>Realisierung</u>

Das Ziel des Modells "DV-Realisierung" ist es, die im DV-Konzept erfassten Informationen möglichst weitgehend in die Realisierung einfließen zu lassen, um somit von einem konsistenten DV-Konzept zu einer konsistenten Realisierung zu kommen und die Konsistenz zwischen DV-Konzept und Realisierung sicherzustellen. Diesem Aspekt kommt insbesondere in der Wartungsphase des Verfahrens eine zunehmend große Bedeutung zu (vgl. Bild: Werkzeugumgebung....).

Die Realisierungs- oder Implementationsphase gliedert sich grob in folgende Schritte:

- *Entwurf der Programmarchitektur (in Feinform)*
- *Entwurf der einzelnen Programmeinheiten*
- *Kodieren der Programmeinheiten*
- *Test der Programmeinheiten*
- *Test ganzer Verfahrenskomponenten*
- *Einbetten der Software in die Betriebsabläufe und Umgebung*

Die Phase ist abgeschlossen, wenn folgende Kriterien erfüllt sind:

- *Die Testergebnisse werden von den fachlich Verantwortlichen als qualitativ einwandfrei bezeichnet. Als Maßstab gelten dafür die korrekten Ergebnisse der Testfallspezifikation.*
- *Die Programmarchitektur und der Entwurf entsprechen den vorgegebenen Projektstandards.*
- *Die Programme sind ausreichend kommentiert.*
- *Die Programme sind in der Betriebsumgebung ablauffähig.*

<u>Technische Umgebung</u>

Das Modell "DV-Realisierung" unter dem Diktionär ROCHADE besteht aus
dem Vorgehensmodell "DV-Konzept", erweitert um Dokumente des Typs

- *Programmquelle*

und

- *Makro*

Die Dokumente des Typs "Programmquelle" sind der Ausgangspunkt für die
Programme des DV-Verfahrens; sie enthalten die vollständige und präzise Mon-
tagebeschreibung für das Programm. Das Programm wird aus der Programmquelle mit Hilfe eines Prozessors montiert und an den Übersetzer übergeben
(vgl. Bild: Übergang DV-Konzept zur Realisierung). Das Modell "DV-Realisierung" in der PREDICT-Umgebung implementiert das gleiche Konzept in einer
modifizierten Form. Das DV-Konzept erlaubt die Spezifikation von

- *Programmrahmen*

- *Programmbausteinen*

- *Programmen.*

Der Datendiktionär enthält Verweise auf die Realisierungsobjekte. Ein automa-
tischer Montagemechanismus ist aber nicht vorhanden; die Entwicklung eines
Montagewerkzeugs wurde bisher zurückgestellt aufgrund der Restriktionen
bzw. Instabilität der Werkzeugschnittstellen bei Versionswechseln.

Einführung

Erst zum Zeitpunkt der Systemeinführung lassen sich alle Probleme mit dem aktuellen organisatorischen und technischen Umfeld abklären. Bisher erfolgte der
Systemeinsatz nur unter künstlichen Randbedingungen, quasi unter "Laborbe-
dingungen". Erst jetzt durch die konkrete Anwendung des Systems im realen
Aufgabenumfeld kann unter "Echtzeit" -Bedingungen getestet werden und somit der Anpassungsgrad an den geplanten organisatorischen Soll-Zustand überprüft und bewertet werden. Zur Optimierung des Gesamtsystems ist die laufende
Version im Rahmen einer Versionsführung weiter abzustimmen und an die tatsächlichen Bedürfnisse anzupassen.

Bei großen, komplexen Anwendungen empfiehlt es sich häufig, den Wirkbetrieb
mit einem Teil des Anwenderkreises zu beginnen. Ein solches Vorgehen ist jedoch in der Phase DV-Konzept bereits einzuplanen, da für geteilte Arbeits-
weisen ggfls. spezielle Überleitungssoftware zu entwickeln ist.

3.4   **<u>Mitarbeiter, Formen der Zusammenarbeit und Kommunikation</u>**

Das Vorgehensmodell setzt vor allem neue Kommunikationsformen zwischen
den Mitarbeitern voraus[4]. Dabei sind im wesentlichen die unter 3.1 beschriebenen Kommunikationsbarrieren zu überwinden. Das bedeutet auch, daß bei allen
Beteiligten die Bereitschaft vorhanden sein muß, während des Projektes zu ler-

nen. Wirkungsvoll einsetzbare Kommunikationsmittel (neben der Sprache) sind
visuelle und simulative Hilfsmittel. Äußerst nützlich sind dabei Meta-Planwände
und Flip-Charts. Die graphischen Analysetechniken lassen sich damit gut in der
Gruppe anwenden und präsentieren (vgl. Bild: Übersicht über die....).
Die Zustandsübergangsdiagramme erlauben darüber hinaus, fachliche Abläufe
zu simulieren.
Fazit: _"Ein Bild sagt mehr als tausend Worte, eine Simulation sagt mehr als_
tausend Bilder".
Die Anwendung der Analysemethoden setzt ein völlig neues Selbstverständnis
bei Softwareentwicklern voraus, da sie häufig nicht wahrhaben wollen, daß
Softwareentwicklung in den meisten Fällen primär Arbeits- und Organisations-
gestaltung ist. Da keiner der Beteiligten die umfangreichen Qualifikationsanfor-
derungen für den gesamten Entwicklungsprozeß besitzt, kann auf eine interdis-
ziplinäre Zusammenarbeit nicht verzichtet werden. Daher stehen die am Entwicklungsprozeß beteiligten Menschen mit ihrer Qualifikation im Mittelpunkt;
die zur Verfügung stehenden Methoden und Hilfsmittel zur Steuerung können
nur unterstützend wirken.

4.   Beispiele, Anwendung in konkreten Projekten

4.1   <u>Ausländerzentralregister</u>

Nach einer etwa 3-jährigen Entwicklungszeit (Phasen DV-Konzept, Realisierung und Einführung) wurde das Verfahren in Betrieb genommen. In diesem
Projekt wurde der Rahmen für das in den Folgejahren entwickelte Vorgehensmodell abgesteckt.
Während dieser Zeit haben auf Seiten des auftragnehmenden Softwarehauses
ständig ca. 10-12 Mitarbeiter die Entwicklungsarbeiten getragen; die gleiche
Anzahl stellte das BVA für das Projekt bereit. Während der Testarbeiten waren
im BVA etwa 25 Mitarbeiter mit der Integration der Software befaßt.
Der Kostenaufwand für die Software betrug ca. 7 Mio. DM; der Großrechner
zum Betrieb des Verfahrens kostete ca. 3.5 Mio. DM.
Ab der Phase DV-Konzept wurden die Arbeiten von einer für diese Aufgabe besonders eingerichteten Projektgruppe getragen. Die Projektgruppe bestand aus
Mitarbeitern der DV-Entwicklung und dem Fachreferat (partizipative Systementwicklung).
Folgende Aspekte sind rückblickend für den Projektverlauf kennzeichnend:
1.   Der fachliche Entwurf erfolgte ohne fundierte Kenntnisse der eingesetzten
     Methoden. Eine Qualitätssicherung fachlicher Ergebnisse fand viel zu spät
     in der Phase DV-Konzept statt. Parallel zum DV-Konzept wurde die fachli-
     che Beschreibung überarbeitet; herauszuheben ist hier der erfolgreich prak-
     tizierte Ansatz von einer ablauforientierten zu einer objektbasierten Be-

schreibungsform zu gelangen.

2. Systemarchitektur und die Spezifikationstechnik des DV-Konzeptes zerlegen
   das System in Schichten von Modulen (Datenkapselung), die ein hohes Maß
   an Qualität unter den Aspekten Verfahrenstransparenz, Erweiterbarkeit und
   Stabilität erzeugen.

3. Das Verfahren ist mit seinen Handbüchern, Spezifikationsdokumenten
   und Programmen in einem Datendiktionär gespeichert. Dokumente, die in
   logischer Beziehung miteinander stehen, sind verknüpft, so daß dezidierte
   Auswertungs- und Recherchemöglichkeiten bestehen. Selbst unter Nutzung
   dieser Hilfsmittel hat das gesamte Verfahren eine Größenordnung erreicht,
   die seine Wartung bereits kritisch erscheinen läßt; ohne diese Werkzeuge wäre die Wartung und Weiterentwicklung des Systems unmöglich.

4. Die Annahme geänderter bzw. neuer fachlicher Anforderungen erfolgte im
   Projektverlauf zu lange unkontrolliert.

5. Das Einführen neuer methodischer Ansätze belastet ein Projekt zusätzlich; der
   Nutzen zahlt sich erst zu einem viel späteren Zeitpunkt aus.

4.2   <u>**Aussiedleraufnahmeverfahren**</u>

Ein Projekt mit diesen Randbedingungen ist ungeeignet, um an ihm in umfassen-
dem Maß Methoden bzw. Vorgehensmodelle zu erproben.

Wenn auch die Entwicklung eines DV-Systems unter äußerstem Termindruck
steht, so sollten doch folgende Aspekte in jedem Fall berücksichtigt werden:

- Methodische Vorgehensweise in der Vorstudie;d.h.

  -- Definieren der Projektziele und Zuordnen der zu lösenden Probleme;

  -- Entwickeln einer kausalen Zielstruktur und einer Lösungsidee.

  In Projekten dieser Art ist die Konzentration auf die wichtigsten Hauptziele
  entscheidend für den gesamten Projektablauf.

- Absichern und Festschreiben der Projektdefinition auf möglichst hoher Ebene (hier: Amtsleitung oder besser zuständige Fachaufsicht beim Bundesminister des Innern).

- Eine intensive Projektsteuerung und die gute Zusammenarbeit aller am Entwicklungsprozeß Beteiligten ist unabdingbare Voraussetzung für die erfolgreiche Abwicklung von derartigen ad-hoc Aufgaben.

- Erstellen eines groben Datenmodells, eines groben Funktionsmodells und eines Modells der zu berücksichtigenden Geschäftsvorfälle.

- Fortschreiben und Analysieren des fachlichen Anforderungskataloges im
  Verlaufe des Projektes; Absichern des Projektauftrages bei der Amtsleitung
  bzw. der Fachaufsicht aufgrund geänderter Zielvorgaben und ihrer Auswirkungen auf die Lösungsidee.

- Entwicklung und Abnahme einer zumindest groben DV-Spezifikation als
  Voraussetzung für die programmtechnische Implementierung des Verfahrens.

138

- Die Software-Entwicklungsumgebung NATURAL/PREDICT/ADABAS eignet sich außerordentlich gut für Projekte, in denen in hohem Maße ergebnisorientiert gearbeitet werden muß, falls das Softwaresystem nicht zu komplex ist und keine Anforderungen enthält, die außerhalb des Standards liegen.

- Bei der Gestaltung eines Vertrages zur Nachdokumentation des Systems stellte sich heraus, daß die für eine ordnungsgemäße Wartung des Systems erforderlichen Qualitäten nicht mehr nachträglich geschaffen werden können. Der erforderliche Aufwand würde in der Größenordnung der Kosten für die bisherigen Realisierungsstufen liegen.

- Bei Änderungen bestimmter Verfahrensgrundlagen ist mit großer Sicherheit die Neuprogrammierung dieser Programmteile wirtschaftlicher als der Versuch, die bestehende Software den geänderten Anforderungen anzupassen. Die Abhängigkeit in der Betreuung und Pflege der Software von den Entwicklern ist extrem hoch; d.h. die schnelle Verfügbarkeit der Software hat langfristig einen hohen Preis.

4.3   <u>Verwaltung und Einzug von BAföG-Darlehen</u>

Das System BAföG wird von einer zu diesem Zweck eingerichteten Projektgruppe neugestaltet. Das Vorgehensmodell des BVA wird wie folgt angewendet:

- Anwendung des Leitfadens zum Projektmanagement und zur Qualitätssicherung (soweit dieser zur Verfügung stand).
- Methodischer Ansatz der Vorstudie
- Fachlicher Entwurf unter Verwendung des BVA-Dokumentationsmodells "Fachkonzept". Aufgrund der vorgegebenen Zielumgebung NATURAL/PREDICT wurde die fachliche Dokumentation der "feinen" Funktionen in PREDICT abgelegt. Damit wird vermieden, daß in der Phase DV-Konzept viele Prüf- und Verarbeitungsregeln erneut beschrieben werden müssen.
- DV-technischer Entwurf nach den Prinzipien der Datenkapselung und Datenabstraktion. Die Spezifikationsergebnisse werden unter PREDICT Version 3 mit einer geeigneten Metastruktur dokumentiert.
- Realisierung in NATURAL Version 2.2 unter Verwendung von Techniken zur Programm-Montage mit Hilfe von Programmrahmen und Programmbausteinen.

4.4   <u>Analyse zur Entwicklung eines behördenweiten Daten- und Kommunikationsmodells</u>

In diesem Projekt wurden folgende Verfahren betrachtet:

- Aussiedleraufnahmeverfahren
- Ausländerzentralregister/Schengener Informationssystem
- Staatsangehörigkeitsverfahren
- Visa-Verfahren
- zentrales Verfahren zur Aktenverwaltung

Diese Aufgaben des Bundesverwaltungsamtes tauschen Daten untereinander und mit externen Stellen aus.

Pro Verfahren wurde die dv-technische Produktstruktur dokumentiert, ein fachliches Modell bestehend aus betrieblichem Modell, Datenmodell, Funktionenmodell erstellt, Schwachstellen dokumentiert und zukünftige Verfahrensziele ermittelt.

Darüber hinaus wurde ein Gesamtmodell abgeleitet, bestehend aus einem

- Datenmodell (Bild: Grobes Gesamtdatenmodell)
- Funktionenmodell (Bild: Schnittstellen der Verfahren)
- Standard-Vorgangsmodell (Bild: Standard Ablauf).

Der Nutzen dieser Analyse für künftige Projekte liegt

- im gemeinsamen Verständnis für
  - das methodische Vorgehen
  - die Ähnlichkeiten in den Strukturen
- in der Vereinheitlichung der Softwarearchitektur (Standardkomponenten)
- in der nachvollziehbaren Grundlage für ein verfahrenübergreifendes Datenmanagement
- in den Synergieeffekten durch Bereitstellung von standardisierten Projektergebnissen.

Für die IT-Anwendungen bedeutet das:

- Es gibt Stammdaten, die von jedem System genutzt werden.
- Die Vorgangsverwaltung der einzelnen Verfahren ist prinzipiell gleich und läßt sich standardisieren.
- Alle Verfahren haben Schnittstellen zum AZR und können normiert werden.
- Die Verfahren arbeiten auf die gleiche Art und Weise mit Auskunftsstellen und anderen Behörden zusammen.
- Jedes Verfahren speichert die gleichen Grundpersonalien über die Personen, die Gegenstand des Verfahrens sind. Diese Datenstrukturen lassen sich zentral zusammenfassen.

Daraus folgt:

1. Man kann sich ein Basissystem mit Standardkomponenten vorstellen; die einzelnen Verfahren sind Erweiterungen dieses Basissystems.

2. Die Verfahren können im Sinne eines Gesamtsystems noch weiter integriert werden.

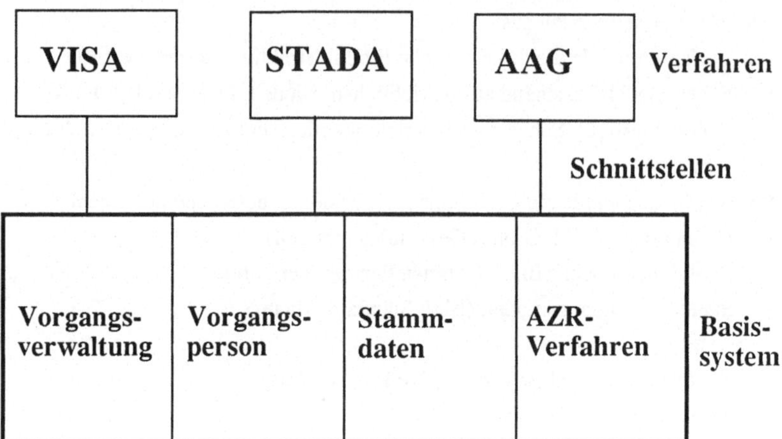

VISA
STADA
AAG
Verfahren
Schnittstellen
Vorgangs-verwaltung
Vorgangs-person
Stamm-daten
AZR-Verfahren
Basis-system

<u>Bild</u>:   Organisationsformen eines Projektes

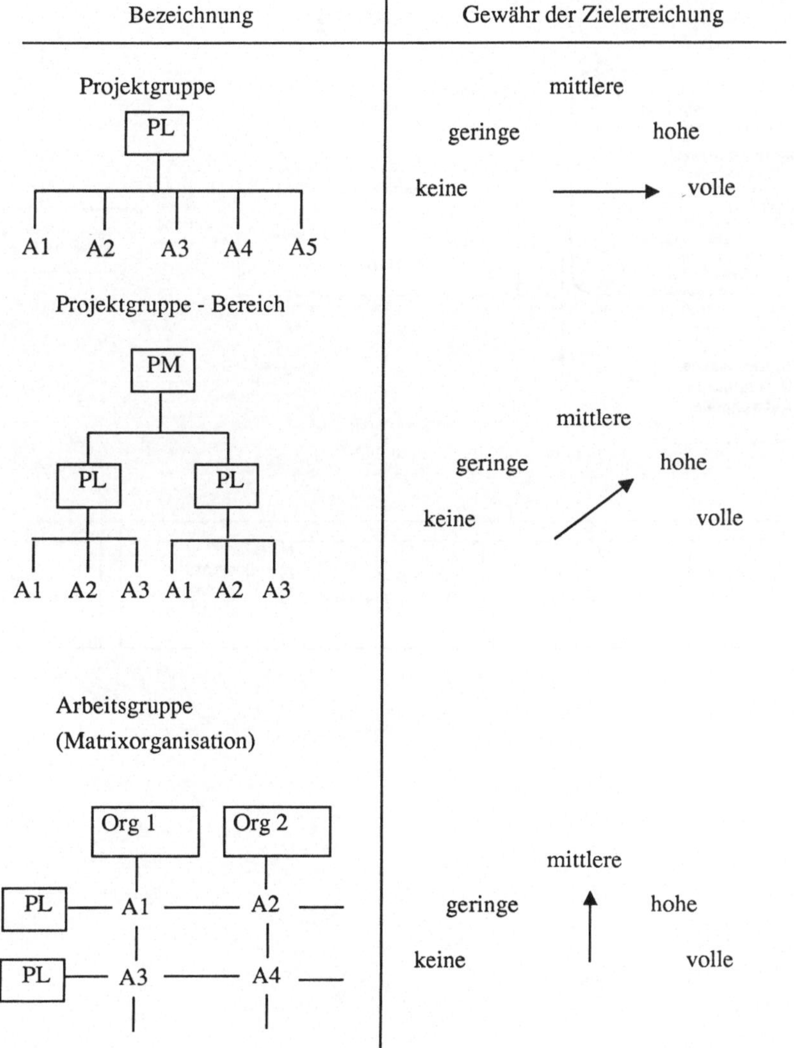

 <u>Projektorganisation: Muster</u>   <u>Personaleinsatz, Ansprechpartner</u>

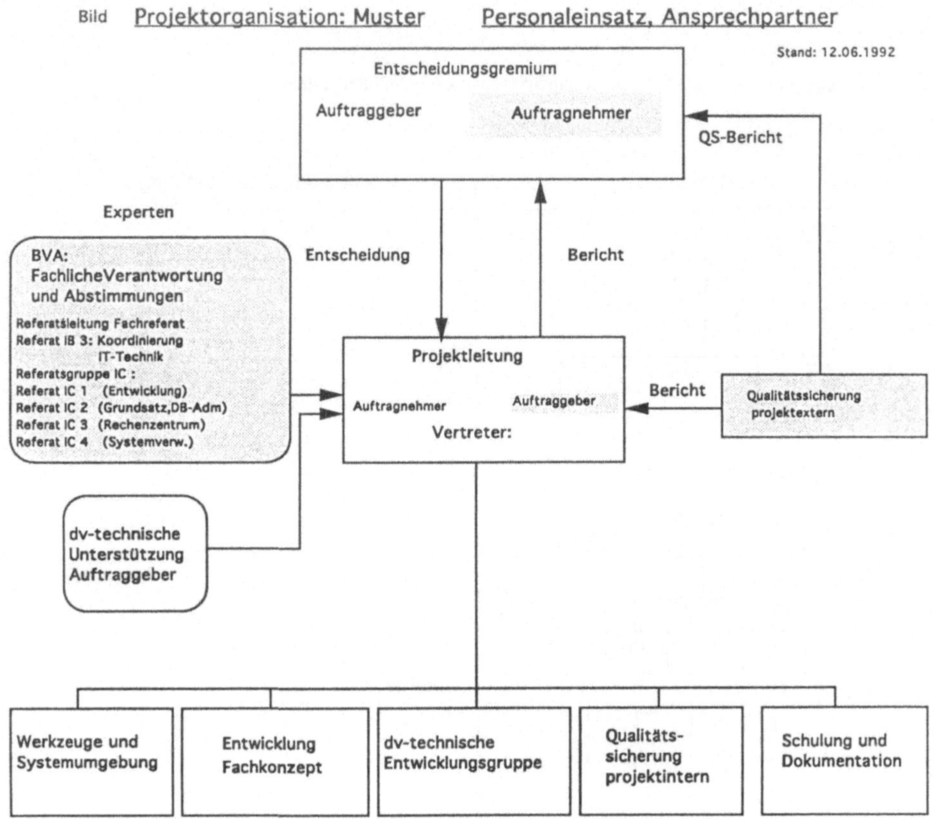

<u>Bild</u>:

<u>Arbeitsabläufe und Gestaltungsebenen unter</u>
<u>Verwendung von DV-Verfahren</u>

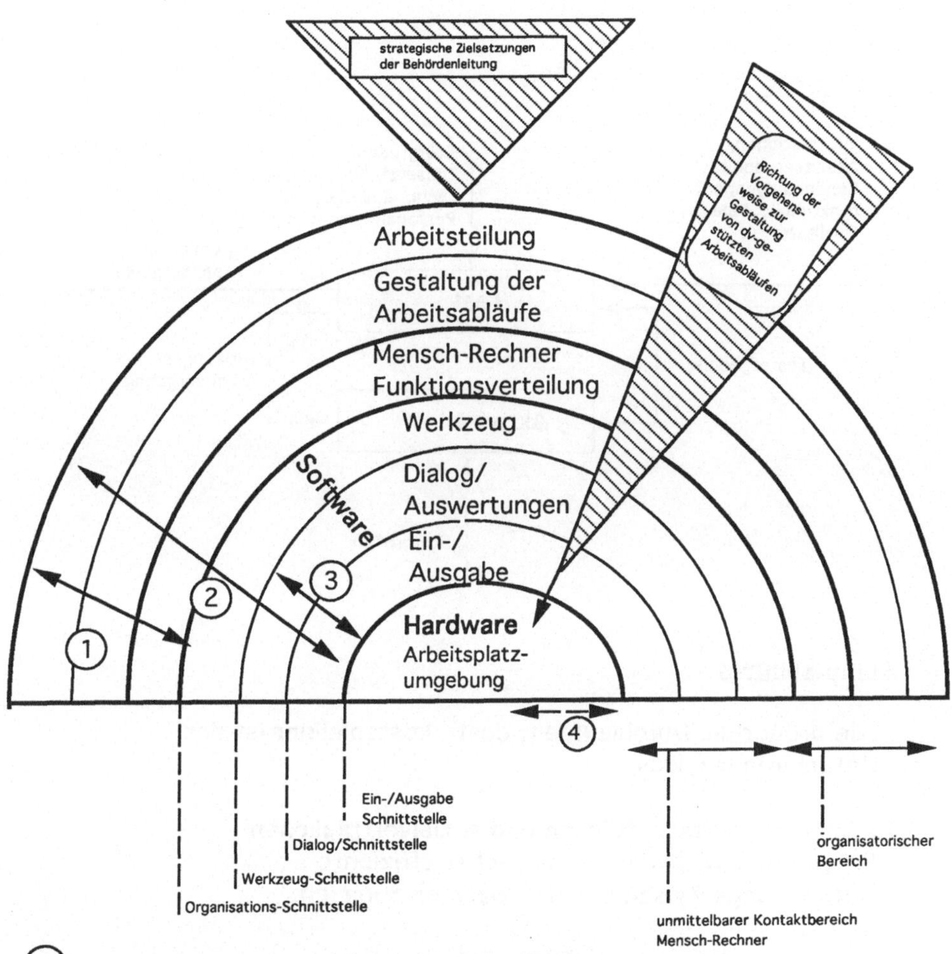

(1) : Organisatorische Gestaltung der Arbeitsabläufe

(2) : Einflußbereich der Software auf den Arbeitsprozeß

(3) : Gestaltungsbereich der direkten Mensch-Rechner Schnittstelle

(4) : Hardware-Ergonomie

<u>Anmerkungen</u>:

1. Softwareentwicklung ist in der <u>Praxis</u> Arbeitsplatzgestaltung
   Daher muß in der Regel eine Zusammenarbeit verschiedener Wissens- und
   Erfahrungsbereiche möglich sein.
2. Softwareergonomie umfaßt daher nicht nur den Bereich (3) ondern den Bereich (2)

Bild: Zyklus im Rahmen eines iterativen
Softwareentwicklungsprozesses

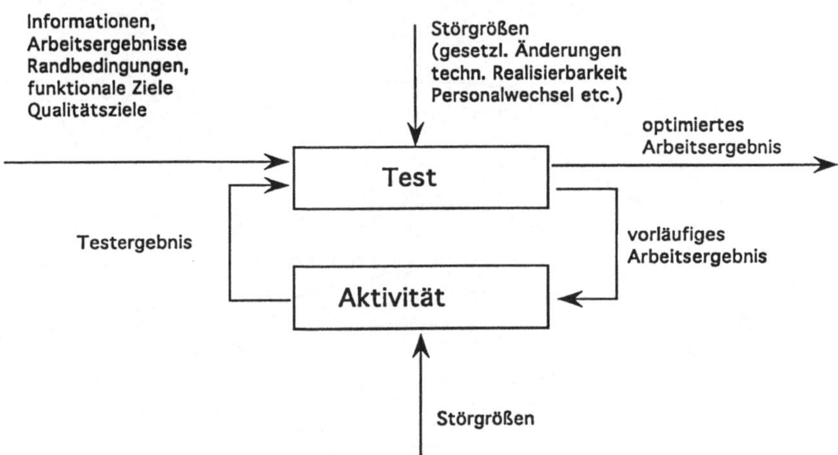

Anmerkungen:

1. Je größer die Durchlaufzeit, desto kostspieliger ist der
Optimierungszyklus.

2. Ziel einer wirtschaftlichen und sozialverträglichen
Softwareentwicklung ist, möglichst effiziente
Optimierungs-Zyklen in den Prozeß einzubauen.

<u>Bild</u> <u>Ablaufmodell eines partizipativen</u>
<u>Softwareentwicklungs-Konzeptes mit seinen Rückkopplungen</u>

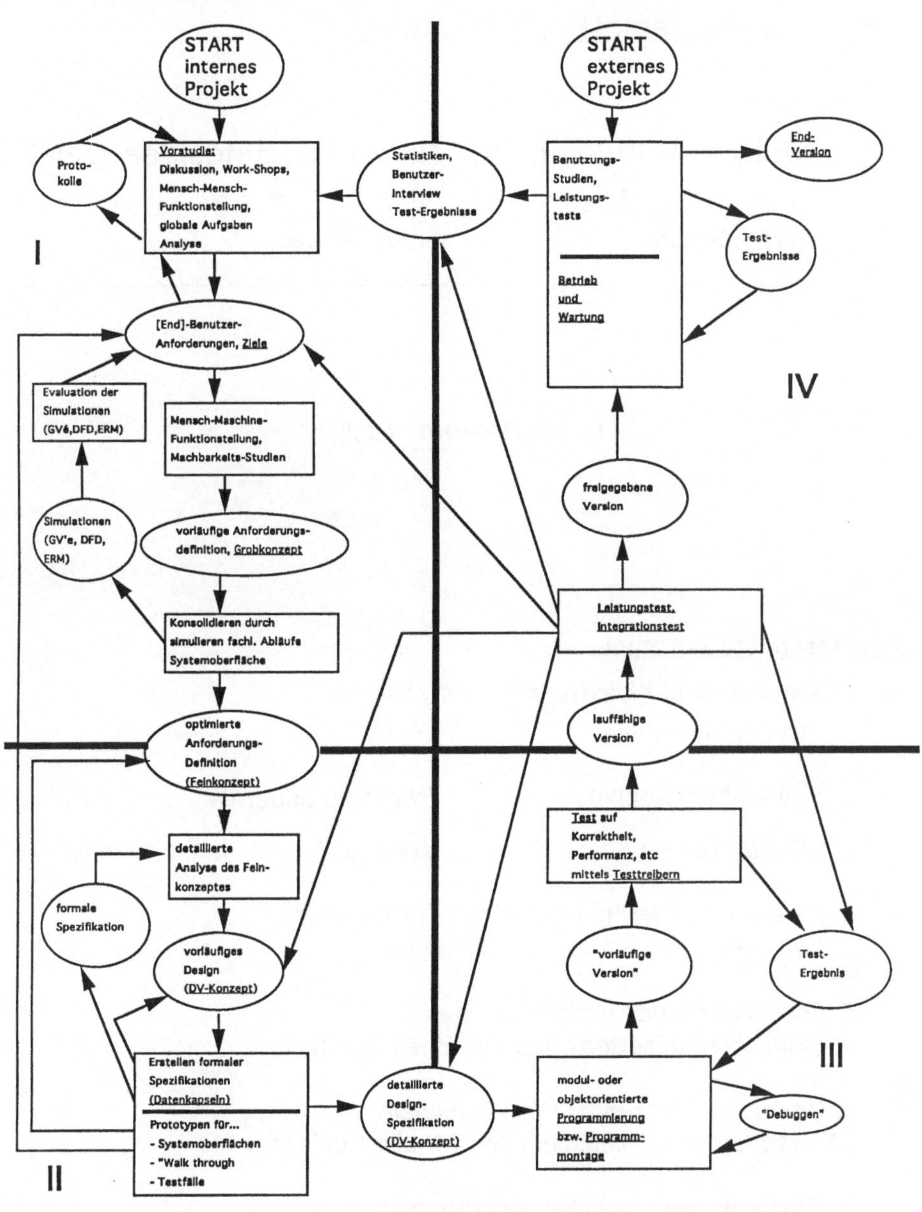

I : Analyse
II: Design

III: Programmierung, Test
IV: Einführung, Betrieb und Wartung

Bild: # Arbeitsmethodik "Vorstudie"

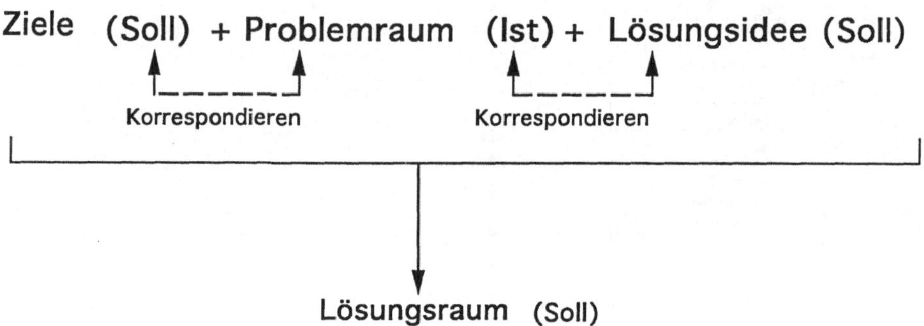

Arbeitsschritte Vorstudie

1. Sammeln und Klassfizieren aller Ziele in
   - funktionale Ziele   (Was)

   - Randbedingungen   (Nicht zu ändern)

   - Qualitätsziele   (Wie gut)

2. Ziele strukturieren + verfeinern/präzisieren;
   Entwickeln eines kausalen Zielbaumes

3. Beschreiben des Problemraumes
   (Ablauforganisation) und Zuordnen der Ziele

4. Operationalisieren der Qualitätsziele;
   Aufstellen eines Meßszenarios für alle Qualitätsziele

5. Festlegen von Qualitätssicherungsmaßnahmen

System: Fachkonzept

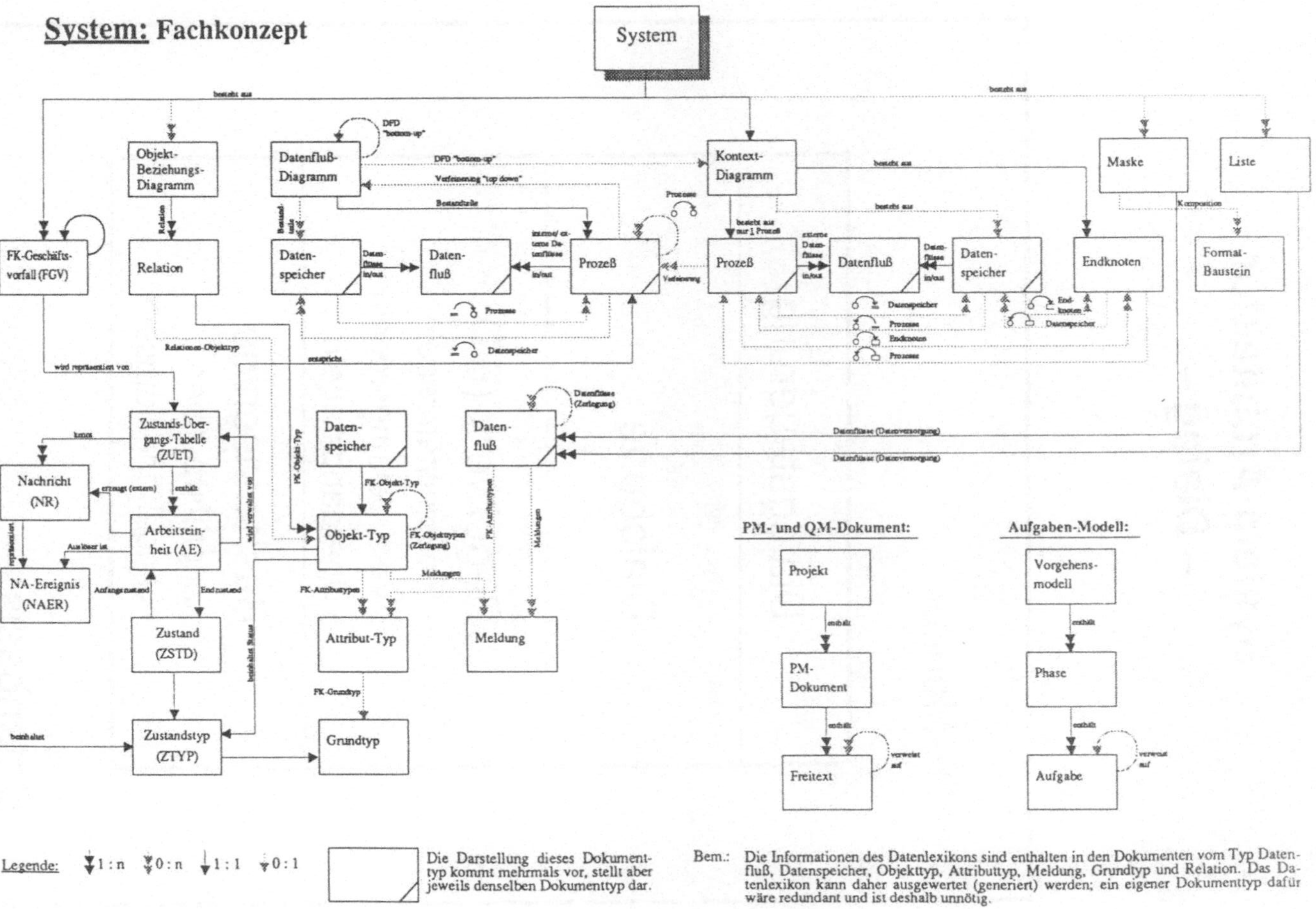

Legende: $\downarrow$ 1 : n $\downarrow$ 0 : n $\downarrow$ 1 : 1 $\downarrow$ 0 : 1

Bem.: Die Informationen des Datenlexikons sind enthalten in den Dokumenten vom Typ Datenfluß, Datenspeicher, Objekttyp, Attributtyp, Meldung, Grundtyp und Relation. Das Datenlexikon kann daher ausgewertet (generiert) werden; ein eigener Dokumenttyp dafür wäre redundant und ist deshalb unnötig.

Bild: **System-Architektur
– Dialog –**

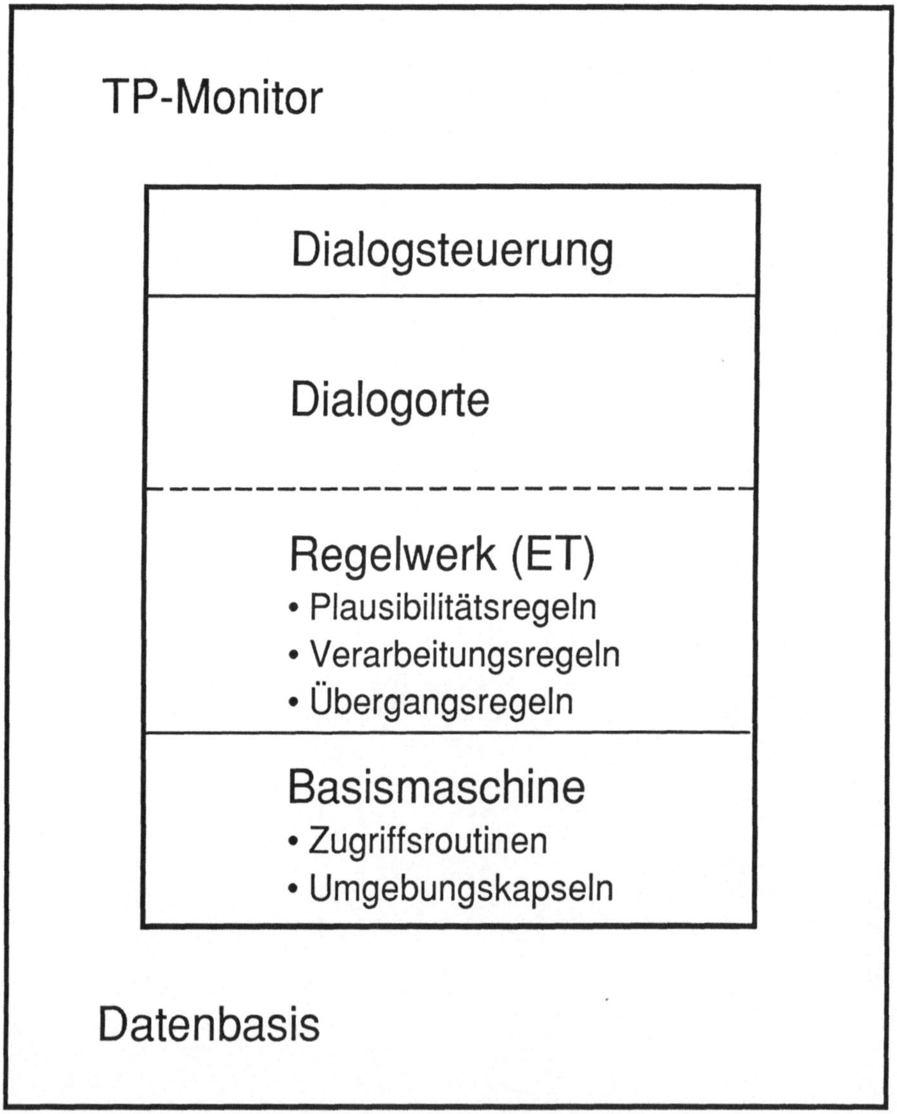

TP-Monitor

Dialogsteuerung

Dialogorte

Regelwerk (ET)
- Plausibilitätsregeln
- Verarbeitungsregeln
- Übergangsregeln

Basismaschine
- Zugriffsroutinen
- Umgebungskapseln

Datenbasis

System-Architektur
– Änderungsdienst, Auskunftsdienst –

Trägersystem

Batch-Steuerungen

Änderungsdienst	Auskunftsdienst
Änderungsauftrag	Auskunftsauftrag

Regelwerk (ET)
- Plausibilitätsregeln
- Verarbeitungsregeln

Basismaschine

Datenbasis

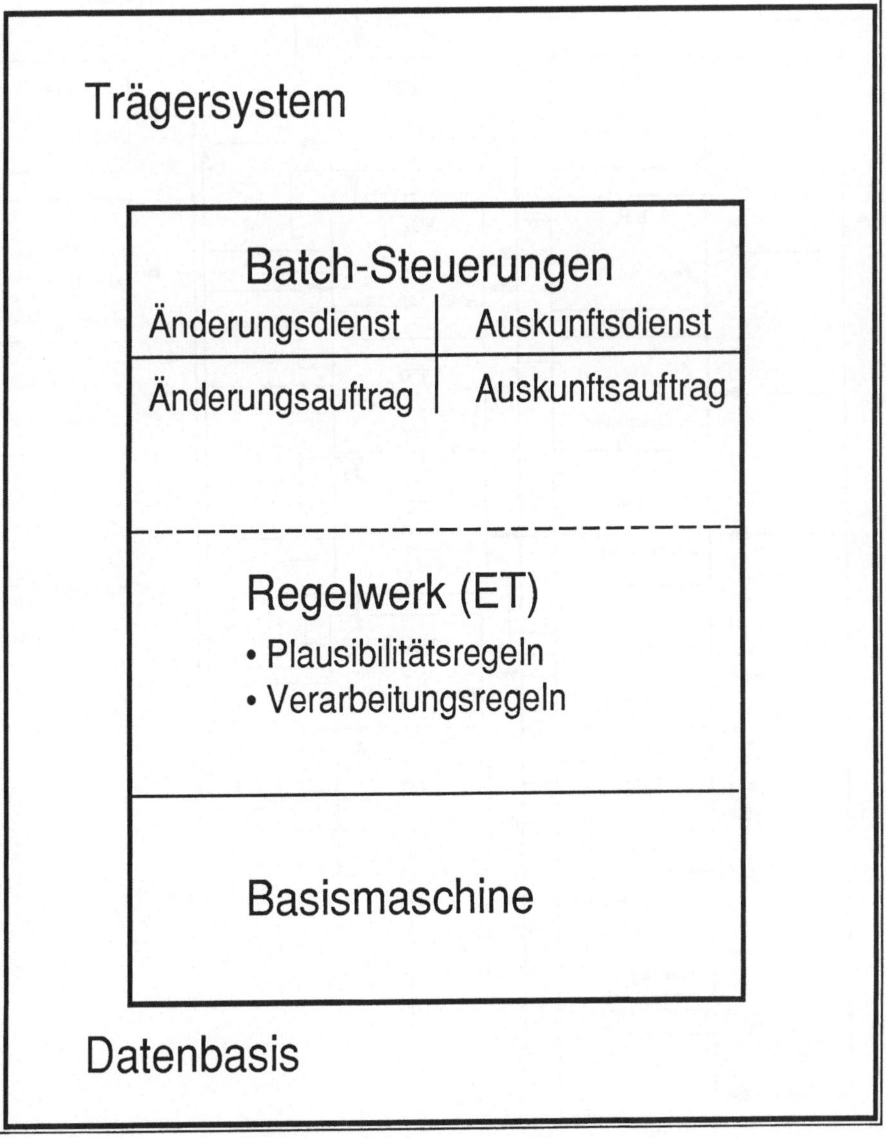

<u>Bild:</u>   <u>System:</u> Modell DV-Konzept

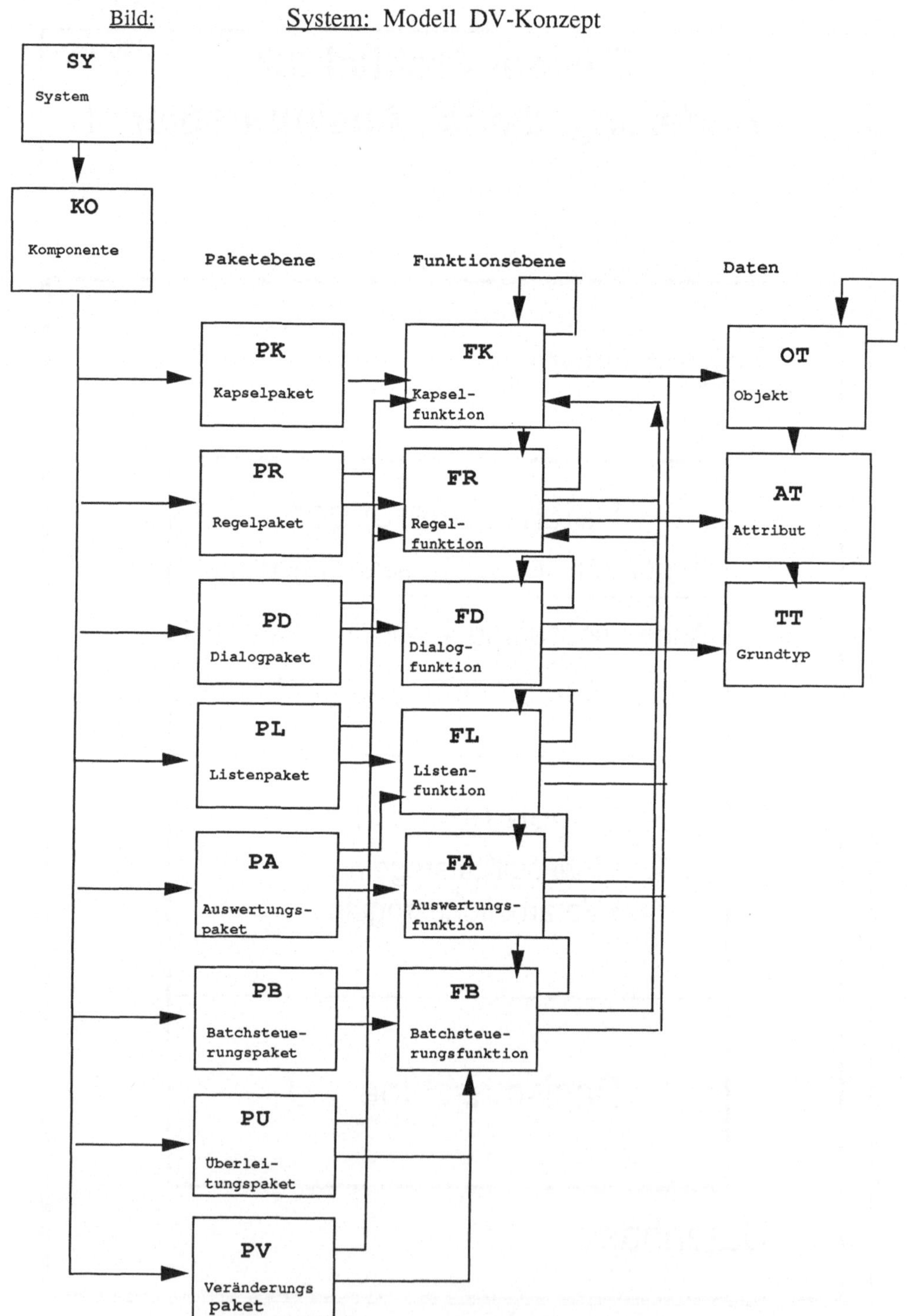

Bild: Datenmodellierung

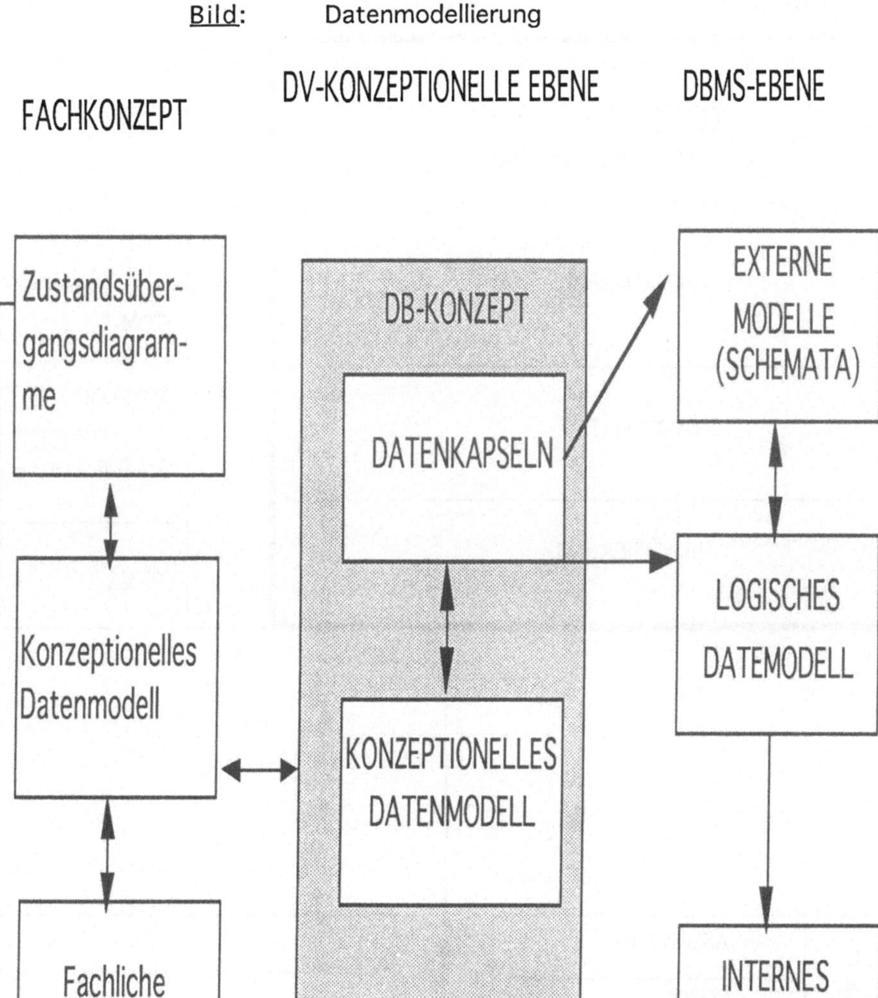

152

152

<u>Bild</u>:   Werkzeugumgebung SPU des BVA

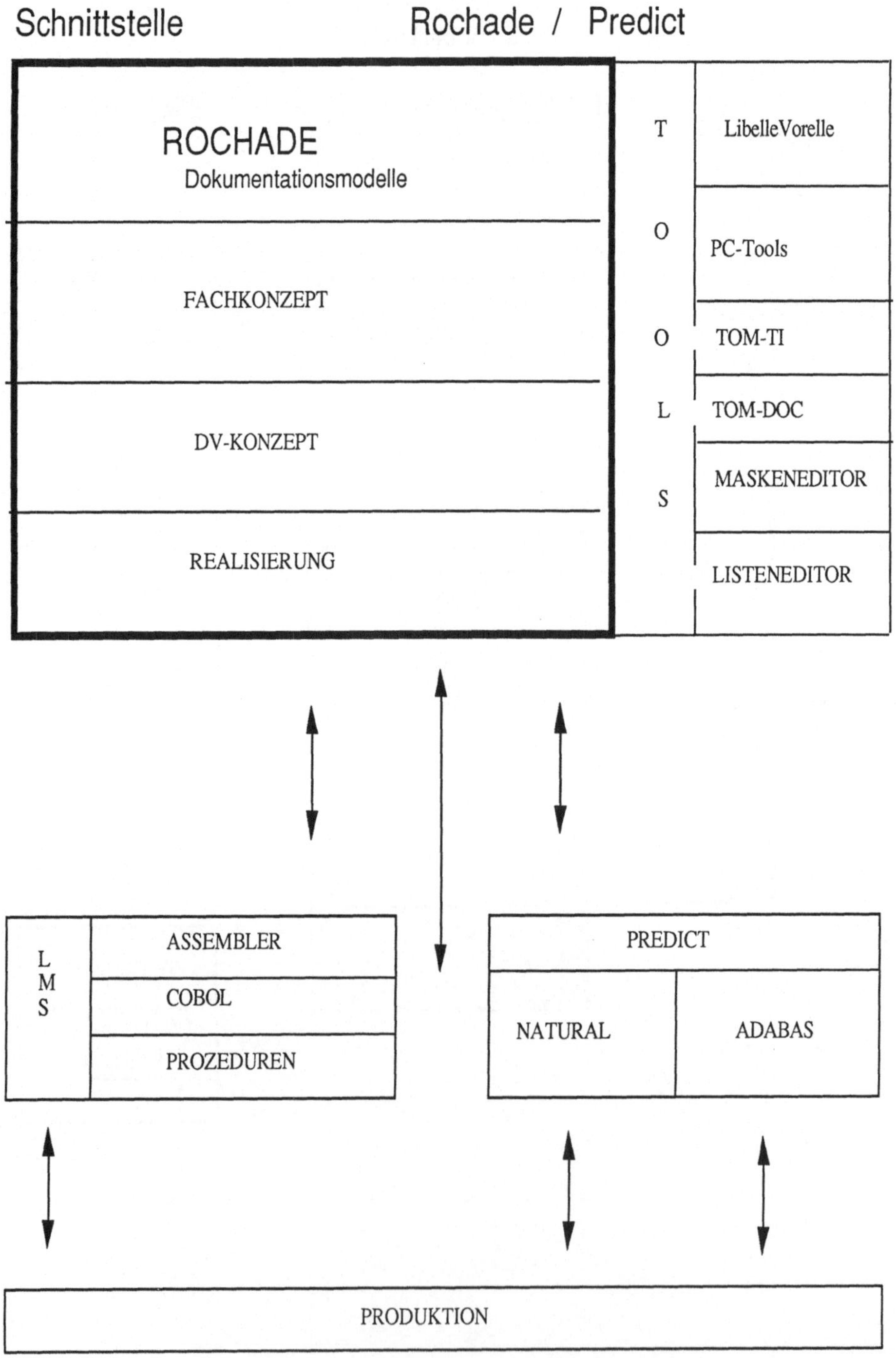

Schnittstelle   Rochade / Predict

Bild: Übertragung von DV-Konzept Realisierung

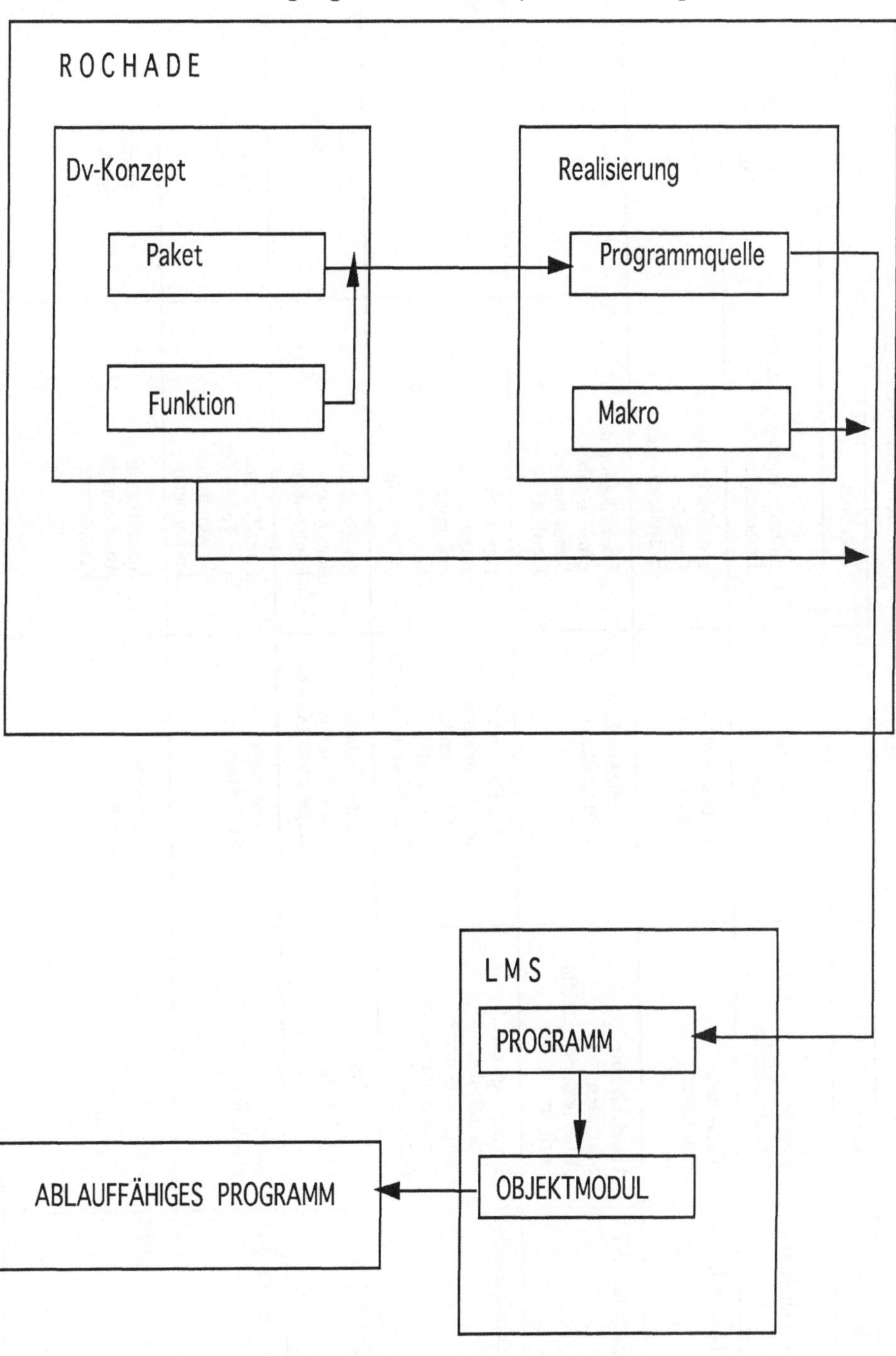

Bild: Übersicht über die verschiedenen Methoden zur Benutzer-Beteiligung

Methode	Aktivität	Test	Ergebnis	Zyklus-Dauer
Diskussion-I	verbale Kommunikation	rein verbale Interpretation	globale Analyse-, Design-Entscheidungen	Sekunden-Minuten
Diskussion-II	Meta-Plan, Flip-Charts, etc.	visuelle+verbale Interpretation	spezifische Analyse-Design-Entscheidungen	Minuten-Stunden
Simulation-I	Handskizzen, Szenarien, Abläufe der Geschäfts-vorfälle	visuelle+verbale Interpretation	Spezifikation der Ein/Ausgabe-Schnittstelle, fachl. Abläufe	Minuten-Tage
Simulation-II	Erstellung von Zustandsüber-gangsdiagramme Datenflußdiagramme Datenmodell	visuelle+verbale Interpretation bei entsprechender Qualifikation, Sichten konsolidieren	(semi)-formale Beschreibungs-dokumente, konsistente Systembe-schreibung	Stunden-Wochen
Prototyping-I	horizontales Prototyping	"lautes Denken" "walk-through" Abgleich mit GV'en	Spezifikation der Dialog-komponente	Tage-Wochen
Prototyping-II	partiell vertikales Prototyping	heuristische Evaluation	Spezifikation von Teilen der Anwendungs-komponente	Tage-Wochen
Prototyping-III	vollständig vertikales Prototyping	aufgaben-orientierte Tests	Spezifikation Anwendungs-komponente	Wochen-Monate

154

Fortsetzung: **Übersicht über die verschiedenen Methoden zur Benutzer-Beteiligung**

Methode	Aktivität	Test	Ergebnis	Zyklus-Dauer
Versionen-I	Durchlauf des gesamten Entwicklungs-zyklus	induktive Tests, Regressionstests, Black box-Tests	erste weitgehend vollständige Version	Monate-Jahre
Versionen-II	Durchlauf des gesamten Entwicklungs-zyklus	deduktive Tests	mehrere weitgehend vollständige Versionen	Monate Jahre

Literaturverzeichnis:

1) [Gilb 88]   Gilb, Tom
                 Principles of Software Engineering Management
                 Addison-Wesley, 1988

2) [Kimm 79]   Kimm/Koch
                 Simonsmeier/Tontsch
                 Einführung in Software Engineering
                 de Gruyter, 1979

3) [Sneed 89]   Sneed, Harry
                 Softwareentwicklungsmethodik
                 Verlagsgesellschaft Rudolf Müller, 1980

4) [Floyd 89]   in Informatik-Fachberichte, Bd. 212
                 "Softwareentwicklung als Realitätskonstruktion"
                 Fachtagung, Marburg, Juni 1989, Springer Verlag

5) [Rauterberg 91] in Softwaretechnik Trends Band 11 Heft 3
                 "Partizipative Konzepte, Methoden und Techniken zur
                 Optimierung der Softwareentwicklung", August 1991

Ein Werkzeug zur Überprüfung von Wirtschaftlichkeitsaspekten in der Softwareentwicklung

S. Pistorius, Nürnberg

Zusammenfassung: COCHECK (COde-CHECKer) ist ein Werkzeug, das auf Basis einer automatischen Analyse von Software Optimierungen des Softwareentwicklungsprozesses ermöglicht. Dies geschieht auf zweierlei Art und Weise:
Zum einen werden einzelne Softwaresysteme hinsichtlich solcher Merkmale ("Indikatoren") analysiert, welche die Ableitung gezielter Reengineeringmaßnahmen zur Verbesserung der Wartungsfreundlichkeit und der Zuverlässigkeit (Korrektheit) erlauben. Nach einer Aufwand/Nutzen Betrachtung wird es dadurch möglich, die Wartungszyklen dieser Produkte zu optimieren bzw. unnötige Wartungszyklen (aufgrund von Fehlern) zu vermeiden.
Zum anderen werden durch vergleichende Analysen der Struktur und Semantik von mehreren Softwaresystemen typische Schwächen des Entwicklungsprozesses als Ganzes aufgedeckt. So können zum Beispiel mehrfach entwickelte Softwarekomponenten oder "typische Fehler" identifiziert werden. Zur Optimierung des Entwicklungsprozesses werden dann z.B. generelle und zentral zu wartende Module oder Werkzeuge entwickelt.

1 Motivation und Ausgangspunkt

Angesichts hoher und schlecht kalkulierbarer Softwareentwicklungskosten wird den Verfahren zur Begrenzung bzw. Prognostizierung dieser Kostenart zunehmende Aufmerksamkeit geschenkt. Zur Verdeutlichung des hier vorgestellten Konzeptes sollen diese Verfahren grob unterteilt werden in **analytische** und **konstruktive** Methoden:

Das Ziel der **analytischen** Methoden besteht darin, zuverlässige Aussagen über den zu erwartenden Entwicklungs- oder Wartungsaufwand von Software zu gewinnen, um so im Zusammenhang mit entsprechenden Investitionsvorhaben über geeignete Entscheidungsgrundlagen zu verfügen. Gemeinsam ist diesen Ansätzen, daß signifikante und quantifizierbare Einflußgrößen als Grundlage zur Bestimmung des zu erwartenden Aufwandes dienen. Auf der Suche nach solchen "Metriken" hat sich eine eigene Disziplin herausgebildet, die sich generell mit jeder Art von SW-Messungen beschäftigt.[1] Bezüglich der Aufwandschätzungen haben sich in der Praxis zwei Verfahren herausgebildet, die eine relativ hohe Verbreitung ge-

---

[1] Eine gute, wenn auch nicht mehr ganz aktuelle Übersicht hierzu findet sich in [GMD83] . Neueste Ergebnisse dieser Bemühungen werden regelmässig in den SIGMETRICS der ACM veröffentlicht.

funden haben: das sog. Function Point-Verfahren der IBM und die COCOMO-Methode.[2] In [Pocsay 87] wird z.B. gezeigt, wie die so gewonnenen Meßgrößen unter Anwendung investitionstheoretischer Verfahren zur Entscheidungsfindung beim Ersatz von Software beitragen können.

Ein Nachteil vieler solcher Metriken ist, daß sich kaum konstruktive Ansätze zur Verbesserung der Kostensituation ableiten lassen. Wenn z.B. ein Zusammenhang hergestellt wird zwischen der Anzahl der "Lines of Code" und den Kosten einer Entwicklung, so ist dies zwar eine wichtige Managementinformation, liefert aber noch keine Anhaltspunkte für eine Verbesserung der Kostensituation.

Die **konstruktiven** Methoden kommen vor allem aus dem Bereich des Software-Engineering. Durch neue Entwurfs- und Entwicklungsmethoden, den zugehörigen Werkzeugen und Projektmanagementmethoden soll überhöhten Software-Entwicklungkosten vorgebeugt werden.[3] Trotz großer Fortschritte auf diesem Gebiet bietet auch der Einsatz modernster Werkzeuge keine Gewähr dafür, daß die Möglichkeiten zur Optimierung des Prozesses im erforderlichen Maße ausgeschöpft werden. Dies hat zwei wesentliche Ursachen:

- Die heute verfügbaren CASE-Tools haben in aller Regel kein "Wissen" über die Semantik der Programme, so daß ausgehend von der Spezifikation eines Problems bis zur Implementierung eines entsprechenden Algorithmus (in einer imperativen Programmiersprache) eine Reihe von (Entwurfs- und Implementierungs-) Fehlern gemacht werden können, die nicht automatisch festgestellt werden und sich nachteilig auf die Kostensituation auswirken.

- Aus Sicht eines Unternehmens entstehen überhöhte SW-Entwicklungskosten auch dadurch, daß die der Entwicklungsinfrastruktur immanenten Synergieen nicht in vollem Umfange genutzt werden. So kann es beispielsweise vorkommen, daß aufgrund fehlender Abstimmungen Mehrfachentwicklungen von Systemkomponenten vorgenommen werden, oder daß Abhängigkeiten von Softwarekomponenten bei der Releaseplanung übersehen werden (vgl. Kapitel 3). Die derzeitigen CASE-Tools bieten hier kaum eine Unterstützung, weil die zugrundeliegenden Entwicklungsmodelle zwar die Integration auf der Datenebene (durch entsprechende Datenmodellierungsverfahren) unterstützen, nicht aber die funktionale- und die Oberflächenintegration.

---

[2] Beide sind in [Knöll,Busse 91] ausführlich beschrieben und anhand von Fallbeispielen erläutert.
[3] Einen guten Uberblick über Methoden und Werkzeuge bietet [Balzert 91]. Neuere Tendenzen werden in [Norman, Forte 92] aufgezeigt.

Bei der Konzeption des hier vorgestellten QS-Werkzeuges sollte diesen beiden Problemfeldern Rechnung getragen werden. Allgemein dienen die Verfahren der QS und die entsprechenden Werkzeuge der Sicherung beliebiger Erfordernisse an eine Software. So sind z.B. Fragen der Benutzerfreundlichkeit ebenso von Bedeutung wie die der Effizienz oder Robustheit (vgl. z.B. [Wallmüller 90], [Schweiggert 85] oder [Schmid 84]). Diese umfassende Sichtweise wird bei den nachfolgenden Betrachtungen nicht eingenommen. Bei der Konzeption von COCHECK stand ausschließlich das Erfordernis der **Wirtschaftlichkeit des Entwicklungsprozesses** im Vordergrund. Dabei sollte versucht werden, **durch analytische Methoden konstruktive Hinweise** für die Einleitung geeigneter Maßnahmen zu finden. Den Ausgangspunkt bildeten die folgenden Überlegungen:

Der Software-Entwicklungsprozeß ist durch das firmenspezifische Vorgehensmodell strukturiert. Alle Entwicklungskosten werden durch die im Modell definierten Aktivitäten verursacht. Überhöhte Kosten entstehen durch Fehler im Modell oder falsche Handhabung des Modells. Bild 1 veranschaulicht (in vereinfachter Form) das bei der Konzeption von COCHECK zugrundeliegende (Wasserfall-) Modell.

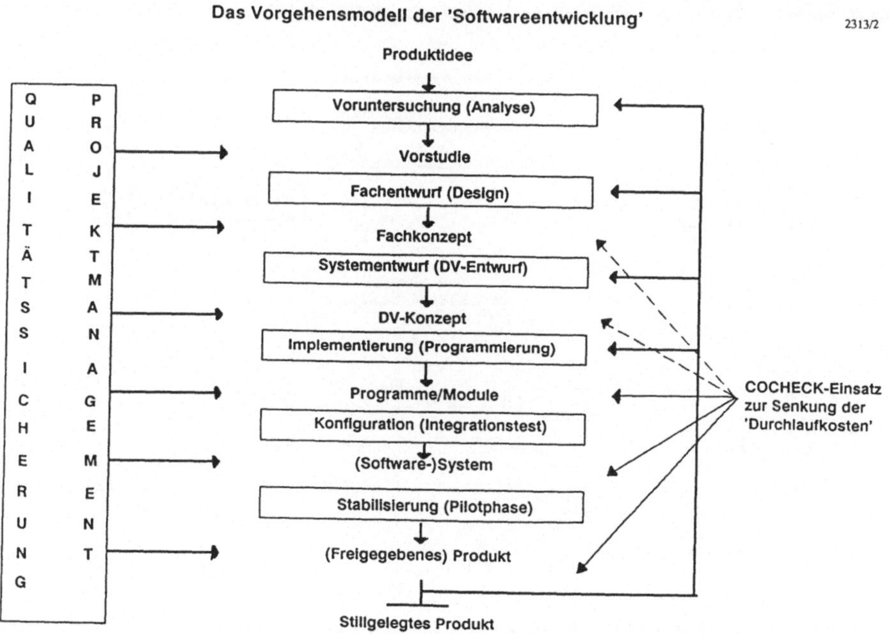

Bild1: Wasserfallmodell der Entwicklung

Eine entscheidende Tatsache ist, daß über die gesamte Lebensdauer einer Softwareapplikation (von der Idee bis zur Stillegung) 70% bis 90% der Kosten nach der ersten Freigabe im Zuge von Wartungsaktionen zur Funktionserweiterung oder Fehlerbehebung anfallen. Insofern erscheint es sinnvoll, für eine Optimierung dieser Zyklen Sorge zu tragen. Eine grundlegende, von Software-Ingenieuren allgemein akzeptierte Annahme ist, daß die Höhe der Kosten der einzelnen Wartungszyklen entscheidend von bestimmten Eigenschaften der (Zwischen-) Ergebnisse des Prozesses abhängt. Eine solche Eigenschaft ist offensichtlich die der "Zuverlässigkeit", weil durch zuverlässige (korrekte)[4] Software **vermeidbare** Wartungszyklen zur Fehlerbeseitigung ausgeschlossen werden können. Die andere Eigenschaft ist die der sog. "Wartbarkeit" oder besser "Wartungsfreundlichkeit". Wartungsfreundlichkeit soll eine Gewähr dafür bieten, daß (die nicht vermeidbaren) Wartungszyklen möglichst kostengünstig durchlaufen werden können. Hinter diesem umfassenden Anspruch verbergen sich auch andere, in der QS-Literatur häufig getrennt behandelte Eigenschaften wie "Änderbarkeit", "Verständlichkeit", "Überprüfbarkeit". Da aus den COCHECK-Analysen konstruktive Maßnahmen ableitbar sein sollten, wurde "Wartungsfreundlichkeit" durch SW-Engineering-Begriffe präzisiert (vgl. Bild 2), welche die "ökonomische Software-Wartung durch adäquate Software-Konstruktion" sicherstellen sollen (vgl. z.B. [Balzert 88]):

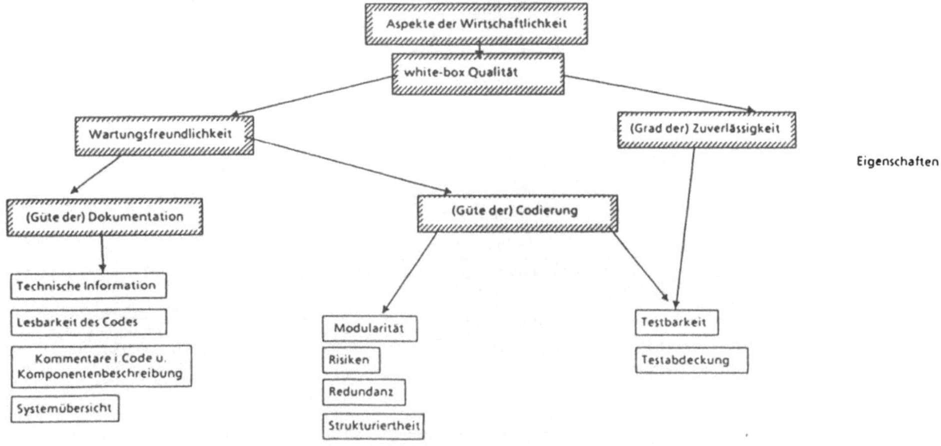

Bild 2: QS-Modell für COCHECK

---

[4] Der Begriff "Zuverlässigkeit" wird hier im Sinne von "systematisch ausgetestet" verwendet und stellt insofern eine Approximation an den Begriff "Korrektheit" dar, der üblicherweise im Zusammenhang mit den hier nicht betrachteten Verifikationsmethoden verwendet wird.

Welches die konkreten COCHECK-Messungen hinter den Begriffen auf der untersten Stufe sind, wird in Kapitel 2 erläutert. In Kapitel 3 wird dann aufgezeigt, wie diese Messungen unter Berücksichtigung der konkreten Entwicklungsinfrastruktur zur Einleitung von Maßnahmen mit dem Ziel der Optimierung des Entwicklungsprozesses verwendet werden können.

2 Konzeption des Werkzeuges COCHECK

In Abschnitt 2.1 werden ausgehend von den oben dargestellten Überlegungen die generellen Anforderungen an die Konzeption des Werkzeuges beschrieben. Danach wird in Kapitel 2.2 aufgezeigt, welches die konkreten von COCHECK durchgeführten Messungen zur Analyse der Qualitätseigenschaften Wartungsfreundlichkeit und Zuverlässigkeit sind und wie diese Informationen (Indikatoren) auf verschiedenen Sichten und sog. Abstraktionsebenen miteinander verknüpft und ausgewertet werden. In Abschnitt 2.3 wird grob die Implementierung des Werkzeuges beschrieben.

2.1 Die generellen Anforderungen

Aus den in Abschnitt 1 angestellten Überlegungen wurden die folgenden generellen Anforderungen an die Werkzeugkonzeption gestellt:

1. Aus den gemessenen Indikatoren sollten sowohl Maßnahmen zur Optimierung der Lebenszyklen einzelner Softwareprodukte als auch Hinweise auf Verbesserungsmöglichkeiten in der Entwicklungsinfrastruktur ableitbar sein. In diesem Sinne sollten sie *konstruktiv* sein.

2. Die Messungen sollten *relative Bewertungen* der Wartungsfreundlichkeit und Zuverlässigkeit ermöglichen. Das heißt, es sollte berücksichtigt werden können, inwieweit die Synergieen der Entwicklungsinfrastruktur ausgenutzt wurden. So sollte beispielsweise bei der Bewertung der Wartungsfreundlichkeit die Nutzung von Standardkompoenten berücksichtigt werden.

3. Sowohl auf konzeptioneller als auch auf technischer Ebene sollte eine *weitgehende Integration* aller Systemkomponenten erreicht werden. Dadurch sollte die flexible Handhabung des Systems gewährleistet werden.

2.2 Messung der Wartungsfreundlichkeit und Zuverlässigkeit

Bei der Konzeption von COCHECK wurde von einer Entwicklungsumgebung für die Programmiersprache C ausgegangen. Prinzipiell sind die gewählten Ansätze jedoch auch auf andere imperative Sprachen übertragbar. Eine detailliertere Auseinandersetzung mit den hier nur skizzenhaft dargestellten Konzepten, insbesondere mit den graphentheoretischen Grundlagen, findet sich in [Kessaris 92].

Strukturelle Repräsentation und Manipulation von Programmen

Die Untersuchung der Wartungsfreundlichkeit wird durch statische Analyse des C-Quellcodes unterstützt. Der Grad der Zuverlässigkeit wird bei COCHECK durch dynamische Analyse (white-box-Testverfahren) bestimmt. Wesentlich dabei ist, daß sich die einzelnen Meßungen auf unterschiedliche Sichten und strukturelle Abstraktionen des zu analysierenden Softwaresystems beziehen. Damit sollten die Voraussetzungen zur Erfüllung der oben genannten Forderung 2 (nach "relativen Messungen") geschaffen werden.

Als Sichten werden hier verstanden: Codierung, Objekte (Funktionen, Variablen, Konstanten), Datenstrukturen, Module und Systemarchitektur. Die in Bild 2 genannten Qualitätsbegriffe können sich auf die verschieden Sichten beziehen. So ist beispielsweise der Begriff "Testbarkeit" sowohl für Funktionen als auch für Module und ganze SW-Systeme definiert.

Bei den strukturellen Abstraktionen wird davon ausgegangen, daß das betrachtete Programm in Form eines Programmgraphen vorliegt, der durch die Operationen der "Reduktion" und "Expansion" auf "interessierende" Programmteile reduziert bzw. expandiert werden kann.

- Die **Graphreduktion** stellt einen Abstraktionsschritt dar: Es wird auf die Darstellung von Teilen des Strukturgraphen verzichtet.

- Mittels der **Expansion** können aufgerufene Funktionen expandiert werden, indem die vollständigen oder reduzierten Graphen dieser Funktionen angehängt werden. Dabei können auch Rekursionen bis zu einer beliebigen Tiefe expandiert werden.

Für die nachfolgenden Ausführungen soll das Beispiel der Abbildung 3 als Erläuterung genügen (präzisere Definitionen finden sich in [Kessaris 92]):

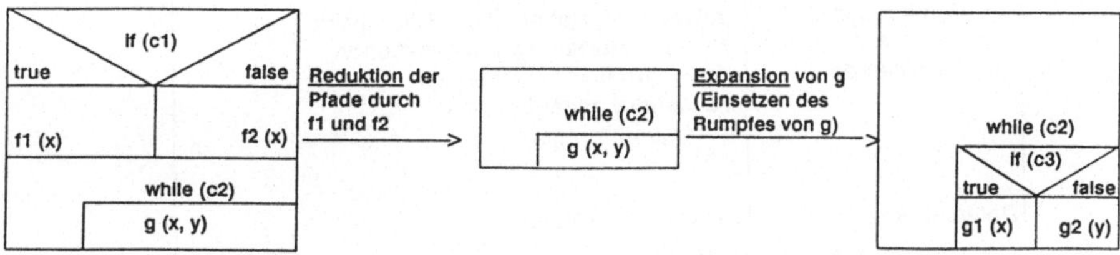

Bild 3: Beispiel einer Reduktion bzw. Expansion eines Programmgraphen

In den folgenden beiden Abschnitten wird demonstriert, wie die Möglichkeiten zur (benutzergesteuerten) Graphmanipulation sowohl bei der statischen als auch bei der dynamischen Analyse dazu genutzt werden können, die Synergieen der Entwicklungsinfrastruktur bei den automatischen Messungen (Forderung 2) zu berücksichtigen. Außerdem soll demonstriert werden, wie die Integration von statischer und dynamischer Analyse gewährleistet wird (Forderung 3).

Die statische Analyse

In Bild 4 sind die bei der statischen Analyse berechneten Indikatoren zu den einzelnen Sichten zusammengestellt. Mittels dieser Indikatoren werden durch vielfache Kombinationen und Abstraktionen die in Bild 2 genannten Qualitätseigenschaften der untersten Ebene definiert. So wird beispielsweise aus der Wohlstrukturierung und der Komplexität von Funktionen auf deren Testbarkeit geschlossen (vgl. nachfolgendes Beispiel).

Sicht auf	COCHECK-Indikatoren
Codierung	Standards Sprachspezifische Konventionen Portabilität Toter Code

Objekte
   Funktionen
   Variablen
   Konstanten
 	
Datenstrukturen
	Struktur und Abhängigkeiten
	Deklaration, Definitionen, Referenzen
	Wohlstrukturierung von Funktionen
	Komplexität von Funktionen
	Verwendungshäufigkeiten
	Kommentierungen
	
	Datenrepräsentation

Module	Export-Import-Schnittstelle Lokale Objekte Kommentierungen
Systemarchitektur	Modulabhängigkeiten Verwendung von Standardbausteinen

Bild 4: Sichten der Ergebnisse der statischen Analyse

Von entscheidender Bedeutung dabei ist, daß die Information der verschiedenen Sichten jeweils auf die mittels Reduktion und Expansion berechneten "interessierenden" Programmteile beschränkt werden kann. Dies sei am Beispiel der aus den Messungen der statischen Analyse ableitbaren Eigenschaft der "Testbarkeit einer Funktion" erläutert:

Eine Funktion gilt als gut testbar, wenn folgende Bedingungen erfüllt sind:

- Funktion enthält keine Unstrukturiertheiten

  Eine Funktion gilt als unstrukturiert, wenn sie Blöcke (z.B. Schleifenrümpfe) mit mehreren Ausgängen enthält. - Die Programmstellen mit "Unstrukturiertheiten" werden automatisch identifiziert.

- Pfadkomplexität (= max. Testaufwand) < 100

  Die Pfadkomplexität einer Funktion beschreibt die Anzahl der möglichen Pfade durch das Struktogramm der Funktion ohne mehrfache Schleifendurchläufe. Ist die Bedingung erfüllt, kann davon ausgegangen werden, daß max. 99 Testfälle benötigt werden, um die Funktion im Sinne eines Pfadtests "auszutesten". Insofern stellt die (automatisch gemessene) Größe "Pfadkomplexität" eine obere Schranke für den maximalen Testaufwand dar.

Der Einfluß der "Entwicklungsinfrastruktur" bei der Bewertung des Testaufwandes und damit auch der Testbarkeit sei am Beispiel der beiden Funktionen in Bild 5 demonstriert:

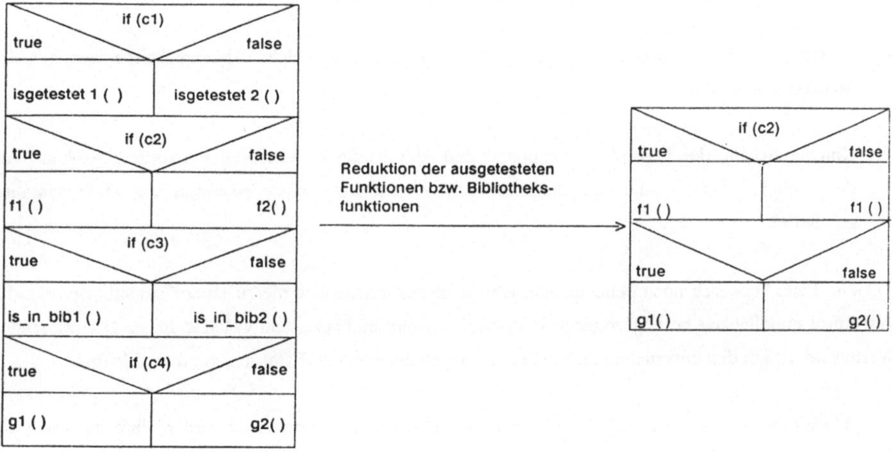

Bild 5: Berechnung des Testaufwandes in Abhängigkeit von der Entwicklungsinfrastruktur

Während bei der linken Struktur 16 Testfälle zum vollständigen Pfadtest benötigt werden, erfordert der vollständige Pfadtest der rechten Funktion nur 4 Testfälle. Die rechte Funktion unterscheidet sich von der linken nur dadurch, daß die "uninteressanten Pfade" durch Reduktion des Programmgraphen eliminiert worden sind. Als "uninteressant" gelten dabei solche Programmzweige, in denen beispielsweise ausschließlich bereits ausgetestete Funktionen aufgrufen werden, so daß sich ein Test von Programmpfaden mit diesen Aufrufen erübrigt. Die Entscheidung darüber, welche der Funktionen ausgestestet sind, trifft der COCHECK-Benutzer in Abhängigkeit von der jeweiligen Entwicklungsumgebung. Die Bewertung der Testbarkeit erfolgt also "relativ" zur Entwicklungsinfrastruktur.

Weitere Beispiele für die aus der statischen Analyse und den Graphmanipulationsoperationen ableitbaren Aussagen sind:

- 　Testbarkeit eines Moduls

- Testbarkeit eines Systems.

- Feststellung der Zyklen (bzw. Zyklenfreiheit) von Funktionsaufruffolgen

  Modulabhängigkeitsgraph

- Feststellung ob das System in Schichten strukturiert ist und welche Abhängigkeiten zwischen den Schichten bestehen.

- Kommentierung der besonders komplexen und/oder häufig verwendeten Funktionen/Module.- Auf diese Weise wird z.B. die Grundlage für eine gezielte Schwachstellenanalyse der Dokumentation geschaffen.

Die Liste ließe sich noch beliebig fortsetzen. Welches letztendlich die zu einer Gesamtbewertung der Wartungsfreundlichkeit herangezogenen Informationen sind und vor allem welches die zu akzeptierenden Werte sind, ist aus den unternehmensspezifischen Gegebenheiten und Erfahrungswerten ableitbar.

Nachfolgend wird beschrieben, wie neben der Testbarkeit generell auch andere Informationen der statischen Analyse bei der dynamischen Analyse (den Tests) herangezogen werden.

Die dynamische Analyse

Die dynamische Analyse wird -wie die statische Analyse- mit dem Ziel durchgeführt, die Entwicklungskosten zu verringern. Durch gezieltes Testen sollen Wartungen zur Fehlerbehebung vermieden werden.

Neben den sog. black-box Testverfahren, bei denen allein die in der Spezifikation definierte Funktionalität als Ausgangspunkt für die Testverfahren genommen wird, setzen sich in der Praxis zunehmend auch sog. white-box Testverfahren durch.[5] White-box Testverfahren basieren auf der internen Struktur der Software. Dabei wird eine möglichst gute Überdeckung von Teilen der Struktur, z.B. der einzelnen Anweisungen, der Programmzweige oder der Programmpfade, angestrebt.[6] Ein Grundproblem ist die prinzipielle Unerreichbarkeit von Teilen der Struktur, z.B. die aufgrund der Semantik nicht

---

[5][Liggesmeyer 90] gibt einen guten Überblick über beide Kategorien von Testverfahren.
[6]Ein übersichtlicher Vergleich findet sich in [Ntafos 88]

ausführbaren Programmpfade. Insbesondere bei den Pfadtests kommt die hohe Anzahl struktureller Programmpfade (welche exponentiell zur Anzahl der Programmverzweigungen wächst) als weiteres Problem hinzu. Aus diesen Gründen wird versucht, den Testraum durch semantische Information einzuschränken, also z.B. von vornherein die nicht ausführbaren Programmpfade bei der Testplanung auszuschließen.

Nachfolgend wird das in COCHECK implementierte strukturelle Testverfahren skizziert, das sich hierzu der Ergebnisse aus der statischen Analyse und den Möglichkeiten der oben beschriebenen Graphmanipulationen bedient.

Generell verläuft die dynamische Analyse bei COCHECK in den folgenden Schritten:

- Definition eines sog. Testgraphen unter Verwendung der Graphmanipulationsoperationen und den Ergebnissen der statischen Analyse.
- Instrumentierung des durch die Testgraphen definierten Quellcodes
- Compilieren und Linken des zu testenden Programmes
- Testauswertung mit Anzeigen der Überdeckungen

Ein Testgraph definiert die Testobjekte der verschiedenen Testphasen (Funktions-, Modul-, System- und Integrationstests). Die folgenden Beispiele sollen verdeutlichen, wie dabei die Graphmanipulationsoperationen und die Ergebnisse der statischen Analyse zur Anwendung kommen. Auf die Angabe konkreter Testverfahren wird verzichtet, weil dies den Rahmen dieses Beitrages sprengen würde und weil durch die zur Verfügung stehenden Mechanismen (insbesondere Reduktion und Expansion) eine ganze Reihe verschiedenster struktureller Testverfahren unterstützt werden können:

- Bei dem Versuch der (Pfad-)überdeckung einer Funktion können zuvor durch Reduktion die offensichtlich unerreichbaren Pfade (oder bereits ausgetestete Pfade - vgl. Beispiel zur statischen Analyse-) eliminiert werden, um so eine bessere Übersichtlichkeit zu gewährleisten. So werden beispielsweise Programmpfade, in denen Exits oder Fehlerbehandlungsroutinen aufgerufen werden, bei der Berechnung der Pfadüberdeckung vernachlässigt. Solche "Programmausgänge" werden zuvor in der statischen Analyse identifiziert.

- Beim Modultest werden ausgehend von der export-Schnittstelle eines Moduls die Aufrufe modulinterner Funktionen expandiert, um auch die jeweiligen "Hilfsfunktionen" in ihrer Umgebung zu testen.

- Beim Test der fachlichen Funktionen interessieren vor allem die möglichen Aufruffolgen. Auch diese können mittels gezielter Reduktionen und Expansionen durch einen entsprechenden Testgraphen abgebildet werden.

- Ähnlich den Aufruffolgen bei den fachlichen Funktionen, können bei den Integrationstests die sog. Integrationspfade eines Moduls abgebildet werden. Integrationspfade (der Funktionen) eines Moduls sind solche Pfade, die Aufrufe von Funktionen bestimmter (vordefinierter) anderer Module enthalten.

Sowohl für die statische als auch für die dynamische Analyse gilt, daß durch die Möglichkeiten der Beschränkung auf "interessierende" Programmteile vergleichende Analysen von Software erheblich erleichtert werden. Dies wird in Kapitel 3.2 verdeutlicht.

2.3 Aspekte der Implementierung

Bild 6 veranschaulicht den Systemaufbau von COCHECK. Nachfolgend werden die einzelnen Komponenten des Systems kurz beschrieben:

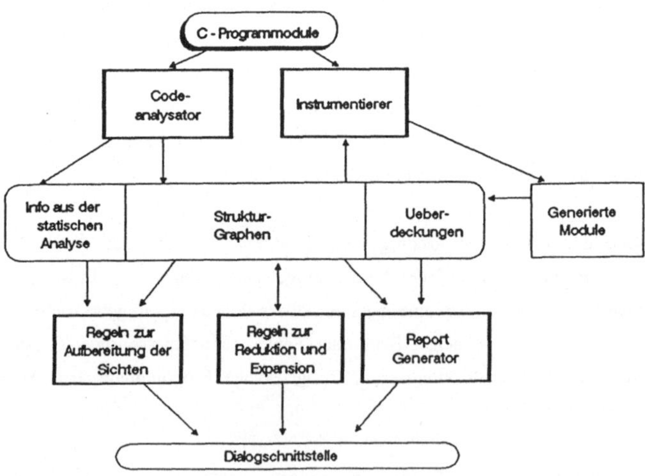

Bild 6: Der Systemaufbau von COCHECK

Mit COCHECK können Programme der Programmiersprache C (erw. ANSI-Standard) analysiert werden. Sowohl der Codeanalysator als auch der Instrumentierers wurden auf Basis einer LR-attributierten Grammatik [Aho, Sethi, Ullmann 86] spezifiziert. Zur Implementierung dienten die Generatoren PREP, YACC und LEX [Katwijk 83].

Aufgabe des Codeanalysators ist die statische Analyse des Quellcodes der verschiedenen C-Module (Übersetzungseinheiten). Als Ergebnis dieser Analysen werden die in Bild 3 genannten Indikatoren in einer Datenbank zur späteren Aufbereitung in die verschiedenen Sichten abgelegt. Außerdem werden die Strukturgraphen der einzelnen C-Funktionen ermittelt.

Der Instrumentierer erhält als Input die Testgraphen, welche durch Reduktion und Expansion aus den ursprünglichen Strukturgraphen erzeugt worden sind. Mittels dieser Informationen werden (aus Effizienzgründen) genau diejenigen C-Programmodule instrumentiert, von denen Funktionsaufrufe im Testgraphen enthalten sind. Die instrumentierten Teile werden anschließend compiliert und zusammen mit den übrigen Moduln zu einem lauffähigen System gebunden. Bei jedem Testlauf produziert das instrumentierte System die jeweilige Überdeckungsinformation.

Über die Dialogschnittstelle wird sowohl die Aufbereitung der Ergebnisse der statischen Analyse (Indikatoren, Strukturgraphen) als auch der dynamischen Analyse (Überdeckungen) gesteuert.

Mittels vordefinierter Regeln werden die Indikatoren der Datenbank zu den in Abbildung 3 genannten Sichten aufbereitet. Zum einen werden dabei die (eventuell manipulierten) Strukturgraphen benutzt und zum anderen werden die zunächst auf einzelne Übersetzungseinheiten bezogenen Informationen für die übergreifenden Sichten (z.B. Modulabhängigkeiten) ausgewertet.

Der Report Generator wertet die bei den einzelnen Tests erzielten Überdeckungen aus und bereitet sie zur graphischen Veranschaulichung am Testgraphen auf.

3. Die Maßnahmen zur Verringerung von Entwicklungskosten

Im folgenden soll erläutert werden, welche konstruktiven Maßnahmen aus den zuvor skizzierten Analyseergebnissen abgeleitet werden können. Dabei wird unterschieden zwischen Maßnahmen zur Optimierung der Lebenszyklen einzelner Softwaresysteme (Abschnitt 3.1) und den Maßnahmen zur Optimierung der Entwicklungsinfrastruktur (3.2).

3.1 Optimierungen der Lebenszyklen einzelner Softwareprodukte

Nach der automatischen Analyse einzelner Softwareprodukte erfolgt die Einleitung geeigneter Maßnahmen zur Optimierung der Lebenszyklen dieser Software. Dabei muß berücksichtigt werden, daß diese Maßnahmen selbst mit nicht zu vernachlässigenden Kosten verbunden sind. Die generelle Vorgehensweise verläuft deshalb wie in Bild 7 veranschaulicht:

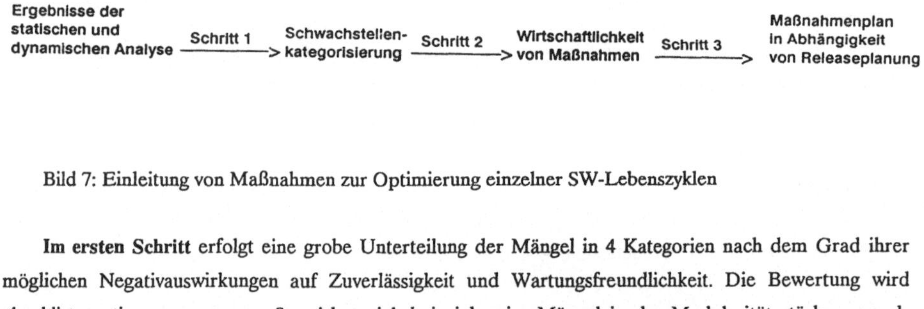

Ergebnisse der statischen und dynamischen Analyse — Schritt 1 → Schwachstellenkategorisierung — Schritt 2 → Wirtschaftlichkeit von Maßnahmen — Schritt 3 → Maßnahmenplan in Abhängigkeit von Releaseplanung

Bild 7: Einleitung von Maßnahmen zur Optimierung einzelner SW-Lebenszyklen

Im ersten Schritt erfolgt eine grobe Unterteilung der Mängel in 4 Kategorien nach dem Grad ihrer möglichen Negativauswirkungen auf Zuverlässigkeit und Wartungsfreundlichkeit. Die Bewertung wird checklistenartig vorgenommen. So wirken sich beispielsweise Mängel in der Modularität stärker aus als redundanter Code oder einfache Unstrukturiertheiten. Fehler, die einen Datenverlust verursachen können, müssen sofort beseitigt werden und sind daher "teurer" als solche, die zu kleinen Schönheitsfehlern im Layout führen.

Im zweiten Schritt erfolgt die Auswahl der zu ergreifenden Maßnahmen. Ob sich eine Maßnahme zur Mängelbeseitigung rechnet, hängt letztlich davon ab,

- wie hoch der Aufwand zur Beseitigung des Mangels ist,
- wieviele Wartungszyklen noch erwartet werden und
- welche Schnittstellen zu anderen SW-Produkten und deren Releaseplanungen bestehen .

Bei einem "Auslaufprodukt " wird man z.B. zum Ergebnis kommen, daß grundlegende Überarbeitungen der Systemstruktur (z.B. aufgrund gravierender Mängel in der Modularität) keinen Sinn ergeben, wohingegen der Aufwand bei Neuentwicklungen, bei denen vielfache Versionswechsel zu erwarten sind, relativ schnell zu amortisieren sein wird.

Handelt es sich bei der analysierten Software um eine Standardkomponente, die noch in vielen zukünftigen Releases anderer Produkte Verwendung findet, lohnt auch die Einleitung von aufwendigen Maßnahmen zur Behebung relativ einfacher Mängel.

Im dritten Schritt wird der Zeitpunkt für die Einleitung der in Schritt 2 als wirtschaftlich eingestuften Maßnahmen festgelegt. In allen Fällen gilt, daß die Einleitung von Maßnahmen zur Verbesserung der Wartungsfreundlichkeit und Zuverlässigkeit immer dann relativ kostengünstig ist, wenn die zu optimierenden Systeme ohnehin (d.h. im Zuge der geplanten Releasewechsel) "angefaßt" werden müssen. Zum einen entfällt dadurch für die jeweiligen Systementwickler der zusätzliche Aufwand für die Einarbeitung in die Programme und zum anderen kann auch der bei einem Releasewechsel anfallende, erhebliche administrative Aufwand eingespart werden.

Da der Einarbeitungsaufwand aber von der Art der Wartung abhängt, werden die (gemäß Schritt 2) zu ergreifenden Maßnahmen unterteilt in :

- Sofortmaßnahmen

    Sofortmaßnahmen werden nur in Ausnahmefällen ergriffen, wenn z.B. Programmierfehler entdeckt werden, die u.U. einen sehr "teuren" Datenverlust zur Folge haben können. Eventuell muß dann auch ein ungeplanter Releasewechsel (Rückrufaktion) in Kauf genommen werden.

- Maßnahmen bei einfachen Wartungsaktionen:

    Hierbei handelt es sich um Arbeiten, die im Zuge von "Releasewechseln im Nachkommabereich" (z.B. V2.1 auf V2.2) vorgenommen werden. Beseitigt werden dabei solche Mängel, die gemäß der Aufwandsbetrachtungen als leicht zu behebend gelten.

- Maßnahmen bei größeren Wartungsaktionen:

    Insbesondere Designfehler sind nur mit hohem Aufwand zu beseitigen und werden deshalb nur dann in Angiff genommen, wenn ohnehin eine grundlegende Überarbeitung der Konzeption ansteht. Häufig werden in diesen Fällen auch neu standardisierte, generelle Module oder Werkzeuge eingesetzt, die aufgrund der Ergebnisse vergleichender Anlaysen entwicklet worden sind.

3.2 Optimierungen der Entwicklungsinfrastruktur

Das in 3.1 beschriebene Vorgehen zur Optimierung einzelner Wartungszyklen ist weitgehend standardisiert. Nicht standardisiert ist dagegen das Vorgehen bei vergleichenden Analysen, deren Ziel es ist, Schwächen in der Entwicklungsinfrastruktur aufzudecken. Ausgangspunkt solcher Analysen ist jedoch immer die Struktur der betrachteten Systeme. Durch die Untersuchung von Systemabhängigkeiten und die Verfolgung von Abläufen auf den unterschiedlichen Abstraktionsebenen (vgl. Abschnitt 2.2) wird es möglich, strukturelle und semantische Gemeinsamkeiten der betrachteten Systeme zu analysieren. Diese liefern dann oft Anhaltspunkte für Schwächen in der Entwicklungsinfrastruktur, welche durch gezielte Maßnahmen beseitigt werden können. Nachfolgend werden einige Beispiele aus dem praktischen Einsatz genannt:

- In bestimmten Fällen werden die gleichen Probleme mehrfach gelöst. Die entsprechenden SW-Bausteine können im Zuge von Standardisierungsmaßnahmen einer zentralen Wartung zugeführt werden. Im Vorgehensmodell wird die Verwendungsweise der Bausteine beschrieben und auf diese Weise allen Entwicklern zugänglich gemacht.

- In anderen Fällen werden "ähnliche" Probleme auf sehr unterschiedliche Weise und mit unnötig hohem Aufwand gelöst. Die Ursache liegt dann häufig darin, daß zwischen den verschiedenen Entwicklungsteams das Systemdesign nicht abgestimmt wurde. Eine funktionale Integration durch Standardbausteine (wie zuvor) ist dann oft zu aufwendig. In solchen Fällen lohnt die Entwicklung und der Einsatz von dedizierten Programmgeneratoren.

- Gelegentlich können bestimmte "theoretische Anforderungen" an die Systemstruktur aufgrund technologischer Rahmenbedingungen nicht eingehalten werden. Hierfür können Sonderlösungen erarbeitet werden, die allen Entwicklern bekannt gemacht werden. So wurden beispielsweise bestimmte systemnahe Funktionen in speziellen Programmbibliotheken "gekapselt", nachdem festgestellt worden war, daß die Portierbarkeit mehrerer Anwendungen aufgrund der Verwendung solcher Funktionen beeinträchtigt war.

- Typische Probleme bei der Handhabung bestimmter Programmiersprachenkonzepte oder "typische Fehler" können im Rahmen der innerbetrieblichen Mitarbeiterschulungen Berücksichtigung finden.

-   Technische Analysen können im Extremfall zu aufbauorganisatorischen Konsequenzen führen, wenn z. B. deutlich wird, daß "technologische Gemeinsamkeiten" bestimmter Anwendungen eine engere Zusammenarbeit der betreffenden Entwicklungsteams sinnvoll erscheinen lassen.

Die aus den vergleichenden Analysen abgeleiteten Maßnahmen haben oft eine erhebliche Breitenwirkung und sind deshalb für die Wirtschaftlichkeit der Softwareproduktion von großer Bedeutung. Sie stellen eine Ergänzung zu sonstigen konstruktiven Maßnahmen (z.B. dem Einsatz fortgeschrittener Entwicklungstools) dar, weil insbesondere die unternehmensspezifischen Eigenheiten der Entwicklungs- infrastruktur berücksichtigt werden.

Literaturverzeichnis

[Balzert 88]   H.Balzert

Ökonomische Software-Wartung durch adäquate Software-Konstruktion, in: Softwarewartung, Bibliographisches Institut & F.A. Brockhaus AG, Zürich 1988. = Angewandte Informatik, Bd. 2

[Balzert 91]   H. Balzert (Hrsg.):

CASE. Systeme und Werkzeuge, Bibliographisches Institut & F.A. Brockhaus AG, Mannheim 1991. = Angewandte Informatik, Bd 7

[GMD 84]   Gesellschaft für Mathematik und Datenverarbeitung mbH (BRD) / The national Computin Centre Ltd (UK):

Projekt MQ: "Software Quality Measurement and Evaluation". Final Report, Volume II, St.Augustin, 1984

[Kessaris 92]   J. Kessaris:

Ein Modell zur white-box Analyse und zum strukturellen Testen imperativer Programme, in: Forschung und Entwicklung, Springer Verlag, voraussichtlich: 4/1992

[Knöll, Busse 91] H.D. Knöll. J.Busse:

Aufwandsschätzungen von Software-Projekten in der Praxis, Bibliographisches Institut & F.A. Brockhaus AG, Mannheim 1991. = Angewandte Informatik, Bd 8

[Liggesmeier 90] P.Liggesmeier:

Modultest und Modulverifikation: state of the art., Bibliographisches Institut & F.A. Brockhaus AG, Mannheim 1990. = Angewandte Informatik, Bd 4

[Norman, Forte 92] J.Norman. G.Forte:

Automating the Software Development Process. CASE in the '90s, in: Communications of the ACM, Vol.35 No 4, April 1992

[Ntafos 88]   S. Ntafos:

A Comparison of Structural Testing Strategies, in: IEEE Trans. Software Eng., Vol 14. 6, 1988

[Pistorius 91] S. Pistorius:

"COCHECK" - Ein Revisionswerkzeug zur Softwareanalyse, in: ZIR 4.1991, Erich Schmidt Verlag, Berlin 1991

[Pocsay 87]   A. Pocsay:

Datenermittlungsverfahren zur Unterstützung von Wirtschaftlichkeitsberechnungen beim Ersatz von Software, Minerva Publication Saur GmbH, München, 1987

[Schmid 84]   W.Schmid:

Die Güte- und Prüfbestimmungen der Gütegemeinschaft Software. in: Proceedings COMPAS 84, VDE-Verlag 1984

[Schweiggert 85] F.Schweiggert:

Software-Qualität. Eine Standortbestimmung, in German Chapter of the ACM. Berichte 21. Wirtschaftsgut Software, Teubner Stuttgart 1985

[Wallmüller 90] E.Wallmüller:

Software-Qualitätssicherung in der Praxis, Carl Hanser Verlag, München Wien, 1990

Aufwandsschätzverfahren für Software-entwicklungsprojekte

Dipl.-Wirt.-Ing. Kai-Uwe Reiter, Bad Homburg

Zusammenfassung

Informationen über den zu erwartenden Personalaufwand bei der Entwicklung von komplexen Büroinformationssystemen sind für das Projektmanagement unerläßlich. Das Ziel dieses Beitrags ist es, den Leser für die Thematik der Aufwandsschätzverfahren zu sensibilisieren. Dafür werden aus der Vielzahl existierender Schätzverfahren einige bekannte herausgegriffen und deren Vorgehensweisen näher erläutert. Insbesondere zwei Verfahren sind für die Vorhersage des zu erwartenden Realisierungsaufwandes besonders geeignet; das Function-Point-Verfahren aufgrund seines bisher erreichten Bekanntheits- und Einsatzgrades sowie das Data-Point-Verfahren, welches insbesondere neuere Entwicklungsmethoden stärker berücksichtigt.
Schließlich werden weitere Einsatzmöglichkeiten von Aufwandsschätzverfahren wie zum Beispiel die Überwachung der Produktivität von Entwicklungsabteilungen aufgezeigt.

1 Motivation

Die Euphorie, die mit dem Herauswachsen der elektronischen Datenverarbeitung (EDV) aus rein technischen und militärischen Bereichen in kommerzielle Anwendungen Anfang der 60er Jahre aufkam, ist mittlerweile verflogen. Seitens der Anwender ist man neuen Technologien gegenüber sehr kritisch eingestellt, denn die kurzsichtige Annahme, die Einführung der Datenverarbeitung (DV) werde schon irgendwelche Rationalisierungseffekte zeigen, hat sich als fataler Irrtum herausgestellt. Insofern ist es verständlich, daß verstärkt **Kostenaspekte** in den Vordergrund rücken.

Ein erster Schritt in Richtung guter Aufwandsschätzverfahren könnte darin bestehen, daß jedes Unternehmen sich seine eigene Erfahrungsdatenbank aufbaut und basierend auf dieser Grundlage eigene unternehmensspezifische Verfahrensweisen entwickelt. Jeffery sieht allerdings das Problem, daß Unternehmen, die mittelgroße Informationssysteme entwickeln, nur zwei bis drei solcher Projekte im Jahr zum Abschluß bringen. Damit würde der Aufbau einer solchen Erfahrungsdatenbank einen viel zu großen Zeitraum beanspruchen [6]. Außerdem hat sich aus eigener Erfahrung heraus gezeigt, daß es sinnvoll ist, nur solche Kennzahlen zu verwenden, die direkt miteinander vergleichbar sind. Die Detailbeurteilung und Bewertung von Angeboten verschiedener Softwarehäuser zu einem Fachkonzept ist besonders aussagekräftig, wenn sie auf der Basis vergleichbarer Kennzahlen, wie z.B. Function-Points, erfolgt.

Zudem ist ein Trend dahingehend zu verzeichnen, daß der Anteil der Software-Kosten an den gesamten DV-Kosten immer größer wird. Diesen Tatbestand hat Sneed [12] in folgender Übersicht anschaulich gemacht :

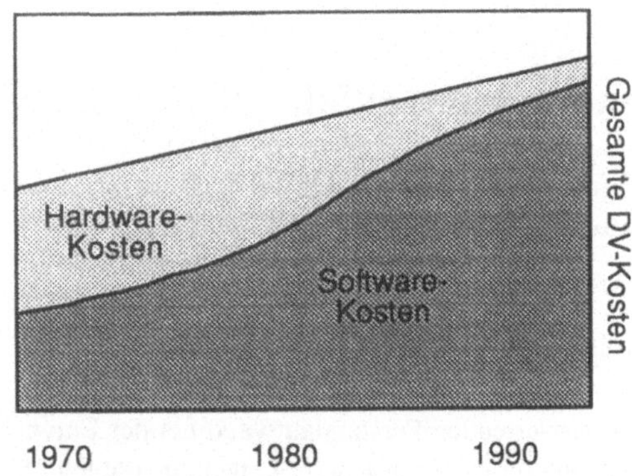

<u>Abbildung 1</u>   Die Software-Kostenschere

Gerade unter dem Gesichtspunkt der steigenden Aufwendungen für Software müssen verstärkte Kosten-Nutzen Vergleiche seitens der Anwender verstanden werden.

Betrachtet man die Problematik von der Seite der Anwendungsentwickler und Software-Häuser aus, so sind hinreichend genaue Angaben über die zu erwartenden Projektkosten bereits bei der Angebotserstellung notwendig. Insbesondere wenn es sich um Festpreisprojekte handelt. Kalkuliert man die Kosten zu hoch, läuft man Gefahr, den Zuschlag für das Projekt nicht zu bekommen. Wird zu niedrig kalkuliert, ist ein Bestehen langfristig nicht gewährleistet. Werden Schätzungen durchgeführt, so finden sie meist nicht methodisch fundiert oder auf der Basis früherer vergleichbarer Projekte statt, was nicht selten zu Fehlschätzungen von mehr als 100% geführt hat. Darüberhinaus ist das Vertrauen in vorhandene Verfahren der Aufwandsschätzung bei den Experten nicht sehr groß. Dies hat eine Untersuchung an der Freien Universität Berlin gezeigt [4]. Bei eigens durchgeführten Schätzungen wurden Abweichungen bis zu 300% erwartet, wobei über 60% der Befragten die Ursachen der Fehlschätzung in dem verwendeten Verfahren suchten.

Die genannten Gründe zeigen, wie wichtig standardisierte Verfahren für die Abschätzung des Personalaufwandes von DV-Projekten sind. Dieser Beitrag konzentriert sich im wesentlichen auf die Betrachtung solcher Verfahren, bei denen die Erfahrung gezeigt hat, daß sie den Entwicklungsaufwand von Informationssystemen hinreichend genau im voraus bestimmen können.

2 Aufwandsschätzungen

2.1 Merkmale von Aufwandsschätzungen

Will man Schätzmethoden und -verfahren einer genaueren Analyse unterziehen, so ist es sinnvoll, zunächst einmal diejenigen Faktoren zu betrachten, die wesentlich für die Präferenz eines Verfahrens sind. Bons und van Megen [4] unterscheiden zwischen:

- Zeitpunkt der Schätzung
- Wirkungsbereich der Schätzung
- Zweck der Schätzung

- Zielgröße der Schätzung und
- Informationsgrundlagen für eine Aufwandsschätzung.

Die **Zeitpunkte,** zu denen eine Schätzung sinnvoll ist, variieren von Verfahren zu Verfahren. Mögliche Zeitpunkte sind *nach der Projektidee, nach der Anforderungsspezifikation, nach dem Fachkonzept* oder *dem DV-technischen Entwurf.* Die Genauigkeit oder anders ausgedrückt, der Grad der Übereinstimmung zwischen geschätztem und tatsächlichem Aufwand, hängt sehr stark von dem gewählten Zeitpunkt ab. Es ist wohl verständlich, daß eine Schätzung, die auf Informationen der Anforderungsspezifikation basiert, eher vom tatsächlichen Aufwand abweicht, als eine Schätzung auf der Basis der Feinkonzeption. Dieser Sachverhalt ist in Abbildung 2 dargestellt:

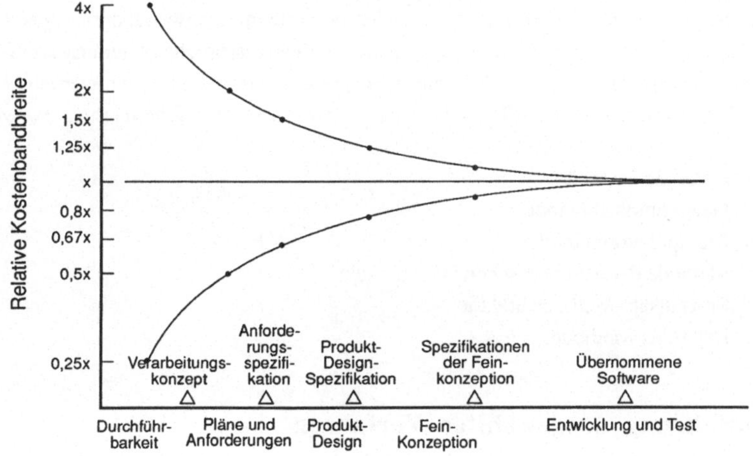

<u>Abbildung 2</u>   Die Genauigkeit der Kostenschätzung in den jeweiligen Phasen nach Boehm [3]

Mit dem Begriff **Wirkungsbereich** soll deutlich gemacht werden, daß die Ergebnisse einzelner Schätzungen sich auf unterschiedliche Zeiträume beziehen. So werden Schätzungen *bis zum Ende des Entwicklungsprozesses über mehrere Phasen* oder auch nur *bis zur nächsten Phase* abgegeben. Schätzungen können zu verschiedenen **Zwecken** eingesetzt werden, je nachdem ob sie in der *Terminplanung, Finanzplanung* oder *Kapazitätsplanung* für die Ermittlung von Plangrößen Verwendung finden oder bei der Entscheidungsunterstützung im Rahmen von *Kosten-Nutzen-Analysen* behilflich sein sollen. Das Ergebnis von Aufwandsschätzungen, die **Zielgrößen**, können *Zeit-* oder *Kostengrößen* sein, die sich anhand von bereits ermittelten Produktivitätstabellen in die jeweils andere Einheit umrechnen lassen. Unterschiedlich sind auch die **Informationsgrundlagen**, die die Ausgangsbasis der jeweiligen Schätzung bilden. Schon allein aus unterschiedlich gewählten Zeitpunkten ergeben sich auch verschiedene Qualitäten der zur Verfügung stehenden Informationen. Darüber hinaus variieren die Arten von Informationen, denn einige Verfahren benötigen die Anzahl der Programmzeilen (Lines of Code), andere z.B. die Anzahl der Felder in den Masken.

2.2 Abgrenzung zwischen Methoden und Verfahren

Noch bevor eine Fokussierung auf ausgewählte Aufwandsschätzverfahren stattfindet, ist eine Differenzierung zwischen Schätzmethoden und -verfahren notwendig. Allzu häufig kommt es in der Literatur vor, daß beide Begriffe synonym verwendet werden, obwohl sie folgendes trennt: "Grundlage jedes Verfahrens zur Aufwandsschätzung sind die verwendeten Methoden" [4; S. 27]. Diese Aussage macht deutlich, daß die sich im täglichen Einsatz befindenden Schätzverfahren, jeweils auf bestimmte Methoden zurückzuführen sind. Es ist so zu verstehen, daß die Methoden eher ein allgemeines Vorgehensprocedere vorgeben und nicht unbedingt für den praktischen Einsatz geeignet sind. Durch geringfügige Modifikationen der Methoden und durch deren Anreicherung mit Erfahrungswerten werden die Methoden dann zu anwendbaren Schätzverfahren. Auch die Kombination mehrerer Methoden hat sich als vielversprechend herausgestellt, weil auf diese Weise Vorteile der einen Methode mit denen einer anderen verbunden werden können. Im folgenden Text findet man eine Auflistung der für Aufwandsschätzverfahren relevanten Methoden:

* Analogie-Methode
* Gewichtungsmethode
* Multiplikatormethode
* Methode der parametrischen Gleichungen
* Prozentsatz-Methode und die
* Relations-Methode.

2.3 Einführung ausgewählter Verfahren

Nach der Vorstellung der methodischen Grundlagen für Aufwandsschätzverfahren konzentriert sich die folgende Betrachtung auf einzelne Verfahren. Wegen der bestehenden Vielfalt kann in diesem Beitrag nicht auf jedes Verfahren eingegangen werden. Deshalb ist es für die weitere Bearbeitung dieses Themas notwendig, eine Auswahl an Verfahren vorzunehmen, die anschließend vorgestellt werden. Die Auswahl der detailliert zu betrachtenden Verfahren orientiert sich an Kriterien, die für Betriebe von großer Relevanz sind, wenn sie ein Schätzverfahren einsetzen wollen. Für die praktische Anwendung sind Kriterien wie der Schätzzeitpunkt, der Aufwand für die Schätzung, die Schätzgenauigkeit und die Eingangsdaten des Verfahrens von großer Bedeutung. Es gibt Verfahren, deren Schätzergebnis maßgeblich auf der *Anzahl ausführbarer Programmanweisungen*, dem *Funktionsumfang* oder der *Komplexität der Datenstruktur* basiert. Danach werden folgende Verfahren ausgewählt:

* SLIM
* COCOMO
* Function-Point
* Data-Point
* Object-Point

2.3.1 Software LIfecycle Model (SLIM)

Das von Putnam [10] Ende der 70er Jahre entwickelte Verfahren beruht auf der Software-Lebens-zyklus-Theorie. Zentraler Bestandteil dieser Theorie ist die Größe der über der gesamten Lebensdauer anfallenden Aufwendungen. Daher geht dieser Ansatz weit über den der anderen Verfahren hinaus, bei denen die Dauer und damit der Aufwand für die Entwicklung des Systems im Vordergrund stehen. Die Phasen Betrieb und Wartung werden dort außer acht gelassen. Außerdem ist der Projektbeginn so definiert, daß er erst ab der Realisierungsphase die anfallenden Aufwendungen berücksichtigt. Dies wird etwas verständlicher, wenn man bedenkt, daß Putnam diese Theorie auf der Basis von durchgeführten Projekten im Verteidigungsbereich aufgestellt hat. Damit haben die dort vorhandenen speziellen Eigenschaften Eingang in das SLIM-Verfahren gefunden. In diesem Zusammenhang hat Putnam zwei Gleichungen aufgestellt, mit denen sich der Restaufwand eines Projektes zu verschiedenen Zeitpunkten errechnen sowie die zu erwartende Systemgröße bestimmen läßt.

Aufwandsgleichung

$$Y = \frac{K}{t_d^2} * t * e^{\left(\frac{-t^2}{2t^2}\right)} * d$$

wobei:

$\quad Y \;=\;$ zum jeweiligen Zeitpunkt t notwendiger Restaufwand in Mannjahren

$\quad K \;=\;$ über die gesamte Lebensdauer notwendiger Aufwand in Mann-Jahren

$\quad t_d \;=\;$ Entwicklungsdauer in Jahren

$\quad t \;=\;$ Zeitpunkt, für den Y bestimmt werden soll

Softwaregleichung

$$S_s = c_k * K^{\left(\frac{1}{3}\right)} * t_d^{\left(\frac{4}{3}\right)}$$

wobei:

$\quad S_s \;=\;$ Systemgröße, in der Einheit "Anzahl der Befehle"

$\quad c_k \;=\;$ Technologiekonstante

Die Technologiekonstante c_k spiegelt den aktuellen Stand der verwendeten Software-Technologie wider und kann anhand bereits durchgeführter Projekte unternehmensindividuell bestimmt werden. Brauchbare Ergebnisse zeigten Berechnungen, bei denen c_k aus dem Intervall [610; 57314] entnommen wurde.

Sinnvolle Schätzzeitpunkte für die Bestimmung der Systemgröße sind *während des Grobentwurfs, zu Beginn und gegen Ende des Feinentwurfs*. Noth/Kretzschmar [8] empfehlen, dieses Verfahren nur für Makro-Projekte, wie solche aus dem Verteidigungsbereich, anzuwenden. Schätzt man kommerzielle Software-Anwendungen, so muß mit größeren Abweichungen gerechnet werden. Der Grund dafür liegt in der völlig anderen Software-Lebenskurve kommerzieller Systeme.

2.3.2 COnstructive COst MOdel (COCOMO)

Das constructive cost model wurde 1981 von Barry Boehm vorgestellt [3]. Eingangsgröße ist die Angabe über die vermutete Größe des Systems in der Anzahl ausführbarer Programmzeilen (Lines of Code). Diese Größe wird dann in den interessierenden Aufwand und die Zeitdauer für die Realisierung umgerechnet. Für den praktischen Einsatz kann zwischen drei verschiedenen Modellen unterschieden werden, nämlich "Basic," "Intermediate" und "Detailed".

Das **Basic-Modell** stellt den grundlegenden funktionalen Zusammenhang zwischen dem Aufwand und den Programmzeilen her.

$$MM = c * (KDSI)^k$$

wobei:

MM = Aufwand in Mann-Monaten
c, k = Konstanten
$KDSI$ = Programmzeilen in Tausend (Kilo of delivered source instructions)

Darüber hinaus werden in der **Intermediate**-Variante noch 15 Kostenfaktoren berücksichtigt, die gemäß ihres Einflusses auf den im Basic-Teil berechneten Aufwand eingerechnet werden und auf diese Weise korrigierend einwirken.

Wird das **Detailed-Modell** verwendet, so muß das Schätzobjekt in vier Phasen unterteilt werden: Produkt-Entwurf, Feinentwurf, Codierung/Test und Integration/Test. Für jede dieser Phasen werden die 15 Einflußfaktoren separat erhoben, so daß eine Beurteilung jeder einzelnen Phase bezüglich des Aufwands und der Zeitdauer möglich ist. Dieses unterscheidet COCOMO von vielen anderen Schätzverfahren, bei denen lediglich eine Aussage über den Gesamtaufwand aller Phasen möglich ist.

2.3.3 Function-Point-Verfahren

1979 entwickelte Alan J. Albrecht das Function-Point-Verfahren [1], welches er in einem späteren Aufsatz [2] leicht modifiziert vorstellte. Grundsätzlich war es das Anliegen Albrechts, ein Verfahren zu entwickeln, welches nicht so technisch orientiert ist, wie zum Beispiel SLIM oder COCOMO, sondern die Funktionalitäten aus der Sicht des Benutzers betrachtet. Aus diesem Grund können die Benutzeranforderungen an ein künftiges System als Eingangsgrößen des Verfahrens verwendet werden.

In drei aufeinanderfolgenden Schritten wird der Realisierungsaufwand für das zu schätzende Informationssystem ermittelt. Diese sind im folgenden näher beschrieben.

Schritt 1

Zu Beginn des Verfahrens werden alle Funktionen des zu realisierenden Systems dadurch abgeschätzt, daß man die Datenflüsse, die diese verursachen, genau betrachtet. Diese müssen eindeutig in die fünf zur Verfügung stehenden Kategorien Eingabedaten, Ausgabedaten, Abfragen, Datenbestände und Referenzdaten eingeteilt werden. Albrecht und Gaffney [2] sehen in ihnen die wesentlichen Komponenten eines Informationssystems, welche den Informationsverarbeitungsfunktionen zugrunde liegen.

Den logischen Zusammenhang dieser fünf Komponenten zeigt Abbildung 3:

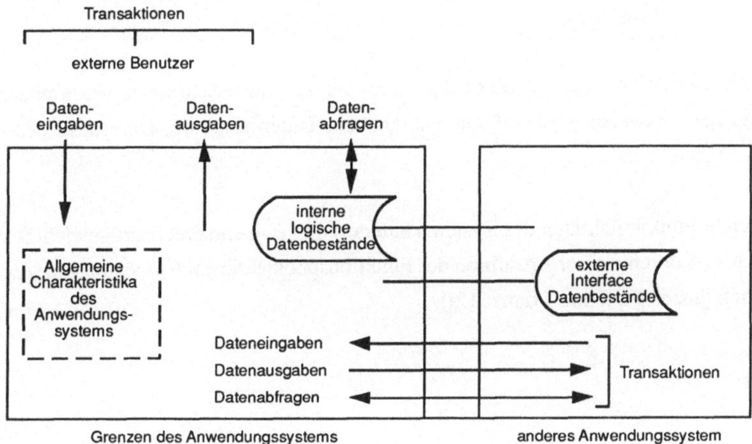

<u>Abbildung 3</u>   Logische Zusammenhänge der Funktionskategorien nach [11]

Mit Hilfe dieser fünf Komponenten werden alle Vorgänge in einem Büroinformationssystem beschrieben. Dateneingaben lösen Aktionen aus, greifen auf interne oder externe Datenbestände zu und erzeugen eventuell eine Ausgabe.
Nun werden die konkreten Merkmale angegeben, die die jeweilige Komponente charakterisieren. Darüber hinaus wird jede Komponente hinsichtlich ihres Einflusses auf die Komplexität des Systems gewichtet. Für diese Klassifizierung werden ebenfalls empirisch ermittelte Werte vorgeschlagen. Dieses Vorgehen wird am Beispiel der Dateneingaben näher erläutert. Gemäß Function-Point-Verfahren zählen zu den Dateneingaben:

- Bildschirmeingaben
- Interface-Daten von anderen Anwendungen
- Datenbestände, die vollständig sequentiell abgearbeitet werden
- Eingaben über Diskette
- Eingaben von Beleglesern, Lichtgriffel etc.

Gezählt wird jeweils jede einzelne Eingabe, wenn sie

- eine unterschiedliche Verarbeitungslogik zur Folge hat oder
- ein unterschiedliches Format hat.

Klassifizierungsmerkmale für Dateneingaben:

Anforderungen	einfach	mittel	komplex
# unterschiedlicher Datenelemente	1 - 5	6 - 10	> 10
Eingabeprüfung	formal	formal/ logisch	formal/logisch Zugriff auf DB
Anspruch an Bedienerführung	gering	normal	hoch
Cursorhandhabung	einfach	mittel	schwierig
Gewichtung [F.-P.]	3	4	6

Das Beispiel der Dateneingaben soll genügen, um die Verfahrensschritte zu veranschaulichen. Die gleiche Vorgehensweise wird auf Datenausgaben, Datenbestände, Referenzdaten sowie auf Abfragen angewendet.

Nachdem alle Funktionalitäten des Systems kategorisiert und entsprechend gewichtet sind, erhält man in Schritt 1 durch einfache Addition der Funktionspunkte die *noch nicht angepaßten Function-Points* ("unadjusted Function-Points" [2]).

Schritt 2

Mit dem sehr benutzerorientierten Schätzvorgehen in Schritt 1 wurde, bewußt losgelöst von dem DV-technischen Hintergrund des Anwendungssystems, eine fachseitige Bewertung vorgenommen. Genau dieser Aspekt wird im Schritt 2 berücksichtigt, indem 14 Einflußfaktoren für eine Korrektur der bisher ermittelten Function-Points sorgen.

Für jeden dieser Einflußfaktoren wird dann der Grad seines Einflusses auf die Anwendungsentwicklung bestimmt. Die Höhe des Einflusses kann innerhalb des Intervalls von null (kein Einfluß) bis fünf (starker Einfluß) variieren.

Die 14 Einflußfaktoren gemäß Albrecht [2]	IBM[*] deutsch
1. Die Daten- und Kontrollinformationen, die im Anwendungssystem benutzt werden, werden über Kommunikationseinrichtungen gesendet oder empfangen. Auch alle lokal mit dem Rechner verbundenen Terminals, werden so behandelt, als ob sie Kommunikationseinrichtungen benutzen. 2. Das Anwendungssystem ist durch verteilte Daten- und Verarbeitungs-Funktionen charakterisiert. 3. Performance-Ziele bezüglich Antwortzeiten oder Durchsatz, die vom Benutzer entweder vorgegeben oder bestätigt werden, beeinflussen Entwurf, Entwicklung und Installation des Anwendungssystems.	2

4. Das Anwendungssystem soll auf einer kapazitätsmäßig stark belasteten Rechner-konfiguration laufen. Dieser Tatbestand beeinflußt die Entwurfsüberlegungen für das Anwendungssystem.	
5. Die Transaktionsrate ist hoch und beeinflußt Entwurf, Entwicklung und Installation sowie die Unterstützung des Anwendungssystems.	3
6. Das Anwendungssystem sieht Online-Dateneingabe und -Kontrollfunktionen vor.	
7. Die Online-Funktionen des Anwendungssystems sollen betont unter Endbenutzer-Effizienzaspekten entworfen werden.	
8. Das Anwendungssystem sieht einen Online-Update für die internen logischen Daten-bestände vor.	
9. Das Anwendungssystem wird durch komplexe Verarbeitungsprozeduren gekennzeichnet. Beispiele sind: – sensitive Kontroll- und/oder Sicherheits-Prozeduren, – extensive logische und mathematische Verarbeitungsabschnitte, – in starkem Umfang Ausnahme-Verarbeitung, die zu unvoll-ständigen Transaktionen führt, die mehrfach wiederholt werden müssen.	4
10. Die Anwendungs-Software ist speziell entworfen, entwickelt und unterstützt worden, um auch in anderen Anwendungssystemen benutzt werden zu können.	1
11. Man gibt sich besondere Mühe, um das Anwendungssystem leicht konvertieren und installieren zu können. Ein Konvertierungs- und Installationsplan und/oder Konvertierungs-Werkzeuge werden vorgesehen und werden getestet.	6
12. Das Anwendungssystem soll leicht betrieben und bedient werden können. (Wirksame Start-, Backup- und Recovery-Prozeduren werden vorgesehen und während der System-entwicklung getestet; Minimierung des Bedarfs an manuellen Aktivitäten).	
13. Entwurf, Entwicklung und Entwicklungs-Unterstützung sind darauf ausgerichtet, daß das Anwendungssystem bei vielen Anwendern in vielen Organisationen benutzt werden kann.	5
14. Entwurf, Entwicklung und Entwicklungs-Unterstützung sind darauf ausgerichtet, daß das Anwendungssystem auch in Zukunft flexibel verändert werden kann. Beispiele hierfür sind flexible Abfrage-Möglichkeiten und Tabellen, in denen die Steuerungsdaten durch den Benutzer gepflegt werden können.	7

* Die Ziffern bezeichnen die Reihenfolge der "deutschen" Einflußfaktoren gemäß [5]

Die endgültige Anzahl an Funktionspunkten erhält man, indem die in Schritt 1 bestimmten Funkti-onspunkte (E1) mit der Summe der Einflußfaktoren aus Schritt 2 (E2) gemäß umseitigem Rechen-schema verrechnet werden.

Rechenschema

Bezeichnung	Erläuterung	Rechenvorschrift
E1	Summe der Function-Points aus Schritt 1	
E2	Summe der Einflußfaktoren aus Schritt 2	
E3	Faktor der Einflußbewertung	$0{,}65 + (0{,}01 \times E2)$
	angepaßte Function-Points	$E1 \times E3$

Schritt 3

Im dritten und letzten Schritt erfolgt die Umrechnung der Funktionspunkte in den Aufwand für die Anwendungsentwicklung. Die ermittelte Anzahl an Funktionspunkten macht eine Aussage über die Komplexität des zu entwickelnden Systems. Wobei sich nun die Frage nach dem zu benötigenden Realisierungsaufwand stellt. *Aufwandstabellen* stellen einen funktionalen Zusammenhang zwischen den Function-Points und dem Aufwand in Mann-Monaten her. Reicht die eigene Datenbasis eines Unternehmens nicht für die Bestimmung einer individuellen Aufwandskurve aus, so können auch Standardkurven anderer Unternehmen Verwendung finden. Dabei muß allerdings berücksichtigt werden, daß die Produktivitätswerte dem Entwicklungsstand des Unternehmens entsprechen, von dem die veröffentlichte Aufwandstabelle stammt. Die Aussagefähigkeit des Verfahrens für eigene entwickelte Projekte läßt somit stark nach.

2.3.4 Data-Point-Verfahren

Bei dem Data-Point-Verfahren handelt es sich um ein relativ neues Verfahren, welches aus den Arbeiten von Harry M. Sneed [13] hervorgegangen ist. Im Gegensatz zum Function-Point-Verfahren, bei dem sich der Aufwand aus der Komplexität der Funktionen und dem Datenfluß ablesen läßt, ergibt sich der Aufwand beim Data-Point-Verfahren aus der Komplexität der Datenstruktur, ausgedrückt in Anzahl der Entitytypen, Beziehungen und Sichten. Das Verfahren gliedert sich in sechs Schritte, die im folgenden detailliert aufgezeigt werden.

Schritt 1

Zu Beginn der Schätzung konzentriert man sich auf die *Informationsobjekte*, womit die einzelnen Entitytypen gemeint sind. Jeder Schlüssel, hierunter sind primäre und sekundäre Suchdeskriptoren zu verstehen, wird mit 4 Data-Points und jedes Attribut mit 1 Data-Point bewertet. Darüber hinaus wird der Integrationsgrad eines jeden Informationsobjektes bestimmt, um die Verflechtung der Entitäten untereinander und den damit verbundenen erhöhten Aufwand für die Implementierung zu berücksichtigen. Der Integrationsgrad jedes Objektes ergibt sich aus der Anzahl an Beziehungen dieser Entitäten. Sneed hält folgende Einteilung für praktikabel:

Integrationsgrad

1 - 3	Beziehungen	-->	niedrig
4 - 10	Beziehungen	-->	mittel
> 10	Beziehungen	-->	hoch

Die zu vergebende Anzahl an Data-Points für die jeweiligen Grade richtet sich nach folgenden Kriterien: zwei Data-Points für ein niedriges, vier Data-Points für ein mittleres und acht Data-Points für ein hoch integriertes Informationsobjekt. Nach diesem reinen Abzählen der Objekte wird die Nutzung jedes Objektes untersucht. Dient ein Objekt lediglich zu Eingabezwecken, wird seine bisher ermittelte Data-Point-Anzahl unverändert übernommen. Die Anzahl an Data-Points wird bei Objekten zur Ausgabe oder Ein-/Ausgabe um jeweils 10% erhöht.

Data-Points von Objekten, die verändert werden oder von neuen Objekten, werden komplett übernommen, wohingegen sich die Anzahl von Data-Points bei unverändert übernommenen oder nur leicht modifizierten Objekten um den vermeintlichen Prozentsatz der Änderung reduziert. Mit dieser Bewertung sollen nach Aussage von Sneed [13] die Data-Points bezüglich des Grads der Neuerung relativiert werden.

Bewertungskriterien für Informationsobjekte

A	Objekte		
	je Attribut 1 DP	je Schlüssel 4 DP	
B	Integrationsgrad der Objekte		
	niedrig 2 DP	mittel 4 DP	hoch 8 DP
C	Nutzung der Objekte		
	Eingabe ± 0 %	Ausgabe + 10 %	Ein-/Ausgabe + 10 %
D	Wiederverwendung der Objekte		
	von unverändert = 10% der DP bis neues Objekt = 100% der DP		

Schritt 2

Das zweite Bewertungskriterium des Data-Point-Verfahrens sind die *Nachrichtenobjekte*, worunter Bildschirmmasken, Berichte, Listen oder Schnittstellen zu anderen Anwendungen zu verstehen sind. Aussagen über den zu erwartenden Aufwand werden anhand der Anzahl variabler Felder in den Nachrichtenobjekten getroffen. Für jedes Feld wird ein Data-Point und für jede elementare Datensicht einer Nachricht werden vier Data-Points vergeben. Die Anzahl der Data-Points einer Nachricht erhöht sich je nach ihrem Komplexitätsgrad um zwei (niedrig), vier (mittel) oder um acht (hoch) Punkte.

Ähnlich wie bei den Informationsobjekten wird nun gemäß der Nutzung der Nachrichten deren Data-Point-Zahl korrigiert. Nachrichtenobjekte zum Zweck der Eingabe oder Ein- und Ausgabe bekommen ihre Punktzahl um 10 % erhöht, während die Punkte der zur Ausgabe bestimmten Nachrichten in ihrer Höhe übernommen werden.

Der Grad der Änderung der Nachrichtenobjekte wird zuletzt berücksichtigt. Werden Nachrichtenobjekte neu implementiert, so kann ihre Punktzahl in voller Höhe übernommen werden, während sich die Punktzahl vorhandener oder nur leicht zu modifizierender Objekte auf deren Anteil der Änderung reduziert.

Bewertungskriterien für Nachrichtenobjekte

A	Objekte		
	je Feld 1 DP		je elementare Datensicht 4 DP
B	Komplexitätsgrad der Nachricht		
	niedrig 2 DP	mittel 4 DP	hoch 8 DP
C	Nutzung der Nachricht		
	Eingabe + 10 %	Ausgabe ± 0 %	Ein-/Ausgabe + 10 %
D	Wiederverwendung der Nachricht		
	von unverändert = 10% der DP bis neue Nachricht = 100% der DP		

Schritt 3

In diesem Teil des Verfahrens werden die Data-Points aller Informationsobjekte und aller Nachrichtenobjekte ermittelt.

Schritt 4

Die im dritten Schritt des Verfahrens berechnete Anzahl von Data-Points wird hier mit Hilfe des **Qualitätsfaktors** (QF) korrigiert. Dahinter steckt die Idee, die Datenpunkte der Anwendung an die Qualitätsanforderungen des Projektes anzupassen, und zwar um ± 50 %.
Der Qualitätsfaktor setzt sich wiederum aus den Faktoren Zuverlässigkeit, Sicherheit, Effizienz, Benutzerfreundlichkeit, Übertragbarkeit, Integrität und Wartbarkeit zusammen. Jedem dieser einzelnen Merkmale wird gemäß seines Einflusses auf die Anwendungsentwicklung ein Wert aus dem Intervall [0,5; 1,5] zugeordnet, wobei 0,5 die niedrigste und 1,5 die höchste Bewertung bedeutet. Der Qualitätsfaktor errechnet sich aus dem arithmetischen Mittel der einzelnen Merkmalsausprägungen.

Schritt 5

Nachdem die geforderte Qualität der Anwendung bereits berücksichtigt wurde, soll dies auch mit den äußeren Projektbedingungen geschehen. Daher ist im fünften Schritt die Korrektur der gesamten Data-Points durch den Einflußfaktor vorgesehen. Der Einflußfaktor (EF) setzt sich aus verschiedenen Merkmalen wie zum Beispiel Projekterfahrung der Entwickler oder der zum Einsatz kommenden Programmiersprache zusammen. Jedem, der vorgesehenen Merkmale, wird gemäß seines Einflusses auf die Anwendungsentwicklung und unter Berücksichtigung der oben aufgeführten Projektbedingungen ein Wert aus dem ganzzahligen Bereich [1; 5] (1 = schlechte; 5 = sehr

gute Projektbedingungen) zugeordnet. Anschließend werden alle Merkmalsausprägungen addiert.
Der Einflußfaktor (EF) errechnet sich dann wie folgt:

Gewicht = Summe Merkmalsausprägungen

EF = 1,25 - Gewicht / 100

Der EF wird mit den bisherigen Data-Points multipliziert.

Schritt 6

In diesem letzten Schritt des Verfahrens geschieht die Umrechnung der Data-Points in den entsprechenden Aufwand. Sneed stellt dafür eine Produktivitätstabelle zur Verfügung, die aus Daten bereits abgeschlossener Projekte extrahiert wurde und eine Beziehung zwischen den Data-Points und der Aufwandsgröße Mann-Monate herstellt. Darüber hinaus gelten die Aussagen zu den Aufwandstabellen des Function-Point-Verfahrens auch für das Data-Point-Verfahren.

2.3.5 Object-Point-Verfahren

Als letztes wird das Object-Point-Verfahren vorgestellt, welches erst in jüngster Zeit von der Software AG entwickelt wurde [9]. An diesem Verfahren ist die Orientierung der Schätzung an den *Schätzobjekten* besonders interessant, was ausschlaggebend für die Namensgebung war. Schätzobjekte können z.B. Informationsobjekte (z.B. Entitytypen) oder Elementarfunktionen sein. Die Schätzvorgehensweise ist in allen gängigen Sprachumgebungen (3-GL, 4-GL und CASE) einsetzbar. Insbesondere die CASE-Umgebung ist für die Anwendung des Verfahrens durch die Software AG von Bedeutung. Insofern wird nun beispielhaft für die CASE-Vorgehensweise das Verfahren vorgestellt.

Im **ersten Verfahrensschritt** soll das Verfahren ein objektives Bewerten und Gewichten der Objekte ermöglichen. Dies wird durch einen aussagefähigen Anforderungskatalog mit klaren Bewertungskriterien, die sich auf die einzelnen Schätzobjekttypen beziehen, gewährleistet. Für jedes dieser Objekte wurden Kriterien definiert, die mit klaren Bewertungsrastern hinterlegt sind, so daß der individuelle Einfluß des Schätzers weitestgehend unterbunden werden soll. Diese Bewertung wird für jedes im voraus zu definierende Schätzobjekt durchgeführt, die Einzelwerte werden zur Gesamtkomplexität addiert.

Der **zweite Schritt** nimmt eine Anpassung der Gesamtkomplexität vor, indem festgelegte Einflußfaktoren bewertet und gewichtet werden und das Ergebnis aus Schritt 1 korrigieren.

Ähnlich wie bei dem Function- und Data-Point-Verfahren wird der ermittelte Komplexitätswert mit Hilfe der Erfahrungskurve in den zu erwartenden Aufwand umgerechnet. Zusammenfassend läßt sich feststellen, daß es sich bei dem Object-Point-Verfahren nicht um ein wirklich neues Verfahren handelt, sondern bestimmte positive Ansätze aus anderen Verfahren übernommen werden. Positiv hervorzuheben ist sicherlich die klare Kriteriendefinition, die in Zukunft eine formalisierbare Schätzvorgehensweise möglich erscheinen läßt. Dieser Punkt ist besonders für den Einsatz innerhalb eines CASE-Tools wichtig.

3 Kritische Betrachtung relevanter Verfahren

Nach der Einführung in einige Aufwandsschätzverfahren erfolgt anschließend die kritische Auseinandersetzung mit den zwei bedeutensten Verfahren, dem Function-Point- und dem Data-Point-Verfahren. Die Relevanz des Function-Point-Verfahrens ergibt sich aus der Tatsache heraus, daß es das Verfahren mit dem größten Bekanntheits- sowie Einsatzgrad ist. Für das Data-Point-Verfahren spricht der methodische Ansatz, die datenorientierte Entwicklung stärker bei der Aufwandsschätzung zu berücksichtigen.

3.1 Aus Marktsicht: Das Function-Point Verfahren

Zunächst ist zum Function-Point-Verfahren, wie zu den meisten praktikablen und in 2.3 vorgestellten Verfahren, zu sagen, daß es sich um ein empirisch ermitteltes Verfahren handelt. Die einzelnen Verfahrensschritte, Komplexitätsfaktoren und Gewichtungen sind durch zahlreiche Versuche und durch die Betrachtung bereits realisierter Projekte entstanden. Insofern spiegeln die so ermittelten Werte indirekt die Besonderheiten der Projekte und der Entwicklungsumgebung innerhalb des Unternehmens wider, in dem das Verfahren entstand. Ob es nun sinnvoll ist, diese unternehmensindividuellen Vorgehensweisen der Allgemeinheit zur Verfügung zu stellen, sei dahingestellt. Vielmehr zählen doch die mit dem Verfahren erzielten guten Ergebnisse und die fehlenden Alternativen, die sich einem Unternehmen bieten, will es im Rahmen des Projektmanagements Schätzverfahren einsetzen.

Ein besonderes Merkmal des Function-Point-Verfahrens ist die ausgesprochen **funktionsorientierte Schätzvorgehensweise**. Ein Anwendungssystem wird anhand der zugrundeliegenden Benutzerfunktionen beurteilt, d.h. die Funktionen bzw. Geschäftsvorfälle sind die Parameter für die Komplexität des Informationssystems. Damit soll nicht gesagt sein, daß dieser Umstand unweigerlich zu utopischen Schätzergebnissen führt, sondern es muß klar sein, daß den Funktionen innerhalb verschiedenster Entwicklungsmethoden eine unterschiedliche Bedeutung zukommt.

Die Kriterien zur Einteilung jeder Funktion in Eingabe-, Ausgabedaten etc. sind so formuliert, daß **zuviel subjektiver Freiraum** des Schätzers bei der Bewertung möglich ist. Dies führt dazu, daß verschiedene Schätzer auch zu deutlich unterschiedlichen Schätzaussagen gelangten, d.h. für ein Projekt verschiedene Aufwendungen vorhergesagt wurden.

Der Entwickler des Function-Point-Verfahrens geht davon aus, daß jedes System durch die Angabe der fünf funktionalen Kategorien (Eingabe-, Ausgabedaten, Datenbestände,...) hinreichend genau beschrieben werden kann. Diese **grobe Untergliederung** kann dazu führen daß nicht eindeutig zuordenbare Geschäftsvorfälle trotzdem genau einer Systemkategorie zugeordnet werden müssen. In diesen Fällen, bei denen Zweifel in der Zuordnung bestehen, kann es sehr leicht zu Fehleinschätzungen kommen. Gerade darin steckt erhebliches Fehlerpotential.

Fehleinschätzungen und dem Problem der subjektiven Merkmale kann entgegengewirkt werden, indem in der Schätzung erfahrene Experten eingesetzt werden. Aber nicht immer sind solche Spezialisten vorhanden. Außerdem rühmen die Verfechter des Function-Point-Verfahrens den Vorteil, daß es leicht und auch von "nichttechnischem Personal" durchzuführen ist. In diesem Zusammenhang muß die Aussage der IBM-Broschüre [5], "Die Function-Point-Methode ist unabhängig ... von personenbezogenen Einwirkungen", mit Vorsicht betrachtet werden. Insbesondere den **Einfluß von Erfahrung** bei der Vergabe von Komplexitätsgraden haben Low und Jeffery [7] festgestellt. Dieser Arbeit ist zu entnehmen, daß unerfahrene Function-Point-Analysten signifikant häufiger den Grad "komplex" als erfahrene Analysten vergaben und somit von "Unabhängigkeit" keine Rede sein kann. Je nachdem ob geübte oder ungeübte Schätzer das Verfahren anwenden, variiert das Ergebnis.

Auch die Einteilung der Systemkomponenten in "einfach", "mittel" oder "komplex" läßt sich zwar recht schnell durchführen, stellt aber für eine hinreichende Differenzierung aller Komponenten eine **zu grobe Verallgemeinerung** dar.

Weitere Kritik richtet sich an die **14 Einflußfaktoren.** Schon allein die Tatsache, daß keinerlei Einigkeit über eine geeignete Anzahl an Faktoren bei den Befürwortern des Function-Point-Verfahrens besteht, stimmt nachdenklich. Wieso kommt die eine Variante mit nur sieben Faktoren aus, während die ursprüngliche 14 Faktoren vorsieht? Verstärkt wird diese Unsicherheit in diesem Punkt noch durch die Arbeiten von Symons [14], der zusätzlich zu den 14 Faktoren weitere fünf vorschlägt und damit auf 19 Faktoren kommt. Die unterschiedlichen Empfehlungen für die Einflußfaktoren, bedeutet der Meinung des Verfassers nach, daß man gegenüber diesen Faktoren offen eingestellt sein muß. Deshalb ist die variable Berücksichtigung unternehmensindividueller Faktoren zu präferieren.

Der Vorteil, den Albrecht und Gaffney [2] ihrem Verfahren bezüglich des **frühen Schätzzeitpunktes** nachsagen, kann so nicht akzeptiert werden. Wählt man den datenorientierten Entwicklungsansatz, muß festgestellt werden, daß sich das Function-Point-Verfahren erst sehr spät im Projektverlauf durchführen läßt. Die Ursache dieser Umkehrung liegt in den unterschiedlichen Unterlagen, die im Laufe des Entwicklungsprozesses angefertigt werden. Die datenorientierte Entwicklung beginnt mit der Definition der Datenstruktur und den Benutzermasken. Daraus ergibt sich erst die dahinterstehende Funktionalität, also erst in einer späten Phase des Entwurfs.

Es muß berücksichtigt werden, daß das Function-Point-Verfahren nicht geeignet ist für die Schätzung von Realzeit-, militärischen oder anderen Systemen, die durch eine hohe **innere Komplexität** und durch umfangreiche, komplexe Rechenoperationen gekennzeichnet sind. Der dafür notwendige Aufwand für die Implementierung wird weder durch die Benutzerfunktionstypen, noch in ausreichendem Maße durch die Einflußfaktoren eingerechnet. Softwaretechnische Faktoren wie starke Verzweigungen, häufige Sprungbefehle oder vielfache rekursive Aufrufe werden quantitativ nicht erfaßt.

3.2 Aus Methodensicht: Das Data-Point-Verfahren

Einen der wesentlichen Vorteile, die der Autor des Data-Point-Verfahrens immer wieder betont, ist die Möglichkeit, früh im Entwicklungsprozeß eine Schätzaussage treffen zu können. Die dahinterstehende Problematik gestaltet sich durchaus etwas differenzierter. Die CASE-gestützte Anwendungsentwicklung erlaubt die parallele Erarbeitung der Daten- und Funktionsseite. In diesem Fall ist **kein signifikanter zeitlicher Vorteil** für das Data-Point-Verfahren zu erkennen. Auch die Aussage: "Eine Datenanalyse wird dagegen viel eher als Teil der Vorstudie hingenommen" [13], mag wohl zutreffen, jedoch reicht sie als Grundlage für die Schätzung nicht aus.

Sneed hat mit seinen Aufsätzen sicherlich neue Ansätze für Schätzverfahren geliefert und ein neues Verfahren vorgestellt. Bemängelt werden muß die **wenig konkrete Ausführung** der einzelnen Bewertungskriterien. Aus seinen Veröffentlichungen geht kaum hervor, was unter dem Komplexitätsgrad eines Nachrichtenobjektes zu verstehen ist. Genausowenig sind Kriterien für die Klassifizierung des Integrationsgrades der Informationsobjekte sowie für die Klassifizierung des Komplexitätsgrades der Nachrichtenobjekte in niedrig, mittel oder komplex zu finden.

Eine Schwachstelle taucht an einer für das Verfahren wichtigen Stelle auf, denn ein wesentlicher Vorteil gegenüber dem Function-Point-Verfahren und anderen sind die in den Schritten 1 und 2 sehr konkreten Bewertungskriterien. Das Abzählen der Attribute, Schlüssel und Felder läßt kaum Raum für subjektive Klassifizierungen des Schätzers. Dadurch ist eine einheitliche Grundlage geschaffen, die für alle Schätzer gleich ist. In anderen Verfahrensschritten kommen jedoch auch solche Kriterien zum Einsatz, die **nicht** immer **eindeutig einzustufen** sind. Beispiele dafür sind der Qualitätsfaktor und der Einflußfaktor.

Der entscheidende Gedanke, der hinter diesem Verfahren steckt, ist, daß der Aufwand für die Anwendungsentwicklung aus der Komplexität der Datenstruktur herauszufiltern ist. Da aber die *Datenstruktur* die wesentliche Schätzgrundlage bildet, reicht es nicht aus, sich nur auf das Abzählen der Attribute und Schlüssel zu beschränken. So wird die *Bildung von Subentitytypen* (Generalisierung, Spezialisierung) ebensowenig berücksichtigt wie *Existenzabhängigkeiten* einzelner Entitytypen und deren Einfluß auf die Entwicklung. Somit wird der Aufwand, den die Umsetzung der eben beschriebenen Eigenschaften einer Datenstruktur in konkrete Tabellen erfordert, nicht hinreichend berücksichtigt. Darüber hinaus ist es nicht zwingend, daß Anwendungen in dritter Normalform implementiert werden. Bestimmte Anforderungen des Auftraggebers an das System machen eventuell eine Umsetzung des Konzepts in eine andere als die dritte Normalform erforderlich. Der entsprechende Mehraufwand wird nicht durch das Verfahren abgedeckt. Genauso verhält es sich mit komplexen Beziehungstypen, die auch Attribute enthalten können. Diese Art von Beziehungstyp erhöht den Aufwand für die Implementierung der Datenbank, wird aber vom Verfahren nicht berücksichtigt. Aus den eben genannten Gründen wird deutlich, daß nur die Verwendung eines bestimmten Datenmodells zu vergleichbaren Ergebnissen führt. Es muß gewährleistet sein, daß Beziehungen mit gleicher Kantenkonnektivität auch von gleicher Komplexität sind. Denn für die Implementierung der Datenbank macht es einen großen

Unterschied, ob es sich um eine 1:n oder um eine n:m Beziehung innerhalb des Datenmodells handelt. Daher ist es nicht gerechfertigt, beide Beziehungen bezüglich des Aufwands gleichzusetzen. Kritik, die sich bereits im Function-Point-Verfahren auf die Einflußfaktoren bezieht (siehe 3.1), gilt beim Data-Point-Verfahren in gleicher Weise für den Qualitätsfaktor und den Einflußfaktor und muß daher an dieser Stelle nicht mehr mit aufgeführt werden.

4 Einsatzmöglichkeiten von Komplexitätskennzahlen

Im ersten Abschnitt dieses Beitrags ist im wesentlichen der Faktor **Kosten** für die zunehmende Auseinandersetzung des DV-Projektmanagements mit Aufwandsschätzverfahren verantwortlich gemacht worden. Daher werden zum Abschluß dieses Beitrags weitere Einsatzmöglichkeiten von Aufwandsschätzverfahren und deren Komplexitätskennzahlen aufgezeigt.
Aufwandsschätzungen sind integraler Bestandteil des Projektmanagements bei der Realisierung von DV-Projekten. In welchen Bereichen sie zum Einsatz kommen, soll im Anschluß der Auflistung der wichtigsten Tätigkeiten des Projektmanagements geklärt werden. Von großem Interesse sind solche Verfahren, wenn sie den Aufwand im voraus annähernd genau bestimmen können und demnach unerläßlich bei der Projektplanung sind. Die wichtigsten Aufgaben der Projektplanung sind:

- Aufgabenplanung
- Finanzplanung
- Kapazitätsplanung
- Terminplanung
- Ressourcenplanung (Personal- und Betriebsmittelbedarf)

Die quantitative Aussage der meisten Schätzverfahren für den Aufwand von Schätzobjekten wird in der Anzahl der für die Projektrealisation zu benötigenden Mann-Monate angegeben. Dieser Wert ist für die meisten der oben genannten Tätigkeiten von Bedeutung, zumindest für die Finanz-, Kapazitäts- und Ressourcenplanung. Aufwandsschätzungen sind somit kein Selbstzweck, sondern wichtiges Hilfsmittel im Projektmanagement.
Außerdem ist es sinnvoll, Schätzungen nicht nur einmalig vor Beginn des Projekts durchzuführen, sondern die einzelnen Phasen des Entwicklungsprozesses neuer Systeme mit Hilfe der Verfahren zu verfolgen. In diesem Fall wird die Wichtigkeit für das **Projektcontrolling** deutlich. Das bedeutet die kontinuierliche Erfassung des Restaufwandes des Projektes und der Vergleich von geschätzten und tatsächlich realisierten Zwischenwerten, zum Zwecke der Steuerung und Kontrolle. Signifikante Abweichungen deuten dann darauf hin, daß sich entweder der Funktionsumfang der Systemanforderungen oder die Produktivität der Entwicklungsabteilung geändert hat. Dieser Prozeß wird durch Abbildung 4 deutlich:

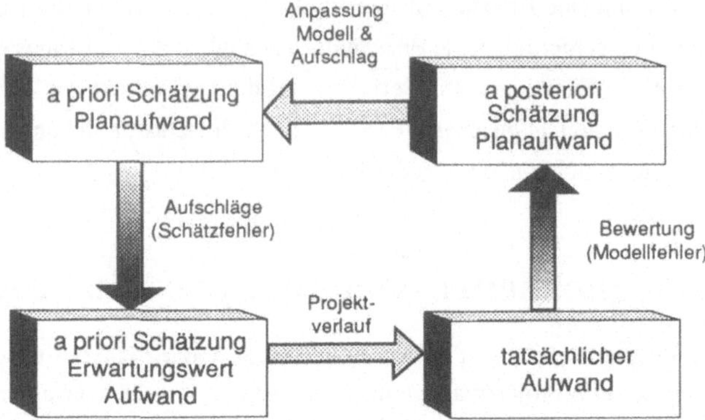

<u>Abbildung 4</u>   Kontinuierlicher Schätzprozeß nach Vollmann [15]

Ein weiterer Grund für das kontinuierliche Erfassen von Projektaufwendungen ist die Möglichkeit, auf diese Weise Daten zu gewinnen, mit denen eine unternehmensspezifische Anpassung der Verfahren praktikabel ist. Darüberhinaus erhält das Management einen detaillierten Einblick in die Produktivität der Entwicklungsabteilung. Die Gegenüberstellung von Komplexitätswerten und tatsächlich benötigtem Personalaufwand ermöglicht

- die Ermittlung der Produktivität der Anwendungsentwicklung,
- die Identifikation von Produktivitätsschwankungen,
- die Messung des Einflusses neuer Technologien und Methoden auf die Produktivität der Anwendungsentwicklung, und
- die abgesicherte Kalkulation von Angeboten.

Desweiteren machen Aufwandsschätzverfahren Aussagen über die **Ressourcenbindung** von zu realisierenden Projekten. Die Ressourcenbindung, die damit verbundenen Kosten sowie der Realisierungszeitraum müssen für die Priorisierung der Projekte bekannt sein.
Werden bei Ausschreibungen für die Implementierung von Informationssystemen die betroffenen Firmen aufgefordert, ihr Angebot auf der Basis standardisierter Aufwandsschätzverfahren abzugeben, so kann dadurch die Transparenz der eingehenden Angebote erhöht werden. Durch den detaillierteren Einblick in die Angebote der Fremdfirmen mittels der Komplexitätskennzahlen (z.B. Function-Points, Data-Points) können die angebotenen Leistungen *differenzierter bewertet* werden.

Literaturverzeichnis

[1]   A. Albrecht: Measuring application development productivity.In *Application Development Symposium:Proceedings*, Guide International, Inc., Share Inc., Chicago, Ill., 1979, 83 - 92.

[2]   A. Albrecht, J. Gaffney: Software function, source lines of code, and development effort prediction. *IEEE Transactions on Software Engineering*, November 1983, 639 - 648.

[3]   B. W. Boehm: *Wirtschaftliche Software Produktion*. Forkel Verlag, Wiesbaden, 1986.

[4]   H.Bons, R.van Megen: Aufwandschätzung in der DV-Anwendungsentwicklung-Probleme und Lösungen. *Handbuch der modernen Datenverarbeitung (116)*, Forkel Verlag, 1984, 23 - 36.

[5]   Information Systems Management: *Die Function Point Methode*. IBM Deutschland (Hrsg.), 1983.

[6]   D. R. Jeffery: A software development productivity model for MIS environments. *The Journal of Systems and Software*, New York, June 1987, 115 - 125.

[7]   G. C. Low, D. R. Jeffery: Function points in the estimation and evaluation of the software process. *IEEE Transactions on Software Engineering*, January 1990, 64 - 71.

[8]   T. Noth, M. Kretzschmar: *Aufwandschätzung von DV-Projekten*. Springer Verlag, Berlin, Heidelberg, New York, Tokio, 1986.

[9]   M. Oriolo: Schätzverfahren in 4GL- und CASE-Umgebungen. In *GI-20. Jahrestagung - Informatik auf dem Weg zum Anwender*, Hrsg.: Reuter, A. Bd. II, Berlin usw., 1990, 475 - 485

[10]   L. H. Putnam: A general empirical solution to the macro software sizing and estimating problem. *IEEE Transactions on Software Engineering, (7)*, 1978, 345 - 361.

[11]   D. Seibt: Die Function-Point Methode: Vorgehensweise, Einsatzbedingungen und Anwendungserfahrungen. *Angewandte Informatik*, Friedrich Vieweg & Sohn Verlagsgesellschaft mbH, (1) 1987, 3 - 11.

[12]   H. M. Sneed: *Software-Management*. Verlagsgesellschaft Rudolf Müller GmbH, Köln, 1987.

[13]   H. M. Sneed: Die Data-Point-Methode. *Online*, (5) 1990, 48 - 54.

[14]   C. R. Symons: Function point analysis: difficulties and improvements. *IEEE Transactions on Software Engineering*, January 1988, 2 - 11.

[15]   S. Vollmann: *Aufwandschätzung im Software-Engineering*. IWT Verlag GmbH, Vaterstetten bei München, 1990.

Dipl.-Wirt.-Ing. Kai-Uwe Reiter
Gruber, Titze & Partner, Beratung für Informationsmanagement
Im Atzelnest 5
6380 Bad Homburg
Tel.: 06172 / 40 63 - 37

Rechnet sich CASE für ein mittelständisches Unternehmen?

H. J. Ott, Heidenheim; T. O. Rausch, Ulm

Zusammenfassung: Eine Wirtschaftlichkeitsanalyse bei der Beschaffung von CASE-Systemen wird in der Praxis vielfach weder für notwendig, noch für durchführbar gehalten. Diese Situation ist unbefriedigend vor allem im Hinblick auf die teilweise sehr hohen Anschaffungs- und Nutzungskosten dieser Systeme. Im folgenden wird ein Modell für ein Wirtschaftlichkeitsanalyse-Verfahren vorgestellt (WARS-Modell), das leicht anwendbar ist und dessen Ergebnisse leicht interpretierbar sind. Das Modell wird angewandt auf die Entscheidungsituation, ob die Investition in ein CASE-System für mittelständische Unternehmen wirtschaftlich ist. Es basiert auf der Nutzenanalyse von IBM (vgl. [NAGE88]).

Hierzu wird in zwei Schritten vorgegangen: Basierend auf einer Befragung von Anbietern und Referenzkunden von CASE-Systemen wird zunächst untersucht, ob CASE für mittelständische Unternehmen wirtschaftlich sein kann. Es wird gezeigt, daß die CASE-Einführung - zumindest bei dem angenommenen Unternehmens-Szenario - sehr risikoscheuen Entscheidungsträgern nicht empfohlen werden kann. Im zweiten Schritt wird mittels einer Sensitivitätsanalyse gezeigt, daß die Ergebnisse des Modells auch bei Änderungen von wichtigen Modellgrößen relativ stabil sind.

1. Einleitung

Die Beschaffung und der Einsatz von CASE-Produkten (auf eine Diskussion des Begriffs CASE wird hier verzichtet) wird vielfach - und vor allem durch Anbieter solcher Produkte - als Investition gepriesen, die einen hoffnungsvollen Ansatz zur Lösung der Software-Krise darstellt (vgl. [MANC91]; vgl. die Beiträge in [BALZ89]). Mit Hinweis auf diese Notlagensituation wird häufig eine fundierte Wirtschaftlichkeitsanalyse bereits vorweg in den Hintergrund gedrängt. *Eine Wirtschaftlichkeitsanalyse ist (scheinbar) nicht **notwendig!***

Anbieter von CASE-Systemen argumentieren vor allem mit "strategischen Wettbewerbsvorteilen", deren Nutzen sich nur sehr schwer quantifizieren läßt. Damit lassen sich Aussagen über die Wirtschaftlichkeit einer derartigen Investition nicht treffen: Der (auf Zahlungs-, also auf Geldströme bezogene) Vergleich von Kosten und Nutzen einer Investition scheitert, da dieser strategische Nutzen nicht monetär bewertbar ist. *Eine Wirtschaftlichkeitsanalyse ist (scheinbar) nicht **möglich!***

Dennoch muß der Systemverantwortliche im Unternehmen betriebswirtschaftlich sinnvolle Investitionsentscheidungen auch im Software-Entwicklungsbereich treffen. Auch dort müssen Entscheidungen so getroffen werden, daß der Nutzen der jeweiligen Investition die Kosten überwiegt. Diese Entscheidungen sind, da sie Prognosen über Kosten- und Nutzenentwicklungen in der Zukunft beinhalten, notwendigerweise immer risikobehaftet. Die "Kunst" jeder erfolgreichen Unternehmensführung besteht nun darin, dieses Risiko zu managen. Die Kriterien "wirtschaftliche Entscheidung" und "erfolgreiches Risiko-Management" erfordern aber entsprechende Entscheidungsgrundlagen, welche die klassischen finanzmathematischen Investitionsrechenverfahren nicht bieten können. Gefordert sind Verfahren, die nicht nur die Höhe der

Kosten- und Nutzenbeträge, sondern auch die Zuverlässigkeit ihrer Schätzung berücksichtigen und eine synoptische Darstellung erlauben, die die Wirtschaftlichkeit einer Investition (unter gegebenem Risiko) anschaulich zum Ausdruck bringt. Im folgenden wird ein Modell für ein solches Wirtschaftlichkeitsanalyse-Verfahren vorgestellt (WARS-Modell: Wirtschaftlichkeitsanalyse mit Risikostufen).

2. Wirtschaftlichkeit von Investitionen in CASE-Systeme

2.1. Wirtschaftlichkeit von Investitionsalternativen

Eine konkrete Investition i im Unternehmen stellt immer eine aus einer Menge I von möglichen Entscheidungs- bzw. Handlungsalternativen der Unternehmensführung dar; auch die Nicht-Investition ist eine mögliche Handlungsalternative. Eine bestimmte Investition i ist dann wirtschaftlich, wenn gilt:

- $N_i > K_i$, d.h. der Nutzen durch die Investition ist höher, als die Kosten der Investition und

- $(N_i - K_i) \rightarrow max$! $\forall\ i \in I$, d.h. die ausgewählte Investitionsalternative i bringt den größten Nutzenüberschuß aller Alternativen.

Kosten und Nutzen werden i.d.R. dadurch ermittelt, indem man alle positiven Zahlungen (Nutzen) und negativen Zahlungen (Kosten) einer Investitionsalternative über die gesamte Laufzeit des angeschafften Produkts aggregiert. Die Aggregation erfolgt i.d.R. durch Barwertbildung, d.h. durch Aufsummieren der auf den Beginn der Investition abgezinsten Beträge (s. Formel 1).

$$\sum_{k=0}^{n} \frac{N_k - K_k}{(1 + i)^k} \quad \text{mit}$$

n : Laufzeit der Investition in Jahren
N_k : Nutzenbetrag im k-ten Jahr, k=1,...,n
K_k : Kostenbetrag im k-ten Jahr (dabei: K_0 = Anschaffungs- und Herstellkosten)
i : marktüblicher Zinssatz

Formel 1: Barwert einer Investitionsalternative

Die Investitionsalternative mit dem höchsten Barwert ist optimal und wird ausgewählt. Besteht die Alternativenmenge I nur aus den Alternativen {Investition; Nicht-Investition}, so genügt zur Optimalitätsbetrachtung i.d.R. die Analyse der Alternative "Investition", da Kosten und Nutzen spiegelbildlich sind.

2.2. Besondere Probleme bei der Wirtschaftlichkeitsanalyse von EDV-Systemen

a) Kosten von EDV-Systemen

Kosten von EDV-Systemen werden üblicherweise aufgeteilt in (vgl. [OTT 91], S. 198ff):

- *einmalige Kosten*: Anschaffungskosten für Hard- und Software, Entwicklungskosten, Schulungskosten, Umstellungskosten etc.

- *laufende Kosten*: Wartungskosten, Materialverbrauch, Raumkosten etc.

b) Nutzen von EDV-Systemen

Der Nutzen einer EDV-Investition kann in zwei prinzipiellen Ausprägungen auftreten:

- *Einsparung von bisher auftretendenKosten*: Der Nutzen ist so hoch, wie die nach EDV-Einsatz eingesparten Kosten. Beispiele sind eingesparte Personalkosten, Zinskosten (z.B. bei Faktura-Systemen), Lagerkosten (bei Lagerverwaltungssystemen) oder Vertriebskosten (z.B. bei einem Tourenplanungssystem).

- *Erhöhung der Einnahmen*: EDV-Systeme können dazu dienen, die Erlöse zu steigern. Beispiele sind: Produktionsplanungssysteme, die die Maschinenkapazität besser auslasten und daher die Produktionsmöglichkeiten steigern; Marketing-Informationssysteme, die eine bessere Kundenbedienung ermöglichen und die Kundenzufriedenheit und damit Markentreue steigern; Management-Informationssysteme (MIS), die generell die Entscheidungsgrundlagen des Managements durch gezieltere Information verbessern.

Die Nutzenkomponenten kann man weiterhin dahingehend unterscheiden, ob dieser Nutzen

- *sofort* bzw. in der nächsten Zukunft eintritt (z.B. Personaleinsparungen durch Einsatz eines Textverarbeitungssystems im Schreibsaal) oder

- *später*, d.h. erst in der weiteren Zukunft eintritt (z.B. die Wirkung einer Image-Verbesserung).

Hierbei ist übrigens in den letzten Jahren eine deutliche Akzentverschiebung zu beobachten (vgl. Abbildung 1): Früher diente der EDV-Einsatz dazu, kurzfristig Kosten zu sparen; Stichworte sind Automatisierung und Rationalisierung. Gegenwärtig dient EDV vorwiegend dazu, die Erlöse kurzfristig zu erhöhen; Stichworte sind Informationsmanagement, effizientere Auftragsabwicklung, Effektivität der Entscheidungen. Für die nächste Zukunft gewinnen längerfristig wirkende Nutzenkomponenten auf der Erlös-Seite immer mehr an Bedeutung; Stichworte sind strategische Wettbewerbsvorteile durch EDV. Für die weitere Zukunft kann erwartet werden, daß die längerfristig orientierte Kosteneinsparungskomponente an Bedeutung gewinnt; ein geläufiges Stichwort dafür ist im Moment "lean production".

Nutzeffekte durch EDV-Systeme	sofort	zukünftig
sparen aufwandsorientiert	*gestern* Rationalisierung durch Automatisierungssysteme, Fakturiersysteme etc.	*übermorgen* lean production mit strategischer Ausrichtung (z.B. Kostenführerschaft)
verdienen erlösorientiert	*heute* Effektivität durch Informationsmanagement, Auftragsverwaltung etc.	*morgen* strategische Wettbewerbsvorteile durch MIS, EIS etc.

Abbildung 1: Akzentverschiebung in den Nutzenkategorien von EDV-Systemen

c)   Probleme der Bewertung

Die oben genannte Barwertberechnung verlangt auch im Software-Bereich, daß die Zahlungsströme aufstellbar sind, d.h. daß *alle* Kosten- und Nutzenkomponenten monetär bewertbar sind. Auf der Kostenseite gelingt dies noch relativ gut: Es existieren dort mittlerweile akzeptierte Kosten- bzw. Aufwandschätzverfahren, die weitgehend *zuverlässige* Schätzwerte liefern (vgl. [NOTH86], [KNÖL91], [OTT 91]). Hinzu kommt, daß der Großteil der Kosten (einmalige Kosten) *sofort* und *garantiert* auftritt, während der kleinere Teil (laufende Kosten) erst während der Nutzung eintritt. Vor allem die sofort auftretenden Kosten sind nicht nur gut bewertbar, sondern sie sind der Investition auch *eindeutig zuordenbar*.

Auf der Nutzenseite ist die Bewertung allerdings sehr schwierig. Der Nutzen tritt, wenn er überhaupt auftritt, erst im Laufe der Nutzung auf oder vielleicht erst nach Ablauf der Nutzungszeit, also *später* (z.B. ein erhöhter Auftragseingang als Folgewirkung einer Image-Verbesserung, die wiederum vielleicht aufgrund eines bereits abgelösten Publishing Systems für die Geschäftspost entstanden ist). Der später auftretende Nutzen ist dann der konkreten Investition *kaum eindeutig zuordenbar*. Das größte Problem aber dürfte die Bewertung selbst darstellen. Zwar sind die Nutzenkomponenten, die sich auf eine Kosteneinsparung beziehen, relativ leicht bewertbar; die erlösorientierten und dabei vor allem die langfristig orientierten Nutzenkomponenten (gerade also die im Moment stark diskutierten strategischen Wettbewerbsvorteile; vgl. [NAGE88]) sind *kaum bewertbar*. Daraus resultiert eine Asymmetrie in der Wirtschaftlichkeitsanalyse (vgl. Abbildung 2), die eine falsche Wirtschaftlichkeitsaussage nahelegt.

Kosten	Nutzen
dem EDV-System leicht zuordenbar	dem EDV-System schwer zuordenbar
leicht bewertbar	schwer bewertbar
treten sicher auf	unsicher, ob er überhaupt auftritt
Großteil tritt sofort auf (einmalige Kosten)	tritt erst später auf

Abbildung 2: Kosten-Nutzen-Asymmetrie

2.3. Besondere Probleme der Wirtschaftlichkeitsanalyse von CASE-Systemen in mittelständischen Unternehmen

a)   Schätzprobleme beim erlösorientierten Nutzen von CASE

Während, wie die Untersuchung von [KRCM92] zeigt, an dem positiven Beitrag der EDV zum Erreichen der Unternehmensziele generell kaum gezweifelt wird, trifft dies für CASE-Systeme nicht zu (vgl. [OTT 91], [COMP89]). Allerdings beschränken sich die Gegenargumente vorwiegend auf geringe Akzeptanz bei Entwicklern und die Folgeprobleme davon (Qualitäts- und Produktivitätseinbußen), auf fehlende Integrationsmöglichkeiten in die bestehende Systemlandschaft im Unternehmen und vor allem auf die notwendige (und in vielen Betrieben fehlende) Bereitschaft zur Änderung der Aufbau- und Ablauforganisation der Software-Entwicklung. Letztlich wird damit bestritten, daß Produktivitätsverbesserungen und damit Kosteneinsparungen im erwarteten Maß eintreten.

Eine Besonderheit in der Wirtschaftlichkeit von CASE-Systemen ist auch, daß damit *direkte* Nutzeffekte nur über die beschriebenen (und teilweise bestrittenen) Kosteneinsparungen durch Produktivitätssteigerung erzielt werden können. Mit CASE werden ja die Produkte (die Anwendungs-Software) erst erstellt, die auch durch verbesserte Erlöse Nutzen stiften sollen; erlösbedingte Nutzeneffekte von CASE treten also nur *indirekt* auf. Ist es schon schwierig, die Nutzeffekte der Anwendungssoftware abzuschätzen, so ist es daher doppelt schwierig, die Nutzeffekte der Tools zur Entwicklung dieser Anwendungssoftware abzuschätzen.

b)   Nutzenschätzprobleme bei kleinen und mittleren Unternehmen

Kleine bzw. mittlere Unternehmen sehen sich einer besonderen Situation bei der Wirtschaftlichkeitsbeurteilung ausgesetzt:

- Es wird wenig Software selbst entwickelt; i.d.R. wird entweder vorwiegend Standard-Software eingesetzt oder es wird bei Individualsoftware auf externe Software-Häuser zurückgegriffen. Ein effektiver und effizienter Einsatz von CASE-Systemen verlangt aber vom Entwickler (vgl. [OTT 91]) eine hohe Qualifikation vor allem im methodischen Bereich, versierte Kenntnisse des CASE-Systems und Übung mit dem System. Da in mittelständischen Unternehmen wenig Individualentwicklung betrieben wird, können entsprechende Lern- und Übungseffekte und damit "economies of scale" nicht auftreten. Daher relativieren sich auch mögliche Produktivitätsvorteile durch die hohen Anfangskosten eines CASE-Systemes (Anschaffung, Schulung, organisatorische Umstellung).

- Im Vergleich zu Großunternehmen werden eher weniger Ressourcen für eine methodisch unterstützte Langfristplanung eingesetzt; diese ist aber Voraussetzung für eine einigermaßen zuverlässige Prognose strategischer Wettbewerbsvorteile. Erst wenn man weiß, was man erreichen *will* und *kann*, kann man beurteilen, wie man dies wirtschaftlich *zuwege bringt!* Die erlösbedingten Nutzenkomponenten sind also bei mittelständischen Unternehmen noch schwerer als bei Großunternehmen abschätzbar.

3. Wirtschaftlichkeitsanalyse mit Risikostufen (WARS-Modell)

Muß man sich angesichts der schwierigen Nutzenschätzung im EDV-Bereich und dabei vor allem bei CASE-Systemen von einer fundierten Wirtschaftlichkeitsanalyse, die Kosten *und* Nutzen vergleicht, verabschieden?

Teilweise wird in der Praxis so vorgegangen (vgl. [GRUP87], S.158 f.), daß den Kosten nur die *bewertbaren* Nutzenkomponenten gegenübergestellt werden; dies führt naturgemäß zu einer falschen Wirtschaftlichkeitsanalyse, die Rentierlichkeit der EDV wird *unterschätzt*.

Teilweise werden auch die "strategischen Wettbewerbsvorteile" in ihrer monetären Auswirkung so hoch angesetzt, daß sie in jedem Fall die Kosten dominieren. Eine empirische Untersuchung vom Sommer 1991 (vgl. [KRCM92]) zeigt beispielsweise, daß sowohl von DV-Leitern, wie auch von der Unternehmensleitung die Bedeutung der Informationstechnik und des Informationsmanagements für das Erreichen wichtiger Marktziele und wichtiger Erfolgsfaktoren überwiegend als hoch bzw. herausragend eingestuft wird. Dabei wird interessanterweise die *zukünftige* Bedeutung höher eingeschätzt, als die *gegenwärtige* Bedeutung (für dieselben Ziele!). Hier wird die Rentierlichkeit möglicherweise *überschätzt*.

Geeigneter als beide Extreme wäre ein Verfahren, das versucht, auch die schwer bewertbaren Nutzenkomponenten miteinzubeziehen, das jedoch zugleich die Schwierigkeit der Bewertung mit in das Rationalitäts-Kalkül einfließen läßt. Ferner müßte ein solches Modell in der Lage sein, die gesamte Entscheidungssituation zu erfassen und auf einfache und anschauliche Weise zum Ausdruck bringen, ob die Wirtschaftlichkeit einer Entscheidungsalternative gegeben ist. Ein Modell mit diesem Anspruch wurde von [OTT 91] vorgestellt: Die **W**irtschaftlichkeits-**A**nalyse mit **R**isiko-**S**tufen (WARS-Modell).

Dieses Modell ist stark an die Nutzenanalyse von IBM (vgl. [NAGE88], S. 71 f.) angelehnt; es überträgt die Ideen der Nutzenschätzung auch auf die Kostenschätzung und integriert beide Schätzungen zu einem Gesamtbild.

a) Nutzenschätzung

Bei der Nutzenanalyse werden sämtliche Nutzenkomponenten einer Entscheidungsalternative in drei Kategorien eingeteilt, die eine abgestufte Bewertbarkeit zum Ausdruck bringen:

- *direkter Nutzen* durch Einsparungen bestehender Kosten und deshalb leicht bewertbarer Nutzen;

- *relativer Nutzen* durch zukünftige Einsparungen aufgrund der Leistungsfähigkeit des DV-Systems; dieser Nutzen ist schwerer bewertbar als der direkte Nutzen;

- *schwer faßbarer Nutzen* durch den "Erfolgsfaktor Information": strategischer Nutzen, welcher vorwiegend erlösbezogen ist und schwer oder überhaupt nicht bewertbar ist.

Im einem zweiten Schritt wird jede der drei Nutzenkategorien zusätzlich aufgeteilt in Nutzen mit hoher, mittlerer und geringer Realisierungschance. Man erhält so eine 9-Felder-Nutzenmatrix (vgl. Abbildung 3), wobei die Feldeinträge die Nutzenbewertungen (idealerweise als Barwerte) darstellen. Man kann diese 9 Felder danach ordnen, inwieweit man diesen Bewertungen "traut", inwieweit man also, je nach Risikobewußtsein, die jeweiligen Nutzenkomponenten als relevant ansieht: Ein direkter Nutzen mit hoher Realisierungswahrscheinlichkeit (Stufe 1) wird sicherlich auch bei einem sehr pessimistischen Entscheider in die Wirtschaftlichkeitsanalyse miteinbezogen; ein schwer faßbarer Nutzen mit geringer Wahrscheinlichkeit (Stufe 9) wird nur von einem sehr optimistischen Entscheider miteinbezogen. Offen ist die Ordnung der Zwischenstufen. [NAGE88] schlägt als "Standardreihenfolge" die Ordnung in Abbildung 3 vor; er weist aber zurecht darauf hin, daß hierbei die leichte Bewertbarkeit der Nutzenkomponenten gegenüber der Realisierungswahrscheinlichkeit bevorzugt wird und dies gerade die strategischen Wettbewerbsvorteile (als schwer faßbarer Nutzen) in der Relevanz abwertet.

Nutzenmatrix	hohe Realisierungs-Chance		mittlere Realisierungs-Chance		niedrige Realisierungs-Chance	
direkter Nutzen	145 TDM	①	175 TDM	③	95 TDM	⑥
relativer Nutzen	65 TDM	②	40 TDM	⑤	15 TDM	⑧
schwer faßbarer N.	65 TDM	④	35 TDM	⑦	35 TDM	⑨

Abbildung 3: Beispiel für eine Nutzenmatrix mit Standardreihenfolge (nach [NAGE88])

Wenn man nun entsprechend der angelegten Reihenfolge die Nutzenbeträge der einzelnen Felder kumuliert, erhält man eine geordnete Folge von Nutzenwerten und kann, je nachdem, ob man pessimistisch oder optimistisch entscheidet, den jeweiligen Nutzenbetrag als gegeben annehmen (vgl. Abbildung 4).

Feld	1	2	3	4	5	6	7	8	9
kum. Nutzen	145 TDM	210 TDM	385 TDM	450 TDM	490 TDM	585 TDM	620 TDM	655 TDM	670 TDM

Abbildung 4: Folge der Nutzenwerte

b) Kostenschätzung

Bei der Schätzung der Kosten einer Systemalternative kann man nun analog vorgehen: Die Kosten werden ebenfalls klassifiziert in

- *weitgehend bekannte Kosten* wie z.B. Anschaffungskosten eines Systems oder Schulungskosten;

- *schätzbare Kosten* wie z.B. externe Beratungskosten oder Kosten der Systembedienung;

- *schwer bewertbare Kosten* wie Aufwendungen für organisatorische Umstellungen oder gar Streßfolgen bei Entwicklern.

Jede dieser Kategorien wird wieder danach unterteilt, inwieweit die Realisierungschance gering, mittel oder hoch ist. Auch hier erhält man nach Ordnung der resultierenden 9 Felder und Kumulierung eine geordnete Folge von Kostenbeträgen (vgl. Abbildung 5). Zweckmäßigerweise numeriert und kumuliert man aber entgegengesetzt, wie bei der Nutzenanalyse, da eine pessimistische Einschätzung hier erfordert, die höchstmöglichen Kosten anzusetzen.

Kostenmatrix	hohe Realisierungs-Chance		mittlere Realisierungs-Chance		niedrige Realisierungs-Chance	
bekannte Kosten	215 TDM	⑨	21 TDM	⑦	17 TDM	④
schätzbare Kosten	18 TDM	⑧	112 TDM	⑤	78 TDM	②
schwer bewertbare K.	32 TDM	⑥	8 TDM	③	53 TDM	①

Feld	1	2	3	4	5	6	7	8	9
kum. Kosten	554 TDM	501 TDM	423 TDM	415 TDM	398 TDM	286 TDM	254 TDM	233 TDM	215 TDM

Abbildung 5: Beispiel für eine Kostenmatrix und eine Kosten-Folge

c)   Wirtschaftlichkeitsanalyse

Trägt man beide Zahlenreihen in einem Diagramm ab, so kann man die Wirtschaftlichkeit einer Investitionsalternative direkt ablesen (vgl. Abbildung 6; bei einer größeren Alternativenmenge müßte man mehrere Zahlenreihen eintragen): Liegt die Kostenfunktion in allen 9 Stufen unter der Nutzenkurve, so ist die Alternative wirtschaftlich. Liegt sie immer darüber, so ist sie unwirtschaftlich. Gibt es einen Schnittpunkt und liegt dieser im pessimistischen Bereich, so ist die Investition sehr wahrscheinlich wirtschaftlich. Liegt der Schnittpunkt im optimistischen Bereich, so würde nur ein optimistischer Entscheider die Investition als wirtschaftlich ansehen.

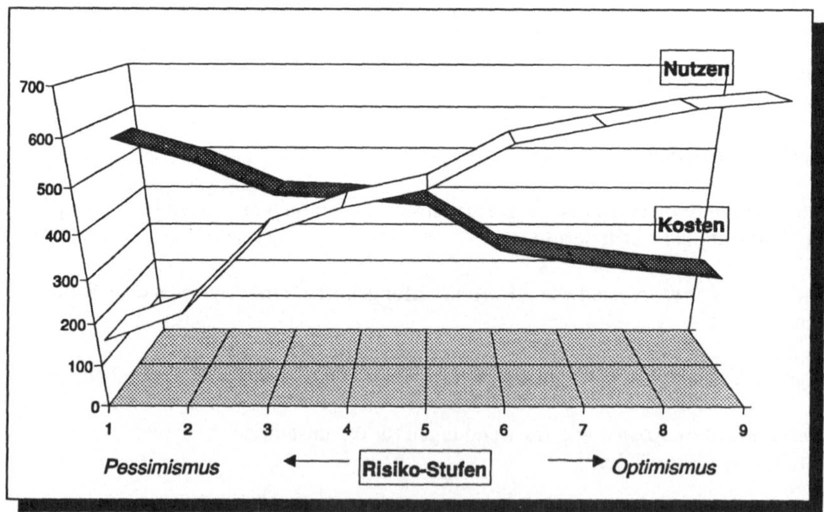

Abbildung 6: WARS-Diagramm mit Beispiel-Kosten und -Nutzen

d)   Probleme des WARS-Modells

Das Modell geht davon aus, daß auch die schwer bzw. kaum bewertbaren Kosten- und Nutzenkomponenten bewertet werden. Die Bewertung wird damit notwendigerweise willkürlich. Dabei helfen auch keine stochastischen Ansätze beispielsweise über Erwartungswerte. Diese Ansätze setzten Annahmen über Verteilungen voraus, die aufgrund von Erfahrungswerten gewonnen werden müssen. Diese Methoden stellen damit letztlich Analogiemethoden dar, die gerade im Bereich der Nutzenschätzung von EDV-Systems versagen (vgl. [OTT 91]): Vor allem die strategischen Nutzeneffekte treten sehr spät ein. Es müssen also die Entwicklungs- bzw. Beschaffungs-Projekte, an denen die (statistische) Erfahrung gesammelt werden soll, bereits lange abgeschlossen sein. Diese Projekte können aber nicht mehr repräsentativ für gegenwärtige Systeme sein, da sich die Aufgaben, die Technologie und die Einsatzprinzipien von Systemen in diesem Bereich sehr schnell ändern.

Will man Willkür dennoch soweit wie möglich vermeiden, so sollte man die betreffenden Felder in der Nutzen- bzw. Kostenmatrix entweder leer lassen oder eine Bandbreite angeben, in der sich der entsprechende Wert voraussichtlich bewegt. Dies muß dann allerdings in die Interpretation des WARS-Diagramms einfließen.

4. Modell-Anwendung und -Validierung: CASE-Einführung in mittelständischen Unternehmen

4.1. Wirtschaftlichkeit von CASE-Systemen aus Anbieter- und Nutzersicht

a)   Die Datenbasis

Im Rahmen einer Fragebogenaktion wurden im November 1991 19 Anbieter von CASE-Systemen und 17 Referenzkunden über Kosten und Nutzen der jeweiligen Systeme befragt (vgl. [RAUS91], [RAUS92]). Die Rücklaufquote betrug 50 % bei Anbietern und 24 % bei Referenzkunden. Auswahlkriterium für diese Systeme war, daß sie jede Phase des Software-Lebeszyklus durch geeignete Werkzeuge unterstützen und daß auch die Übergänge zwischen den Phasen unterstützt werden (ICASE-Systeme; vgl. [BALZ89], S. 96).

Voruntersuchungen zeigten, daß es den Befragten Schwierigkeiten bereitet, *generelle* Kosten- und Nutzenkomponenten von CASE-Systemen in den jeweiligen komplexen Anwendungs- und Funktionsbereichen anzugeben. Der Einsatzbereich von CASE-Systemen, die Software-Entwicklung, wurde daher in einzelne typische *Aufgabenfelder bzw. Geschäftsprozesse* strukturiert; von diesen wurden drei in die Wirtschaftlichkeitsanalyse einbezogen, die für mittelständische Unternehmen die größte Bedeutung haben dürften:

- durchgehende Unterstützung bei der *Eigenentwicklung*

- Unterstützung bei der *Einführung und Integration von Standardsoftware* (SSW) durch Organisations- und Informationsanalyse-Komponenten, Anforderungsanalyse und -spezifikationskomponenten, Data-Dictionary-Komponente und letzlich durch ein vom System erzwungenes systematisches Vorgehen.

- Unterstützung der *Software-Wartung*

  - *bestehender Systeme* (Fehlerbehebung; Anforderung an neue Aufgabenstellungen) vor allem durch Re-Engineering-Komponenten;

  - *neuer, mit CASE erstellter* Systeme; durch Konsistenz von Spezifikation, Implementation und Dokumentation (foreward engineering: Spezifikation bestimmt Code; reverse engineering: Änderungen im Code erzwingt Änderungen in der Spezifikation) und durch ein erzwungenes methodisches und systematisches Vorgehen wird die Software wartungsfreundlicher.

Gefragt wurde nach Kosten- und Nutzeneffekten im Hinblick auf diese Geschäftsprozesse. Die genannten Effekte wurden bezogen auf ein mittelständisches Unternehmen. Der Begriff "Mittelstand" ist allerdings nicht genormt. Im folgenden wird von einem Unternehmen ausgegangen, das eher an der oberen Grenze des Größenbereichs angesiedelt ist, der noch unter den Begriff "Mittelstand" fällt; dieses Unternehmen entspricht von der Struktur her eher den Referenzkunden, es ist durch folgendes Szenario gekennzeichnet:

- 2000 Mitarbeiter; Jahresumsatz 200 Mio. DM;

- 40 Beschäftigte in der Datenverarbeitung, davon 10 Programmierer und 15 Systemanalytiker/Organisatoren, wobei die Programmierer und 5 Organisatoren mit Individualentwicklungen beschäftigt sind (die restlichen 10 Organisatoren betreuen die Standardsoftware);

- durchschnittliche Arbeitszeit: 7,5 Stunden/Tag; 21,5 Arbeitstage/Monat; durchschnittlicher Stundensatz für Entwickler: DM 40,— mit einer jährlichen Zuwachsrate von 3,5%; Fehlzeiten: 18% der Arbeitszeit;

- durchschnittliche Lebenszeit eines DV-Systems: 5 Jahre;

- Verhältnis Eigenentwicklung / Standardsoftware: derzeit 35% / 65%, im 5. Jahr nach CASE-Einführung 65% / 35%; ca. 50% der Eigenentwicklungs-Kapazität sind in der Wartung gebunden; entwickelt wird weitgehend ohne Methodeneinsatz in Sprachen der 3. und 4. Generation;

b)   Kostenschätzung

Als Antworten im Fragebogen wurden - entsprechend der obigen Klassifikation der Kosten - genannt (Mittelwerte in Klammern):

- weitgehend bekannte Kosten:

  - einmalige Kosten: Anschaffungs- und Installationskosten für Hard- und Software (437,5 TDM), Schulungskosten (8 TDM pro Mitarbeiter), Kosten für einmalige externe Beratung bei der Installation (231 TDM);

— wiederkehrende Kosten: Hard- und Software-Wartung (84 TDM pro Jahr), Kosten für Updates (13,4 TDM pro Jahr).

- schätzbare Kosten:

— einmalige Kosten: Produktivitätseinbußen bei den Software-Entwicklern (Individualsoftware) während der Einführungsphase (Mittelwert: 18,5% über 5,2 Monate);

— wiederkehrende Kosten: zusätzliche Stellen für Pflege und Wartung des CASE-Systems (0,89 Stellen) und für die Betreuung der Entwickler (1,14 Stellen); laufende externe Beratung (22,5 TDM pro Monat).

- schwer bewertbare Kosten: Kosten, die in diese Kategorie fallen würden, wurden nicht genannt; es werden daher keine Beträge angesetzt.

Die bekannten einmaligen Kosten wurden mit dem Mittelwert der in den Antworten genannten Beträge angesetzt. Die Produktivitätseinbußen P in der Einführungsphase wurden nach folgender Formel 2 geschätzt:

$$P = p * m * s * h * d * a \qquad \text{mit}$$

p : im Fragebogen genannte durchschnittliche Produktivitätseinbuße (in %)
m : Anzahl der Mitarbeiter
s : Stundensatz in DM
h : Arbeitsstunden pro Arbeitstag
d : Anzahl der Arbeitstage pro Monat
a : Anzahl der genannten Monate mit Produktivitätseinbuße.

Formel 2: Bewertung der Produktivitätseinbuße

Für die wiederkehrenden Kosten wurden jeweils die Barwerte der genannten bzw. im Unternehmens-Szenario angenommenen Beträge eingesetzt. Speziell die Kosten K für zusätzliche Stellen wurden nach folgender Formel 3 geschätzt:

$$K = \sum_{k=0}^{L} \frac{m * s * (1 + z)^{k-1} * h * d * 12}{(1 + i)^k} \qquad \text{mit}$$

L : Nutzungsdauer in Jahren
m : Anzahl der Mitarbeiter
s : Stundensatz in DM
z : Zuwachsrate des Stundensatzes in Prozent pro Jahr
h : Arbeitsstunden pro Arbeitstag
d : Anzahl der Arbeitstage pro Monat
i : angenommener Marktzinssatz

Formel 3: Bewertung der laufenden Stellen-Kosten

Die Realisationswahrscheinlichkeit der Schätzwerte für die zusätzlichen Stellen sowie für die laufende externe Beratung wurde als "mittel" eingestuft; bei den anderen Kostenkomponenten wurde "hoch" angenommen. Da in der Kategorie "schwer bewertbare Kosten" keine Beträge angesetzt werden, empfiehlt sich ein Abweichen von der Standard-Reihenolge:

Kostenmatrix	hohe Realisierungs-Chance	mittlere Realisierungs-Chance	niedrige Realisierungs-Chance
bekannte Kosten	1.266.670 DM ⑨	0 DM ⑦	0 DM ⑤
schätzbare Kosten	93.074 DM ⑧	812.715 DM ⑥	0 DM ④
schwer bewertbare K.	0 DM ③	0 DM ②	0 DM ①

Abbildung 7: Kostenmatrix aus der Befragung

c) Nutzenschätzung

Als Antworten im Fragebogen wurden - entsprechend der obigen Klassifikation der Nutzenkomponenten - genannt (Mittelwerte und Einschätzung der Realisierungswahrscheinlichkeit in Klammern):

- direkter Nutzen: Wegfall der Wartungskosten des alten Systems (20 TDM; hoch); eingesparte Stellen in Wartung und Entwicklung (1,25; gering, da Stellenabbau nur schwer möglich); eingesparte externe Beratungskosten wurden im Fragebogen zwar genannt, bei den Beträgen wurden jedoch keine Angaben gemacht. Beträge wurden daher nicht angesetzt.

- relativer Nutzen: Produktivitätszuwachs bei der Neuentwicklung (Mittelwert über alle Entwicklungsphasen: 24,4%, allerdings stark differierend über die einzelnen Phasen; hoch); Produktivitätszuwachs bei der Wartung (50%, hoch).

- schwer faßbarer Nutzen: Es wurden - vor allem von Anbieterseite - eine ganze Reihe von derartigen Nutzeffekten genannt (ähnliche Ergebnisse erhält auch [BAIS90]):

  — Steigerung der Software-Qualität durch: strukturiertes Vorgehen und damit bessere Komplexitätsbewältigung; Verwendung von Methoden; automatische Korrektheits- und Konsistenzprüfung der Spezifikationen; (weitgehend) automatische Code-Erstellung; klar strukturierte und ausführlich dokumentierte Software;

  — integrierende Wirkung auf den Software-Entwicklungsprozeß;

  — bessere Transparenz im Projektmanagement;

  — gestiegene Motivation von Management, Projektleitung, Fachabteilung und Entwicklern;

  — eine bessere Termineinhaltung und einen positiven Image-Effekt bestätigten zwar alle Anbieter, aber nicht alle Referenzkunden;

  — während die Anbieter noch eine Reihe von weiteren derartigen Nutzeffekten nannten (z.B. bessere Wiederverwendung, Standardisierung) bestätigten die Referenzkunden eine leichtere Wartbarkeit, eine aktuellere Dokumentation und eine leichtere Realisierbarkeit spezieller "unüblicher" Problemstellungen.

Die Produktivitätszuwachs-Werte lassen sich entsprechend Formel 2 berechnen, die Beträge für eingesparte Stellen entsprechend Formel 3. Die genannten strategischen Nutzeffekte lassen sich jedoch kaum monetär bewerten und auch schwer hinsichtlich ihrer Realisierungs-Chance einstufen. Nimmt man nur die Antworten der Referenzkunden, so zeigt sich, daß CASE sehr wohl einen bedeutenden strategischen Nutzen generiert, der dann bei der Wirtschaftlichkeitsbeurteilung (allerdings nicht quantitativ) einfließen muß.

Lediglich mit den bewertbaren Nutzenkomponenten ergibt sich folgende Nutzenmatrix:

Nutzenmatrix	hohe Realisierungs-Chance		mittlere Realisierungs-Chance		niedrige Realisierungs-Chance	
direkter Nutzen	20.000 DM	①	0 DM	③	445.082 DM	⑤
relativer Nutzen	1.986.848 DM	②	0 DM	④	0 DM	⑥
schwer faßbarer N.	0 DM	⑦	0 DM	⑧	0 DM	⑨

Abbildung 8: Nutzenmatrix aus der Befragung

d) Wirtschaftlichkeitsanalyse

Die Gegenüberstellung von kumulierten Kosten- und Nutzenfolgen ergibt Abbildung 9:

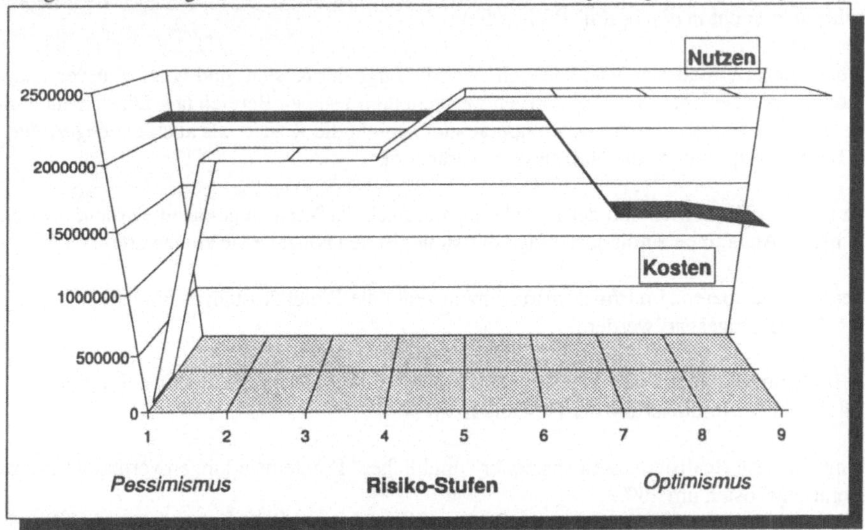

Abbildung 9: WARS-Diagramm aus der Befragung

Der Schnittpunkt der Kurven liegt, wenn man nur die quantifizierbaren Nutzenkomponenten zugrundelegt, im *leicht pessimistischen* Bereich, d.h. bei den betrachteten Geschäftsprozessen, mit den gemachten Annahmen hinsichtlich des Unternehmens-Szenarios und bei angenommener Repräsentativität der Antworten im Fragebogen ist nur bei ausgeprägter Risikoscheu des Entscheiders von einer CASE-Einführung abzuraten; ein optimistischer Entscheider würde CASE einführen.

4.2. Stabilität des WARS-Modells

Um die Stabilität des WARS-Modells - zumindest in dem betrachteten Szenario - abschätzen zu können, wurden einige angenommene Modellgrößen *in ihren Werten in eine plausible Richtung* variiert; die Berechnung wurde erneut durchgeführt:

- Stundensatz (Erhöhung auf DM 45,—);

- Nutzungsdauer des CASE-Systems (Verkürzung auf 4 Jahre);

- Mitarbeiterzahl in der Individualentwicklung (um 2 sinkend aufgrund steigenden SSW-Anteils);

- Realisierungs-Chance der zusätzlich benötigten Stellen (mittel —> hoch);

- Numerierungsreihenfolge der Felder der Kosten- und Nutzenmatrix bei der Kumulierung (entsprechend der Standard-Reihenfolge nach [NAGE88]).

Der geänderte Stundensatz brachte eine leichte Schnittpunktverschiebung in den pessimistischen Bereich; eine geänderte Mitarbeiteranzahl, die geänderte Realisierungs-Chance der zusätzlichen Stellen und die Standard-Reihenfolge ließen den Schnittpunkt weitgehend konstant. Lediglich eine angenommene Nutzungsdauer-Verkürzung der CASE-Investition verschob den Schnittpunkt leicht in den optimistischen Bereich.

Ergebnis dieser Variationen war, daß sich zwar die *Lage* der Kosten- und Nutzenkurven änderte, jedoch der *Schnittpunkt* beider Kurven weitgehend im selben Bereich lag. Dies ist auch plausibel, da bei einer Variation der Kostenparameter sowohl die Kosten, als auch *gleichgerichtet* über Kosteneinsparungen die Nutzenwerte verändern.

Trotz relativer Willkürlichkeit der Annahmen soll noch der Versuch gemacht werden, über entsprechende Annahmen zumindest einige der strategischen Nutzeffekte zu bewerten:

- bessere Transparenz im Projektmanagement senkt die Projektkosten; es können 2 Organisator-Stellen eingespart werden;

- gestiegene Motivation von Management, Projektleitung, Fachabteilung und Entwicklern führt zu einer Reduzierung der Fehlzeiten um 30 %;

- eine leichtere Realisierbarkeit spezieller "unüblicher" Problemstellungen vermeidet externe Beratungskosten um 20%.

Dabei wird die Realisations-Chance jeweils als hoch eingestuft.

Man erhält dann bei Verwendung der Standard-Reihenfolge bei der Kumulierung der Nutzenwerte das WARS-Diagramm aus Abbildung 10.

Die mit diesen Annahmen erhaltenen Ergebnisse rücken den Schnittpunkt beider Kurven noch stärker in den pessimistischen Bereich. Eine Investition in CASE ist auch bei weitgehend pessimistischer Betrachtung wirtschaftlich.

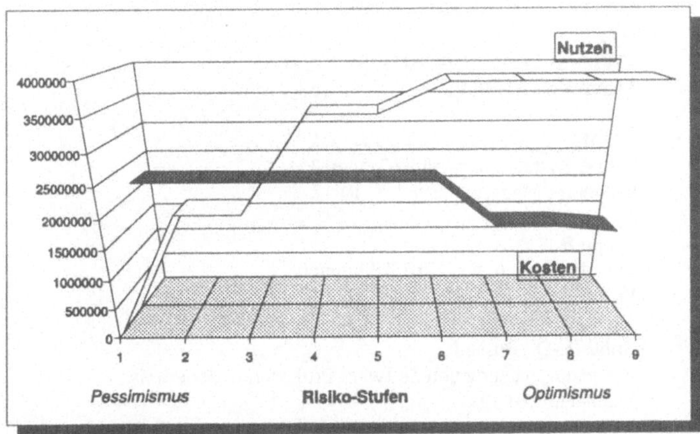

Abbildung 10: WARS-Diagramm mit strategischen Nutzeffekten

Zusammenfassung

Die Anwendung des WARS-Modells auf die Einführung von CASE in einem mittelständischen Unternehmen hat folgendes gezeigt:

- Das Modell ist anwendbar und bringt anschauliche Ergebnisse und daher leicht anwendbare Entscheidungsgrundlagen für die DV- bzw. Unternehmens-Leitung. Nicht bewertbare (qualitative) Nutzenkomponenten können zwar - notwendigerweise - nicht oder nur mit teilweise willkürlichen Annahmen in die quantitative Analyse einbezogen werden, können aber leicht zu den Modellergebnissen "hinzu interpretiert" werden.

- Das Modell reagiert stabil gegenüber einer Variation in den Eingangsgrößen, da nicht die Kosten- bzw. Nutzen*höhe*, sondern die *relative Vorteilhaftigkeit* zum Ausdruck gebracht wird.

- Eine CASE-Einführung ist für ein sehr risikoscheues und vorwiegend auf Einsparungen bedachtes DV-Management derzeit nicht zu empfehlen. Werden jedoch die "strategischen Wettbewerbsvorteile" in die Wirtschaftlichkeitsanalyse einbezogen, so ist CASE auch für Pessimisten attraktiv.

Literaturverzeichnis

[BAIS90]   Baisch E.
              Erfahrungen beim praktischen Einsatz eines CASE-Toolsystems - Auswertung einer Umfrage bei 24 industriellen Anwendern.
              Diplomarbeit. Universität Stuttgart 1990.

[BALZ89]   Balzert H.
               CASE. Systeme und Werkzeuge.
               Mannheim: BI 1989.

[COMP89]   o. Verf.
               CASE-Systeme: Unerfüllte Träume?
               Computer Magazin 5/1989, S. 10-12.

[GRUP87]   Grupp B.
               EDV-Projekte in den Griff bekommen.
               Köln: Verlag TÜV Rheinland 1987.

[KNÖL91]   Knöll H.-D., Busse J.
               Aufwandschätzung von Software-Projekten in der Praxis.
               Mannheim: BI 1991.

[KRCM92]   Krcmar H.
               Informationsverarbeitungs-Controlling in der Praxis.
               Information Management 2/92, S. 6-18.

[MANC91]   Manche A.
               CASE - Ende der Softwarekrise.
               c't 1991, Heft 9, S. 212 ff.

[NAGE88]   Nagel K.
               Nutzen der Informationsverarbeitung: Methoden zur Bewertung von strategischen
               Wettbewerbsvorteilen, Produktivitätsverbesserungen und Kosteneinsparungen.
               München: Oldenbourg 1988.

[NOTH86]   Noth T., Kretzschmar M.
               Aufwandschätzung von DV-Projekten. 2. Aufl.
               Berlin: Springer 1986.

[OTT 91]   Ott H. J.
               Software-Systementwicklung.
               München: Hanser 1991.

[RAUS91]   Rausch T. O.
               Ist CASE reif für die mittelständische Industrie?
               Hausarbeit, Berufsakademie Heidenheim, Dezember 1991.

[RAUS92]   Rausch T. O.
               Wie wirkt sich CASE auf GARDENA aus?
               Diplomarbeit, Berufsakademie Heidenheim, April 1992.

Prof. Dr. Hans Jürgen Ott   Till Olav Rausch
Berufsakademie Heidenheim   GARDENA Kress + Kastner GmbH
Postfach 1130   Hans-Lorenser-Straße 40
D - 7920 Heidenheim   D - 7900 Ulm

Re-Engineering – ein vielversprechender Ansatz zur Investitionssicherung bei großen Software-Systemen

Hans Günter Tempel, München

Zusammenfassung: Software-Systeme sind in den letzten Jahren und Jahrzehnten in immer mehr Bereiche der Wirtschaft und des täglichen Lebens vorgerückt und sind zu einem integralen Bestandteil unserer Umgebung geworden. Solche Systeme bewältigen immer größere und komplexere Aufgaben und entsprechend wächst auch die Komplexität dieser Systeme selbst. Da sich unsere Umgebung ständig verändert und weiterentwickelt, müssen auch die Software-Systeme dieser Entwicklung folgen und sich an die neuen Erfordernisse anpassen. Veränderungen, denen ein Software-System während der Einsatzzeit unterzogen wird, führen in der Regel dazu, daß die ursprüngliche Architektur des Systems immer mehr verwaschen wird. Das System wird komplexer und dadurch immer schwieriger zu überblicken und zu warten. Die Aufwände, die erbracht werden müssen um existierende große Systeme einsetzbar zu halten sind daher enorm. Der Zentralbereich Forschung und Entwicklung der Siemens AG beschäftigt sich mit der Entwicklung von Methoden und Werkzeugen, die speziell darauf abgestimmt sind, den Benutzer bei Aufgaben, der Pflege, Weiterentwicklung und Restrukturierung von im Einsatz befindlichen Software-Systemen zu unterstützen, sowie die Wiederverwendung solcher Systeme oder Systemteile zu fördern.
Der vorliegende Beitrag gibt einen Überblick über Intention und Vorgehensweise beim Re-Engineering. Erfahrungen, die in einer Reihe von Projekten gewonnen wurden, bestätigen den Nutzen und werden hier zusammengefaßt.

1 Motivation

Heutige Software-Systeme sind Wertanlagen in denen oft jahrelange Arbeit, viel Geld und ein Wissen steckt, das im Detail kaum mehr nachzuvollziehen ist. Das ordnungsgemäße Funktionieren solcher Software ist von entscheidender Bedeutung für Erfolg oder Mißerfolg eines Unternehmens. Unglücklicherweise kann Software, die einmal entwickelt wurde und eventuell den Nachweis über korrektes Verhalten erbracht hat, nicht unverändert über einen längeren Zeitraum im Einsatz bleiben. Randbedingungen und Vorgaben unter denen ein Programm entwickelt wurde ändern sich im Laufe der Zeit und demzufolge muß auch das Programm geändert werden um weiterhin einsetzbar zu bleiben und die Investitionen die es repräsentiert für das Unternehmen gewinnbringend zu nutzen. Solche Veränderungen in einem Programm sind meist nicht trivial und verlangen von demjenigen der sie ausführt ein fundiertes Verständnis des Programms, seines Aufbaus, seiner Funktion und Wirkungsweise. In der Regel sind die ursprünglichen Entwickler nicht mehr verfügbar und somit muß der Bearbeiter zunächst versuchen, das Programm zu verstehen bevor er es verändern kann. Je komplexer das Programm ist, desto schwieriger wird die zu erfüllende Aufgabe.

Werkzeuge, die denjenigen der das Programm anpassen und verändern muß, unterstützen, können erheblich dazu beitragen diese Aufgabe zu erleichtern, das Ergebnis zu verbessern und somit letztlich die Investition, die die Software darstellt, zu sichern.

2 Die heutige Situation

Status Quo

Software-Systeme sind heutzutage in Bereiche eingedrungen die noch vor einigen Jahren der Mechanik oder der Elektrotechnik vorbehalten waren. Sie bilden das Kernstück von neuen Telefonvermittlungssystemen, sie steuern Flugzeuge, Schiffe und Hochgeschwindigkeitszüge. Sie haben Karteien und Register verdrängt und speichern riesige Datenbestände von Banken, Versicherungen, Behörden usw. Dieses immer breitere Einsatzgebiet geht mit einer immer stärkeren Aufgabenverlagerung innerhalb von Gesamtsystemen hin zur Software einher. Das bedeutet natürlich auch, daß unsere Software-Systeme immer größer, immer komplexer und damit auch immer teurer werden. Ein, auch nur zeitweiser, Ausfall kann katastrophale Wirkungen haben. Existierende Software-Systeme haben sich im Lauf ihres Einsatzes bewährt und es gibt viele gute Gründe ein sie im Einsatz zu lassen.

Alt-Software hat Vorteile

Alte, also schon längere Zeit im Einsatz befindliche, Software-Systeme entsprechen nicht mehr dem Stand der Kunst der heutigen Software-Entwicklung. Trotzdem haben solche Systeme mitunter entscheidende Vorteile gegenüber neu entwickelten Systemen. "Alte Programme" sind aufgrund ihrer langen Einsatzdauer erprobt, zuverlässig und weitgehend fehlerfrei. Sie erfüllen die Benutzeranforderungen, was von einem neuen System nicht unbedingt immer gesagt werden kann. Sie haben umfangreiche Funktions- und Sicherheitsüberprüfungen bestanden und ihre Zuverlässigkeit unter Beweis gestellt.

Software "lebt"

Es gibt also keinen Grund ein System das seine Aufgabe vollständig und richtig erfüllt zu verändern – es sei denn, die Aufgabe verändert sich. Software-Systeme sind in unsere Umwelt integriert und ein Bestandteil davon geworden. Diese Umwelt jedoch, ist wie ein Organismus ständigen Veränderungen unterzogen und die Programme müssen diese

Änderungen nachvollziehen, wollen sie weiterhin ihre Aufgabe erfüllen. So führte zum Beispiel die Einführung von neuen Banknoten zwangsläufig zu Änderungen in den Programmen von Fahrkartenautomaten, Geldautomaten usw.

Software kann degenerieren

Je größer und komplexer ein Software-System ist, desto schwieriger ist es mitunter die notwendigen Änderungen einzubringen. Große Software-Systeme sind keine amorphen Gebilde, sondern die ursprünglichen Entwickler haben sie strukturiert und eine Architektur dafür entworfen. Diese Architektur ist im allgemeinen nicht offensichtlich. Die ursprünglichen Entwickler stehen meist nicht mehr zur Vefügung um die erforderlichen Änderungen einzubringen, und so werden Änderungen oft in Unkenntnis der urprünglichen Architektur durchgeführt. Das System wächst, die ursprüngliche Architektur degeneriert und wird von solchen "wilden Änderungen" überwuchert. Auf diese Art wird ein Programm in Laufe der Zeit durch Änderungen immer komplexer und damit immer unübersichtlicher und schlechter wartbar.

Änderungen werden meist unter Zeitdruck durchgeführt und deshalb nicht oder nur schlecht dokumentiert. Auf diese Weise verliert eine Systemdokumentation schon nach kurzer Zeit ihren Wert. Der Entwickler, der notwendige Änderungen in ein altes System einbringen muß, steht ohne Dokumentation und ohne erkennbare Systemarchitektur recht hilflos vor einem großen System. Somit wird ein System im Laufe der Zeit immer schwieriger zu pflegen und die Kosten steigen, um das System einsetzbar zu halten.

Kostenentwicklung

Wenn wir über die Kosten reden, die erforderlich sind um existierende Software-Systeme einsatzbereit zu halten, so stellt sich neben der Frage nach der Höhe dieser Kosten natürlich die Frage, ob es günstiger sein könnte die alten Systeme durch neue zu ersetzen. Die Bedeutung im Einsatz befindlicher Software auf die gesamte Kostenentwicklung im DV-Sektor wird in Folgenden von zwei Seiten beleuchtet. Zum einen ist von Interesse, in welchen Phasen des Software-Lebenszyklus welche Aufwände erbracht werden, und zum anderen stellt sich die Frage nach den Gesamtaufwänden.

Betrachtet man die Verteilung der Kosten über die Lebensdauer eines Software-Produkts, so stellt man fest, daß gut zwei Drittel aller Kosten im Bereich Einsatz und Pflege, also nach der ersten Freigabe des Produkts anfallen. Bild 1 illustriert diesen Sachverhalt. Unterschiedliche Quellen berichten von etwas unterschiedlichen Ergebnissen und somit schwanken die absoluten Prozentzahlen etwas. Eine von IBM durchgeführte Studie berichtet von einem Anteil für Pflege und Einsatz von etwa 50%. Unabhängig von den konkreten Zahlen ist eine Übereinstimmung darin zu sehen, daß in dieser Phase die bei weitem meisten Gelder der Software–Entwicklung verbraucht werden.

Neben diesem prozentualen Aufwand pro Produkt spielt natürlich die Gesamtzahl der zu pflegenden Produkte die wesentliche Rolle. Das Centre of Software Maintenance an der Universität von Durham, UK beziffert die Höhe der jährlichen Ausgaben für die Wartung von Software Systemen in Großbritanien auf zirka eine Milliarde Pfund. Capers Jones prognostiert für das Jahr 1999 eine Krise die durch alte Software hervorgerufen wird. [Jone91] Er geht allein für die USA davon aus, daß zu diesem Zeitpunkt alte Systeme in der Größe von etwa 30 Milliarden Lines of Code zu warten sind. Das Durchschnittsalter der eingesetzten Software Systeme wird dann älter als 15 Jahre sein und das Ersetzen wür- de Kosten in Höhe von 250 Milliarden Dollar verursachen.

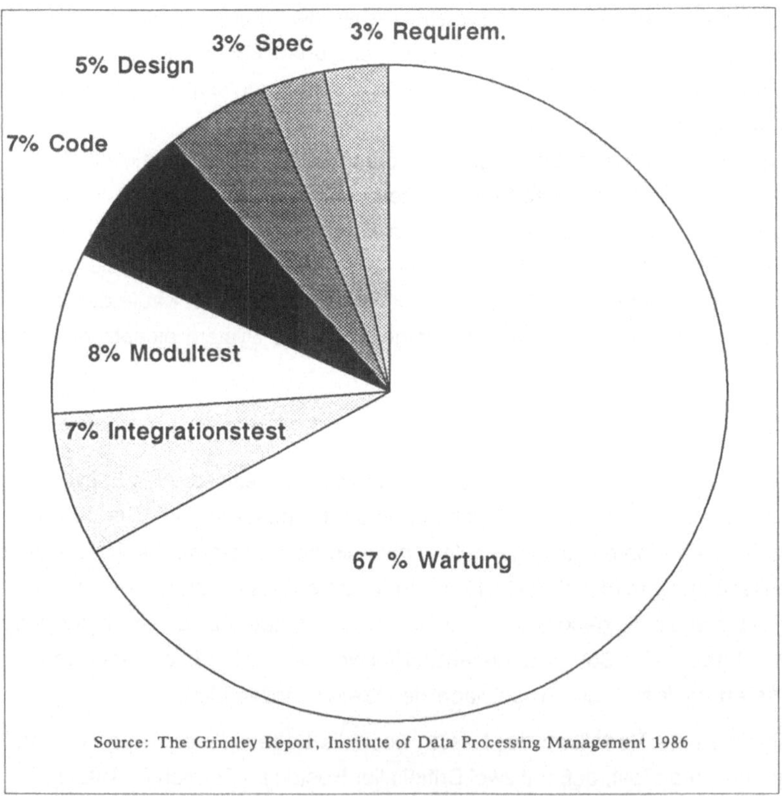

Bild 1: Aufwände während der Lebenszeit eines Softwareprodukts

Die Aufgabenverteilung bei der Software–Entwicklung über die letzten 20 Jahre verdeut- licht nochmals diese Sachverhalte. Bild 2 zeigt die prozentuale Verteilung der Software–

Entwickler auf die Bereiche Neuentwicklung, Erweiterung und Fehlerbehebung. Der Anteil der reinen Neuentwicklung ging stetig zurück und wurde schon vor 1990 von den Aufwendungen für die Wartung überholt. Es wird davon ausgegangen, daß diese Tendenz auch weiterhin erhalten bleibt. Während des betrachteten Zeitraumes stieg weltweit die Zahl der Software-Entwickler von zirka 100.000 1970 auf zirka 15 Millionen im Jahr 1990.

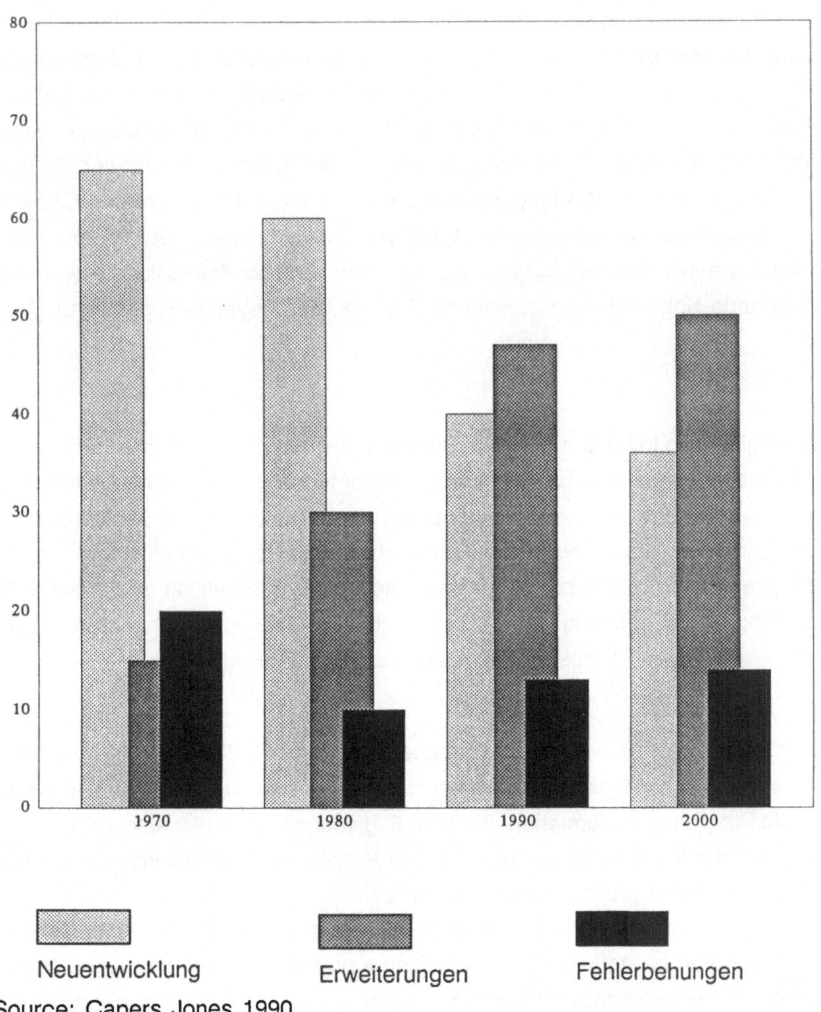

Source: Capers Jones 1990

Bild 2: Prozentuale Verteilung der Software-Entwickler auf die Arbeitsgebiete

Aus den beobachteten Entwicklungen läßt sich ableiten, daß der Bereich Einsatz, Pflege und Weiterentwicklung von existierenden Systemen gute Möglichkeiten bietet um Kosten zu reduzieren. Die sowohl prozentual pro Produkt als auch absolut hohen Aufwändungen in diesem Bereich lassen große Einsparungen erwarten, wenn es gelingt, hier effektive Unterstützung zu leisten.

CASE

Sehr viele Forschungsaktivitäten, sowohl im universitären als auch im industriellen Bereich, konzentrierten sich in den letzten Jahren auf die Unterstützung der Software-Entwicklung. Im Rahmen von CASE (Computer Aided Software Engineering) wurden neue Entwurfsmethoden und Techniken entwickelt und durch integrierte Werkzeugumgebungen unterstützt. Auf diese Art konnten die Kosten für die Neuerstellung von Software reduziert werden. Für die Wartung von existierenden Programmen brachte CASE zunächst keine Vorteile, da es nicht anwendbar war. Indirekt jedoch beeinflußten und ermöglichten die neuen Designprinzipien und Techniken erst die Entwicklung einer neuen, auf existierende Software zugeschnittenen Technik, des Reverse-Engineering.

Reverse Engineering

Reverse Engineering kehrt den Weg des Software-Engineering von den Anforderungen, über Leistungsbeschreibung und Design zur Implementierung und dem einsatzfähigen System um. Es wird also hierbei versucht, aus dem Quellcode eine Strukturbeschreibung und daraus ein Modell oder eine Architektur des Systems zurückzugewinnen. Reverse Engineering greift somit die Punkte auf, die bei der Bearbeitung existierender Programme die meisten Probleme verursachen: eine nicht mehr zu erkennende Architektur und daraus resultierend Probleme beim Verständnis des Programms.

Betrachtet man, wofür ein mit Wartung beschäftigter Software-Entwickler seine Zeit verwendet , so sieht man wie in Bild 3 dargestellt, daß er die meiste Zeit dafür einsetzt, das bearbeitete Programm zu verstehen. Reverse Engineering packt hier also mit der Erzeugung von Beschreibungen für ein existierendes Programm das Problem bei der Wurzel an und eröffnet damit großen potentiellen Nutzen.
Reverse Engineering verwendet Darstellungsarten für alte Programme wie sie auch von CASE Werkzeugen für neu zu erstellende Programme benutzt werden. Dem Benutzer bietet sich somit ein ähnliches Bild, unabhängig davon ob das Programm schon existiert oder erst noch implementiert werden muß.

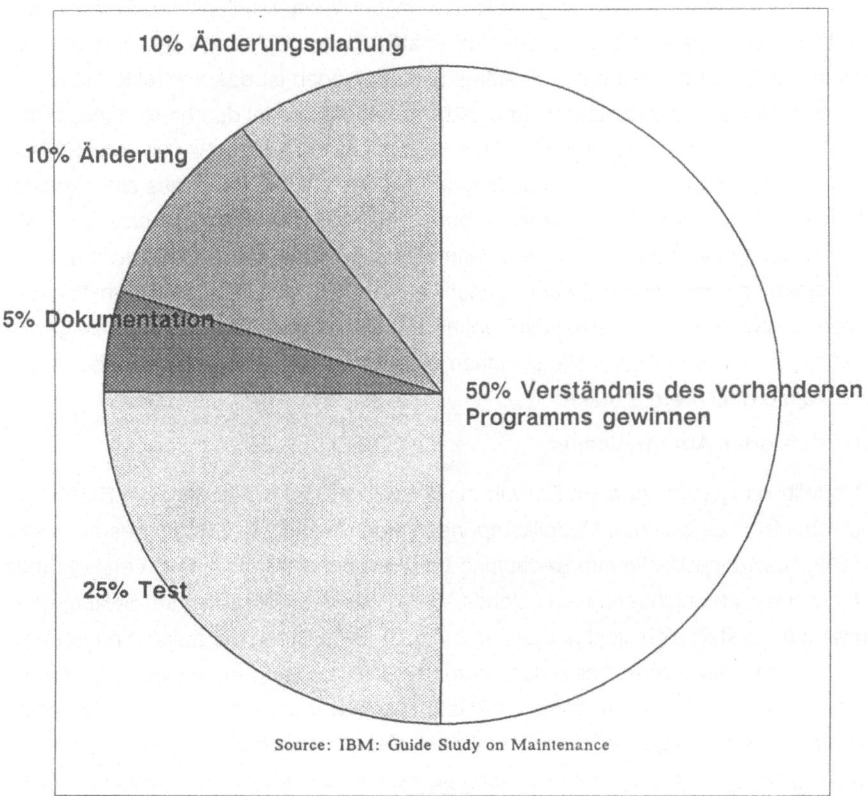

Bild 3: Wofür verbraucht ein mit Wartung beschäftigter SW–Entwickler seine Zeit?

Der große Vorteil von CASE–Systemen besteht in ihrer Fähigkeit, Tests, Analysen und Überprüfungen bereits auf Designdokumenten auszuführen. Gelingt es einem Reverse–Engineering System, zu einem existierenden Programm solche Designdokumente zu erzeugen, so werden CASE–Werkzeuge zumindest teilweise auch für existierende Software anwendbar. Altsoftware wird somit *casefähig* gemacht. Auf diese Art unterstützen sich CASE und Reverse–Engineering gegenseitig und ermöglichen es dem Anwender eine einheitliche Umgebung zu bieten, die auch existierende Software unter modernen Designaspekten betrachtet.

Modelle und Abstraktionen

Wie andere Ingenieursdisziplinen auch, verwendet das Software Engineering Modelle und Modellvorstellungen als Hilfsmittel zur Entwicklung eines Systems. Solche Modelle werden anhand von "Plänen" dargestellt, die, mitunter unterschiedliche, Sichten oder Perspektiven des Systems zeigen. Sie sind Abstraktionen des realen Systems und haben zwar bei der Entwicklung des Systems Einfluß, jedoch ist das abstrakte Modell im letztlich realisierten System nicht mehr explizit vorhanden. Es ist durchaus möglich, daß zwei unterschiedliche Modellierungen eines Systems zu der selben Realisierung führen. Die große Schwierigkeit beim Reverse Engineering besteht nun darin, aus einer konkreten Realisierung wieder eine Abstraktion bzw. ein mögliches Modell zu erzeugen. Abstraktionsbildung bedeutet hierbei die Zusammenfassung von Teilen die zusammengehören, einem gemeinsamen Zweck dienen, zusammen eine abstrakte Funktionalität realisieren. Abstraktion ist hierbei die Technik um Überblick über ein System zu gewinnen, indem man es in Teile zerlegt, denen eine bestimmte Semantik, ein bestimmter Zweck zugeordnet werden kann.

Interaktion oder Automatismus

Die Modellbildung verlangt beim Entwurf eines Systems viel Kreativität vom Entwickler. Er entscheidet, aus welchen Modellkomponenten das zukünftige System bestehen wird und identifiziert eine bestimmte Bedeutung und Funktionalität mit ihnen. Versucht man nun beim Reverse Engineering ein solches Modell aus dem existierenden System rückzugewinnen, so stellt sich nicht nur das Problem, Teile zu finden die zusammengehören, sondern diese gefundenen Teile müssen mit einer Bedeutung belegt werden, die der Benutzer versteht und die ihm widerum hilft das gesamte System zu verstehen. Reverse-Engineering oder Design Recovery kann unter diesem Anspruch nie ein vollautomatischer Vorgang sein, sondern es muß sich dabei um einen interaktiven Vorgang handeln in dem Werkzeuge den Benutzer bei der Inspektion eines Programms unterstützen, ihm Vorschläge unterbreiten, welche Teile zusammengehören könnten, oder wie ein Modell dieses Programms aussehen könnte. Letztlich muß jedoch der Mensch entscheiden, wie das, für ihn verständliche und sinnvolle, Modell des Programms auszusehen hat. Reverse Engineering lässt sich somit auch als die Modellierung eines bereits existierenden Systems ansehen. Im Gegensatz zur Modellierung im Entwurf ist der Benutzer hier nicht völlig frei. Das Modell stellt eine mögliche Strukturierung des Systems dar, auf das das reale System abgebildet werden muß und jenachdem, wie gut diese Abbildung paßt, desto besser paßt das Modell.

Re-Engineering

Paßt das reale System nicht oder nicht vollständig zur gewünschten Modellvorstellung, und das Modell wird als sinnvoll erachtet, so lassen sich nun Maßnahmen ableiten, wie das reale System zu verändern ist, damit es der gewünschten, durch das Modell beschrieben Struktur entspricht.

Re-Engineering umfasst die Rückgewinnung des Designs (Design Recovery) eines existierenden Systems (Reverse–Engineering) und die Veränderung des Systems ausgehend von Veränderungen im gewonnenen Design.

Re–Engineeing zielt also darauf ab, unerwünschte Strukturveränderungen in einem Programm, die im Laufe der Einsatzzeit durch Änderungen aufgetreten sind, zu eliminieren sodaß die ursprüngliche, oder eine andere sinnvolle Architektur des Programms wieder hergestellt wird. Durch diese Maßnahme wird die Qualität des Programm wieder auf das ursprüngliche Niveau angehoben, bzw. darüber hinaus gehoben.

Qualität

Durch das Re–Engineering werden Merkmale wie Modularität und Isolation von einzelnen Leistungsmerkmalen verbessert, was zu besserer Verständlichkeit, einer leichteren Testbarkeit und besserer Wartbarkeit führt. Zusätzlich bleibt die Sicherheit und Erprobtheit der alten Software erhalten. Zusammen führt dies zu einem hohen Qualitätsniveau bei Software die mit Re–Engineering Methoden bearbeitet wurde.

Wann soll ein System mit Re–Engineering-Maßnahmen bearbeitet werden?

Natürlich erfordert die Restrukturierung von alten Programmen wie alle Programmänderungen einen anschliessenden Test des Systems. Es ist daher sinnvoll solche Restrukturierungsmaßnahemn dann anzugehen, wenn dieser Testaufwand ohnehin anfällt. Das heist, also bei der Einbringung neuer Leistungsmerkmale, der Fehlerbehebung, einer Portierung oder vor dem Entwicklungsbeginn einer neuen Version.

3   Erfahrungen bei der Restrukturierung

Im Zentralen Forschungs– und Entwicklungsbereich der Siemens AG wird das Thema Re–Engineering großer Software–Systeme seit einigen Jahren behandelt. Das Re–Engineering von Software–Architekturen spielt dabei, aufgrund der Bedeutung der Architektur, eine übergeordnete Rolle. Die Erfahrungen, die während dieser Zeit im Bereich Re–Engineering von Software–Architecturen in den unterschiedlichen Projekten und mit unterschiedlichen Werkzeugen gemacht wurden, werden in diesem Kapitel zusammengefaßt.

Es handelt sich bei den Projekten um Programme die schon längere Zeit im Einsatz waren und aus unterschiedlichen Gründen überarbeitet werden mußten. Wir bearbeiteten Programme oder Programmteile in der Größenordnung von bis zu 150 000 Lines of Code. Gemeinsam war den Programmen, daß keine aktuelle Dokumentation und teilweise überhaupt keine Dokumentation vorlag. Die Untersuchungen wurden von Bearbeitern durchgeführt, die keine Vorkenntnisse über die bearbeiteten Systeme hatten. Die ermittelten Vorschläge wurden mit den mit der Pflege der Systeme betrauten Mitarbeitern diskutiert und dabei ihre Anwendbarkeit bewertet.

Wir bearbeiteten Programme aus völlig unterschiedlichen Einsatzbereichen, die verschiedene Programmiersprachen, Betriebssyteme und Rechnertypen verwendeten. Obwohl jede dieser Programmiersprachen bestimmte für sie typische Probleme verursachte, war zu erkennen, daß der von uns gewählte Ansatz, über das Verständnis des Systems zu einer sinnvollen Architektur und somit zu einem besseren System zu kommen, allgemein anwendbar war. Bei unseren Einsätzen war klar zu sehen, wo Werkzeugunterstützung wünschenswert oder sogar unerläßlich ist, weil erst dadurch die Möglichkeiten für das Re-Engineering geschaffen werden. Diese Punkte werden in diesem Kapitel als eine Art "Wunschliste" von Eigenschaften, die für die Aufgabe Re-Engineering eingesetzte Werkzeuge erfüllen sollten, aufgeführt.

Einsatzbereiche

In FORTRAN-Programmen stellen große gemeinsam benutzte Datenbereiche, die COMMON-Blöcke, schwierige Bereiche für die Wartung dar. Durch Adressierungsfehler oder irrtümliches Beschreiben eines falschen Teiles eines solchen Blocks können sehr leicht Fehler und Seiteneffekte verursacht werden. Wir analysierten die Zugriffe auf die einzelnen Komponenten der COMMON-Blöcke und ermittelten damit eine neue Strukturierung der Blöcke in kleinere Einheiten. Durch diese Maßnahme lies sich das System modularer und leichter überschaubar gestalten und die Funktionssicherheit erhöhen. [Kell91]
Zur Entwicklung eines Betriebssystems für eine neue Generation von Vermittlungsrechnern sollte der Kern eines existierenden Betriebssystem wiederverwendet werden. Durch den Einsatz unserer Werkzeuge konnte der Kern des in CHILL geschrieben Betriebssystems aus seiner Umgebung herausgelöst und im neuen Umfeld wiederverwendet werden.
Assembler-Programme sind vor allem bei Echtzeit-Anwendungen und bei realzeit-kritischen Anwendungen stark vertreten. Durch die im allgemeinen schlechte Lesbarkeit sowie durch die Verwendung von "Tricks" bei der Programmierung stellen diese Programme ein besonders schwerwiegendes Problem bei der Pflege und Weiterentwicklung dar. Der Einsatz von Werkzeugen ist gerade bei Assembler-Programmen dringend erforderlich, um solche Programme für den Bearbeiter verständlich aufzubereiten. Das Verständnis der Zusammenhänge wurde dadurch deutlich erleichtert und die Umsetzung der Restrukturierungsvorschläge führte zu deutlichen Verbesserungen der Modularisierung der bearbeiteten Programme.
Auch relativ neue Programme, die nach modernen Gesichtspunkten und Entwicklungsmethoden erstellt wurden, sind nicht unproblematisch bei der Weiterentwicklung. C-Programme sind hierfür ein gutes Beispiel. Der Einsatz von Reverse-Engineering Werkzeu-

gen hat sich bei diesen Programmen, die meistens noch eine intakte Architektur besitzen, zur Unterstützung bei der Einarbeitung von neuen Mitarbeitern bewährt.

Informationsgrundlagen

Systemdokumentationen waren, falls vorhanden, bei unserer Arbeit stets nützlich, jedoch konnten sie nicht als zuverlässige Beschreibung des Systems herangezogen werden. Um eine glaubwürdige Informationsbasis zu haben, stützten wir unsere Arbeiten auf den Quellcode der bearbeiteten Programme sowie auf Strukturinformationen und Cross-Referenzen die aus den Programmen erzeugt wurden. Umfang und Qualität der Cross-Referenz-Informationen bestimmte hierbei maßgeblich die Qualität der erzielten Ergebnisse.

Gerade bei großen Systemen haben Cross-Referenzen einen derartigen Umfang, daß auch hier Unterstützung erforderlich ist, wenn sie dem Menschen helfen sollen ein das System zu verstehen. Grafische Werkzeuge bringen hier große Vorteile.

Browsing – Visualisierung

Die Visualisierung von Programmstrukturen hat sich als ein wesentliches Mittel herausgestellt, um zu einem Verständnis eines Programms zu gelangen. Hierbei sind vor allem drei Aspekte von besonderer Bedeutung:

Abstraktion hilft einen Überblick zu gewinnen, sich in dem betrachteten System zurechtzufinden und gezielt interessierte Bereiche näher zu betrachten.

Konzentration auf einen Bereich oder eine Komponente ermöglicht die Zusammenfassung aller bedeutenden Teile, die sonst mitunter über das ganze System verteilt sind. Die Darstellung einer Funktion zusammen mit allen Systemteilen die sie benutzt oder von denen sie benutzt wird hilft dem Benutzer Systemverflechtungen zu erkennen und eventuell aufzulösen. Das System wird von dem Standpunkt dieser Funktion aus betrachtet. Eine solche Konzentration auf eine Funktion ist weder im Quellcode der Funktion erkenntbar (dort ist nicht zu erkennen wer die Funktion benutzt), noch in Cross-Referenzen da dort normalerweise keine Datenzugriffe, Konstanten- oder Typverwendungen etc. auftauchen.

Interaktion erlaubt dem Benutzer, seinen Blickwinkel frei zu wechseln und das System von immer anderen Standpunkten aus zu betrachten und sich somit durch das System zu bewegen.

Diese Techniken helfen dem Benutzer zunächst einmal, das vorliegende System zu verstehen und greifen damit ein Grundübel bei der Bearbeitung existierender Systeme an. Viele Fehler, die bei der Änderung existierender Programme gemacht werden, resultieren aus der Unkenntnis der Zusammenhänge in dem Programm.

In der Literatur wie z.B. /Hall92/ werden die Aufwendungen für das Verstehen existierender Programme mit 30% bis 35% des gesamten Aufwands für die Wartung beziffert. Jede Unterstützung in diesem Bereich spart daher viel Zeit und Geld ein, was gerade bei den Visualisierungstechniken durch unsere Erfahrungen belegt wurde.

Inspektion des Quellcodes

Oftmals ist eine reine Begutachtung der Außenbeziehungen eines Programmteils nicht ausreichend, um entscheiden zu können ob eine Funktion z.B. in einen anderen Modul umgelagert werden soll oder nicht um dadurch die Modularität des Systems zu erhöhen. In diesem Fall ist es wünschenswert aus einer abstrakten graphischen Darstellung heraus einen direkten Zugriff auf den Quellcode eines betrachteten Programmteils zu fordern. Die gezielte Inspektion des Quellcodes ermöglicht dem Benutzer dann eine detaillierte Untersuchung des betroffenen Programms, erleichert ihm eine zu treffende Entscheidung und ermöglicht ebenso eine direkte Veränderung des Programmcodes. Werkzeuge die eine solche Rückabbildung von der graphischen Repräsentation zum Quellcode nicht bieten, stellten sich bei unseren Untersuchungen als wenig hilfreich heraus.

Berechnung von Schnittstellen

Durch Visualisierungstechniken und graphische Abstraktion wird die Möglichkeit geschaffen, ein graphisches Modell des betrachteten Systems zu entwickeln. Dabei werden entweder manuell oder automatisch Systemteile wie Funktionen, Prozeduren oder Daten zu abstrakteren Einheiten zusammengefaßt. Für den Benutzer ist es nun von Interesse, wie sich Zugriffsverflechtungen in diesem Modell des Systems darstellen, um die Qualität seiner Modellierung direkt beurteilen zu können. Hierfür ist Werkzeugunterstützung zu fordern, da die berechneten Schnittstellen alle Beziehungen erfaßen müssen, die zwischen den betrachteten Komponenten existieren.

Lokalität – Seiteneffekte

Seiteneffekte sind ein bedeutendes Problem bei der Veränderung existierender Systeme. Die Frage "Welche Funktionen sind betroffen wenn ich eine Datentyp ändere?" wird manchmal erst beim Einsatz der geänderten Software beanwortet. Eine Änderung bewirkt oft mehr als sie bewirken sollte und aufwendige Tests sind notwendig, um nachzuweisen, daß eine Änderung keine Seiteneffekte verursacht hat. Eine gute Modularisierung ist eine Möglichkeit das Auftreten von Seiteneffekten zu verringern und somit die notwendigen Tests nach einer Änderung möglichst klein zu halten.

Bei hinreichend guter Informationsbasis besteht die Möglichkeit für jede einzelne Programmgröße den Bereich in dem sie wirklich benutzt wird, zu ermitteln. Mögliche Seiteneffekte die von einer Programmgröße ausgehen, sind dann auf diesen Bereich eingrenzbar. In manchen Programmiersprachen besteht die Möglichkeit, eine Funktion, einen Typ oder ein Datum lokal für einen bestimmten Modul oder ein Subsystem zu machen. Die Berechnung des Verwendungsbereiches liefert die hierfür notwendigen Informationen und hilft damit ein System sicherer und weniger anfällig für Fehler zu machen. Der Testaufwand läßt sich durch solche Maßnahmen deutlich reduzieren.

Die automatische Generierung von Testlisten, die beschreiben, welche Komponenten von Modifikationen direkt oder indirekt betroffen sind und entsprechen getestet werden müssen, ist hierbei eine weitere konkrete Umsetzung der geforderten Möglichkeiten. In C-Programmen ist es üblich, Macros, Deklarationen usw. in Headerfiles zu schreiben und diese Files, dort wo sie benötigt werden, mittels einer include-Anweisung einzubinden. In der Realität werden jedoch meist alle Header-files eingebunden die eventuel gebraucht werden könnten, da in der Regel niemand weiß, was wirklich gebraucht wird. Auch in diesem Fall liesse sich durch die vorgeschlagenen Berechnungen das Übel mindern und die include-Strukturen auf das wirklich notwendige Maß reduzieren.

Automatische Generierung von Architekturen

Entwirft ein Entwickler eine Software-Architektur, so hat er unterschiedliche Gründe, wieso er eine bestimmte Funktionalität in einer Komponente kapselt. Dementsprechend realisieren die unterschiedlichen Komponenten eines Systems unterschiedliche Design-Entscheidungen. Ein Modul, das einen abstrakten Datentyp repräsentiert, hat eine andere Struktur wie ein Schnittstellenmodul, das die Schnittstelle zu einem anderen System kapselt. Beide Moduln verbergen eine Designentscheidung. Wesentlich ist die Kenntnis solcher Entscheidungen, um eine vorliegende Struktur beurteilen zu können. Eine automatische Generierung einer Architektur legt den selben Maßstab für alle Komponenten zugrunde und wird demzufolge nur bei einigen Fällen zu einem wirklich guten Ergebnis führen.

Die automatische Generierung von Architekturen hat sich aber als alternative Betrachtungsform, als anderen Blickwinkel auf ein System bewährt und hilft auf diese Weise, dem Bearbeiter neue Erkenntnisse über ein bearbeitetes System zu gewinnen.

Schwachstellenanalyse

Neben der Möglichkeit, sich von einem Werkzeug eine vollständig neue Architektur für ein existierendes System erzeugen zu lassen, wäre es wünschenswert, eine existierende Architektur durch ein Werkzeug bewerten zu lassen. Bewertung bedeutet in diesem

Kontext nicht die Vergabe einer Note für Architekturqualität, denn das wäre weder sinnvoll noch hilfreich für den Benutzer. Bewertung ist hier in dem Zusammenhang zu sehen, daß Systemteile identifiziert werden, die sich in irgendeiner Weise vom rest des Systems abheben. Um eine solche Bewertung ausführen zu können muß das verwendete Werkzeug in der Lage sein, automatisch "ideale" Architekturen zu erstellen, die es mit der aktuellen Architektur vergleicht. Damit ein Benutzer einer solchen Bewertung Beachtung schenkt, muß das Werkzeug in der Lage sein, seine Vorschläge zu begründen.

Bei unseren Untersuchungen hat sich die Schwachstellenanalyse als äußerst vielseitig einsetzbare Funktionalität erwiesen. Die gelieferten Ergebnisse, also z.B. "fehlplazierte" Funktionen von Moduln, stellten nur zum Teil Fehler der Systemarchitektur dar. Zum Teil wurde durch diese Analyse der Aufruf falscher Funktionen – also echte Codier-Fehler – und nicht nur mangelhafte Strukturierung aufgedeckt. Auf jeden Fall aber führte die Schwachstellenanalyse zu "besonders sensitiven Bereichen" im System, die besondere Betrachtung erforderten. Die eingehende Analyse solcher Stellen im System ergab einen gut geeigneten Weg, um dieses detailliert kennenzulernen. Die Schwachstellenanalyse hat sich daher neben ihrer eigentlichen Aufgabe, der Entdeckung von Strukturfehlern, als sehr geeignetes Mittel zur Einarbeitung in fremde Systeme entpuppt.

Granularität

Bei unseren Arbeiten beschränkten wir uns auf das Niveau von Funktionen, Prozeduren, Daten usw als kleinste Einheiten die wir betrachteten. Wir waren bestrebt, durch eine neue oder verbesserte Strukturierung die Modularität und damit Wartbarkeit des betrachteten Programms zu verbessern. Es zeigte sich dabei, daß durch eine Umgruppierung von Systemteilen die Komplexität des Gesamtsystem deutlich reduziert werden kann. Es stellte sich jedoch auch heraus, daß die Systemkomplexität teilweise auf die interne Komplexität einzelner Funktionen zurückzuführen ist. In diesen Fällen ist eine deutlich mächtigere Informationsbasis erforderlich, die letzlich nur durch Maßnahmen der Einbeziehung der Kontrollflußanalyse und der Datenflußanalyse, in die statische Architektur-Analyse gewonnen werden kann, was Thema unserer weiterer Arbeiten sein wird.

Werkzeuge

Um unsere Arbeiten ausführen zu können, war Werkzeugunterstützung notwendig. Werkzeuge zur Restrukturierung des Kontrollflusses oder Programmtransformatoren, die ein Programm von einer Programmiersprache in eine andere übersetzen, werden recht zahlreich am Markt angeboten. Solche Werkzeuge sind jedoch zur Restrukturierung von System-Architekturen nicht geeignet. Für diesen Einsatzfall ist das Werkzeugangebot gering und die meisten Werkzeuge erfüllen nur einen kleinen Teil unserer Anforderungen. Wir verwendeten für unsere Arbeiten im Wesentlichen das Werkzeug ARCH von

Siemens Corporate Research in Princeton, NJ, das unseren Ansprüchen weitgehend gerecht wurde. Arch ist ein interaktives graphisches Werkzeug das es ermöglicht Software-Architekturen zu erkennen, sie graphisch darzustellen, zu bewerten und zu verbessern. Das Werkzeug ist, abgesehen von einem Frontend, sprachunabhängig aufgebaut und ist wie unserere Arbeiten gezeigt haben in einem weiten Bereich von Aufgabenstellungen einsetzbar. Detaillierte Beschreibungen zu Arch sind in [SCHW91] zu finden.

4 Resumee

Die Unterstützung bei der Weiterentwicklung und Pflege von existierenden Software Systemen wurde bislang, was Forschungsaktivitäten als auch Werkzeugangebot anbelangt, geradezu stiefmütterlich behandelt. Die ständig wachsende Zahl der zu pflegenden Systeme und ihre inhärente Komplexität erfordern jedoch dringend Werkzeugunterstützung. Unsere Erfahrungen haben gezeigt, daß Werkzeuge zwar nicht alle Probleme lösen können. Es wurde aber ebenso deutlich, daß sich ihr Einsatz lohnt. Angesichts der immensen Ausgaben, die während der Pflege existierender Systemen anfallen, wirkt sich eine Unterstützung in diesem Bereich besonders günstig aus.
Da unsere heutigen Systeme immer größer, teurer und komplexer werden, ist eine Unterstützung, wie sie hier vorgestellt wurde dringend erforderlich damit solche Systeme für den Menschen wieder begreifbar werden. Die Ersetzung durch neue Systeme stellt hierbei aus Kostengründen und anderen Randbedingungen keine Alternative dar, außerdem werden auch diese Systeme wieder zu "Pflegefällen".
Ein mit Re-Engineering Maßnahmen bearbeitetes System ist nicht nur leichter zu pflegen, sondern es wird darüber hinaus der Grad der Wiederverwendbarkeit des Systems oder seiner Teile erhöht, was zu weiteren deutlichen Einsparungen bei der Entwicklung neuer Systeme führen kann.
Die Re-Engineering existierender Systeme ist eine komplizierte Tätigkeit, die auch entsprechende Aufwände erfordert. Neben den notwendigen Werkzeugen muß auch die Bereitschaft vorhanden sein, in existierende Software-Systeme Arbeit zu investieren die über schnelle Anpassungen und Fehlerbehebungen hinausgehen. Auf diese Art läßt sich die weitere Strukturverschlechterung eingesetzter Software-Systeme verhindern, ihre Struktur wieder herstellen und somit die Investitionen die sie repräsentieren, langfristig sichern.
Die Aufwände zum Re-Engineering lohnen sich, denn sie bringen deutlich mehr Nutzen als sie kosten. Durch die richtige Pflege kann Software somit zu einer Wertanlage werden, die ihren Wert langfristig erhält und ihn sogar steigert.

Literaturverzeichnis

[Hall92]   Hall, P A V
                Overview of reverse engineering and reuse research
                Information and Software Technology April 1992

[Jone91]   Capers Jones
                Software Productivity Research, Inc
                Burlington, MA
                Seminarunterlagen 1991

[Kell91]   Keller,T. , Gruber, W.
                Restrukturierung von COMMON-Blöcken in FORTRAN-Programm-
                men.
                Interner Bericht 1991

[Lebs90]   Lebsanft, K, Keller T, Tempel, H.G. Gruber, W
                Reverse Engineering
                Interner Bericht 1990

[Parn71]   Parnas, David L.
                On The Criteria To Be Used In Decomposing Systems Into Modu-
                les.
                Technical Report, Computer Sciences Department, Carnegie-Mel-
                lon University, 1971

[RoHa90]   Rock-Evans, R and Hales, K
                Reverse Engineering: Markets, Methods and Tools
                Ovum Ltd 1990

[Schw91]   Schwanke, Robert W.
                An Intelligent Tool for Re-engineering Software Modularity
                Proc. Thirteenth IEEE International Conference on Software Engi-
                neering, IEEE Computer Society Press, 1991

Dipl.-Ing. Hans Günter Tempel
Siemens AG, ZFE BT SE 3
Otto-Hahn-Ring 6
D-8000 München 83
Tel.: (089) 636 42244
email: tempel@ztivax.zfe.siemens.de

Chancen und Risiken innovativer Produktpolitik am Software-Markt

Dr. Cornelia Zanger, Aachen

Zusammenfassung

Angesichts eines sich dynamisch entwickelnden Software-Marktes stellt sich die Frage nach Erfolgsfaktoren an diesem Markt. Neben solchen Faktoren, wie Softwarequalität, Preis, Service, spielt das Angebot an innovativer Software eine wesentliche Rolle. Im Aufsatz wird der Frage nachgegangen: Wann ist Software innovativ ? Es wird ein Meßansatz zur Bewertung des Innovationsgrades vorgestellt. Desweiteren werden innovationsfördernde Bedingungen und Innovationsbarrieren dargestellt, die den Erfolg einer an Innovation orientierten Produktpolitik am Software-Markt bestimmen.

1 Software-Markt und Software-Klassen

In den letzten Jahren hat sich der Einsatz modernster Informations- und Kommunikationstechnik zu einem wesentlichen strategischen Erfolgsfaktor für Unternehmen in allen Branchen entwickelt.

Standen in den 70/80er Jahren eher Rationalisierungsbestrebungen im Vordergrund von Entscheidungen zur Einführung von Informationstechnologien, so geht es zu Beginn der 90er Jahre im "Wettbewerb der Informationssysteme" um strategische Vorteile.[1]

Als Element moderner Informationstechnik hat Software bis zum Beginn der 90er Jahre ein stetig wachsendes Gewicht erlangt. Dies ist zum einen durch die Erfüllung wachsender Ansprüche an die Software-

---

[1] Österle (1990), S. 12

qualität bedingt, die sich in steigendem Funktions- und Leistungs-
umfang, größerer Anwenderfreundlichkeit, höherer Zuverlässigkeit und
verbesserter Wartbarkeit äußern.[2] Zum anderen ist dafür die wachsende
wirtschaftliche Bedeutung der Software maßgebend.

Die wirtschaftliche Dimension der Software ist schrittweise ge-
wachsen. War Software in der 1. und 2. Rechnergeneration in Form von
Ein- und Ausgaberoutinen und einfachen Programmen kostenlose
"Zugabe" zur Hardware, so wurde sie mit den folgenden Rechner-
generationen und der wachsenden Nachfrage nach Anwendungslösungen zu einem selbständig am Markt angebotenen Produkt.

Ein sich dynamisch entwickelnder Software-Markt, dessen
durchschnittliche jährliche Zuwachsrate bis zum Jahr 2000 mit ca. 20 %
eingeschätzt wird, hat sich weltweit herausgebildet.[3]

Im Unterschied zu anderen Teilmärkten des Informatik-Marktes
(z.B. Halbleiterbauelemente, Informationsverarbeitungstechnik, Un-
terhaltungselektronik), die von japanischen Konzernen beherrscht werden, wird der Software-Markt gegenwärtig zu fast 60 % von USA-Firmen
kontrolliert.[4] Die führenden amerikanischen Softwarefirmen, darunter
Microsoft, Lotus und Word Perfect, erzielten laut Angaben ihres
Dachverbandes SPA (Software Publisher Association) 1991 europaweit
eine Umsatzsteigerung von 42,6 Millionen Dollar auf nahezu 1,4
Milliarden Dollar, was einem Zuwachs von knapp 32 % entspricht.[5]

---

[2] Griese et al. (1987), S. 523
[3] Zukunftskonzept Informationsverarbeitung (1989), S. 19
[4] Brandt, R.; Schwartz, E.J.; Gross, N. (1991), S. 62
[5] o.V. Software-Boom durch Windows (1992), S. 15

Der Software-Markt in der BRD läßt das in Abbildung 1 dargestellte Modell erkennen, das ausgehend von einer empirischen Erhebung erstellt wurde.[6] Es zeigt sich, daß neben den Hardwareproduzenten unabhängig von diesen Softwareentwickler und -anbieter existieren, die Software zu ihrem ausschließlichen Unternehmensziel gemacht haben.

Verbunden mit der Profilierung der Software als selbständiges Produkt und der Entwicklung des Software-Marktes ist auch eine deutliche Ausweitung des Software-Begriffs

a) in produktbezogen- technischer Hinsicht

b) in marktbezogener Hinsicht.

War Software ursprünglich auf die Steuerung von Computern und deren Nutzung für die Lösung von Anwendungsproblemen fixiert, so spielt heute auch die in Produkten integrierte Software eine zunehmende Rolle. Diese, häufig auch als "Firmware" bezeichnete Software, kann im Vergleich zur Hardware Funktionen oft schneller, kostengünstiger und in hoher Qualität ausführen, manchmal aber auch völlig neue Produkteigenschaften realisieren. Dabei ist diese "produkt-integrierte Software" ebenso stark systemgebunden, wie herkömmliche Steuer- und Dienstprogramme von EDV-Anlagen, die Teile der System-Software bilden.

Eine Differenzierung des Softwarebegriffs in produktbezogen-technischer Hinsicht führt gemäß Abbildung 2 zu drei Softwareklassen.

Eine systematische Untersuchung der Software führt über die bisher erwähnten funktionalen Aspekte hinaus zwangsläufig zur Frage nach dem Marktcharakter der Software. Im allgemeinen wird davon

---

[6] Buschmann et al. (1989), S. 10

Abbildung 1: Das Software-Markt-Modell für die BRD

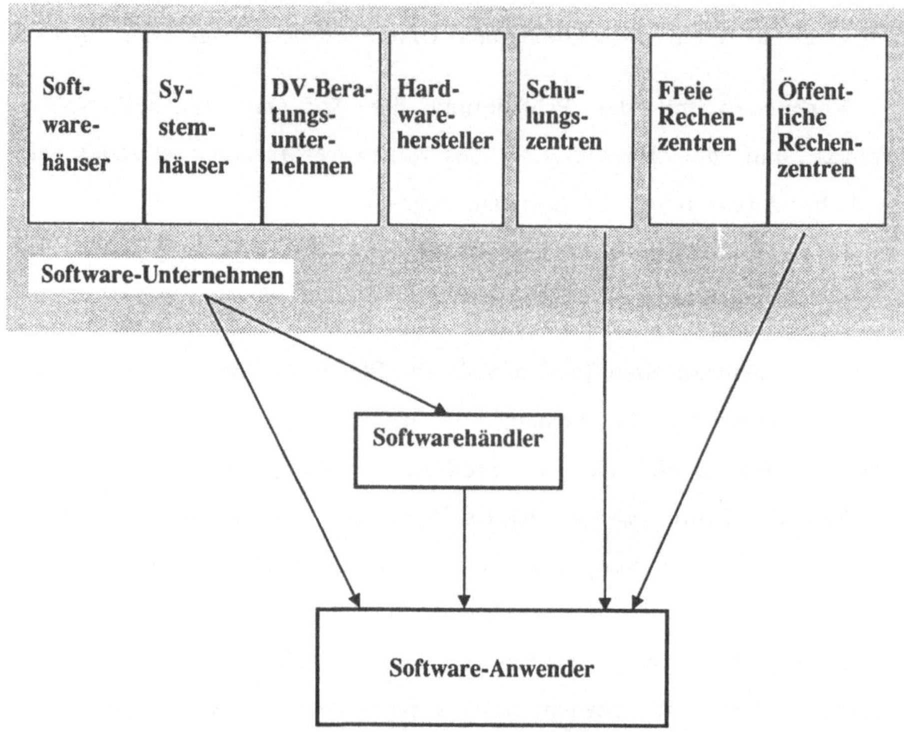

Quelle: Buschmann et al. GMD-Studien (1989 / 167), S.10

Abbildung 2: Differenzierung des Softwarebegriffs in produktbezogen - techn. Hinsicht

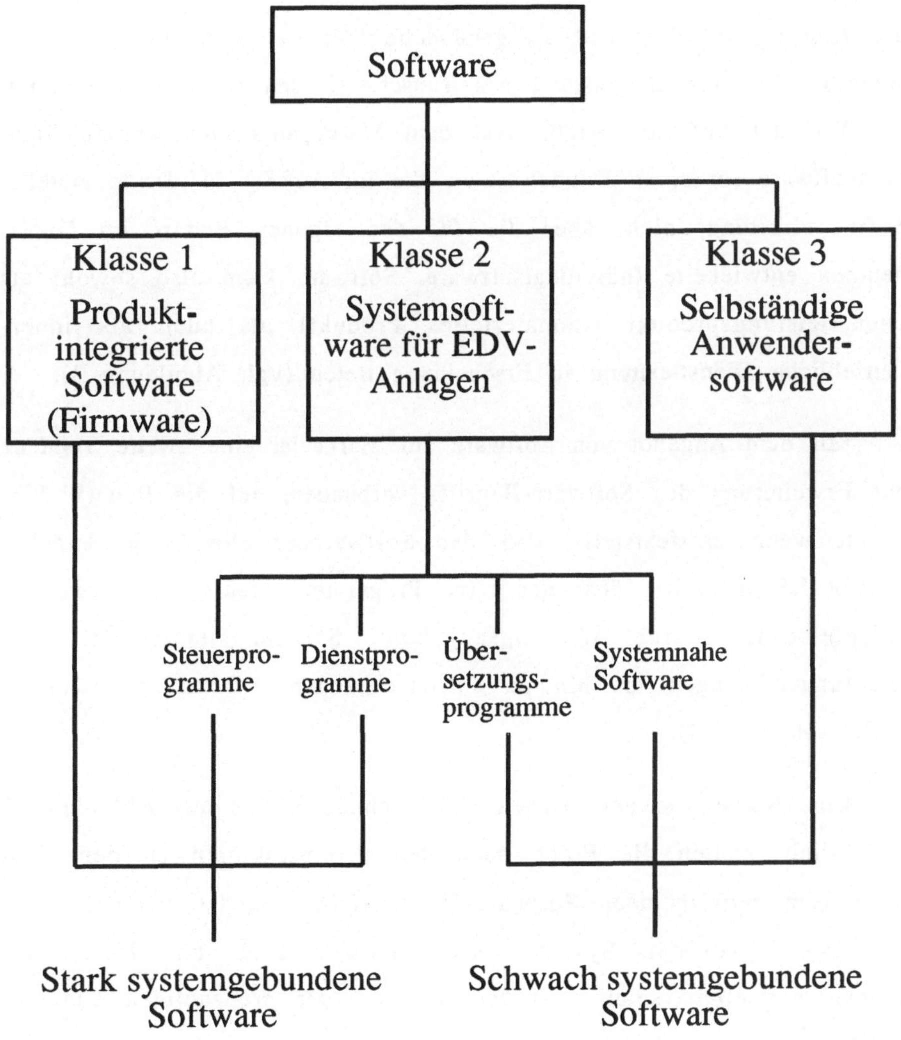

Quelle: Eigene Erstellung unter Berücksichtigung von Biethahn, J. (1992), S. 90

ausgegangen, daß es sich bei der Software um ein immaterielles Produkt oder ein Dienstleistungsprodukt[7] handelt. Erfaßt das die Software in ihrer Gesamtheit? Geht man vom Produktbegriff aus, der das Produkt als Kaufobjekt[8] sieht und als gebündelte Menge von Eigenschaften beschreibt, die zum Gegenstand des Tauschs werden sollen,[9] so wird nur ein Teil der Software erfaßt. Auf dem Markt angeboten werden Standardsoftware für einen Kunden sowie die im Auftrag für Dritte erstellte Softwareleistung, nicht aber die für den eigenen Bedarf im Unternehmen entwickelte Individualsoftware. Software kann also sowohl als Dienstleistungsprodukt (immaterielles Produkt) als auch als innerbetriebliche Dienstleistung in Erscheinung treten (vgl. Abbildung 3).

Mit dem Angebot von Software am Markt ist eine zweite Tendenz zur Erweiterung des Software-Begriffs verbunden, auf die Bauer[10] hinweist, wenn er feststellt, daß der Softwarehersteller sein Angebot additiv leistungsseitig über das reine Programm hinausgehend erweitert, beispielsweise durch Wartungsangebote, Schulungsleistungen, Entwicklungsleistungen bis hin zu softwarebezogenen Beratungsleistungen (vgl. Abbildung 4).

Eine Reihe von empirischen Untersuchungen, wie aus Abbildung 5 ersichtlich, stellen die Frage nach den Erfolgsfaktoren an dem sich dynamisch entwickelnden Software-Markt. Neben solchen Faktoren, wie Qualität, Flexibilität, Systemangebot, Service, Preis und Image des Softwareherstellers spielt - insbesondere in der großzahligen Untersu-

---

7 Neugebauer (1986), S. 36. Die Anwendung des Dienstleitungsbegriffs geht auf Gutenberg (1961), S. 2 zurück, der die Bereitstellung von Dienstleistungen als Form
der betrieblichen Leistungserstellung explizit hervorhob.
8 Kotler (1989), S. 424
9 Brockhoff (1988), S. 10
10 Bauer, H.H. (1991), S. 223-251, bes. S. 225

Abbildung 3:   Die Abgrenzung des Produktbegriffes für Software

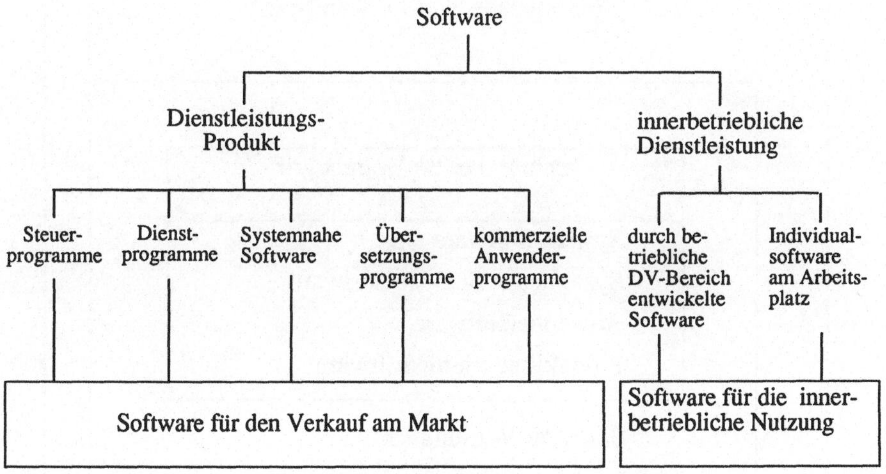

Abbildung 4: Erweiterung des Softwarebegriffes aus marktbezogener Sicht

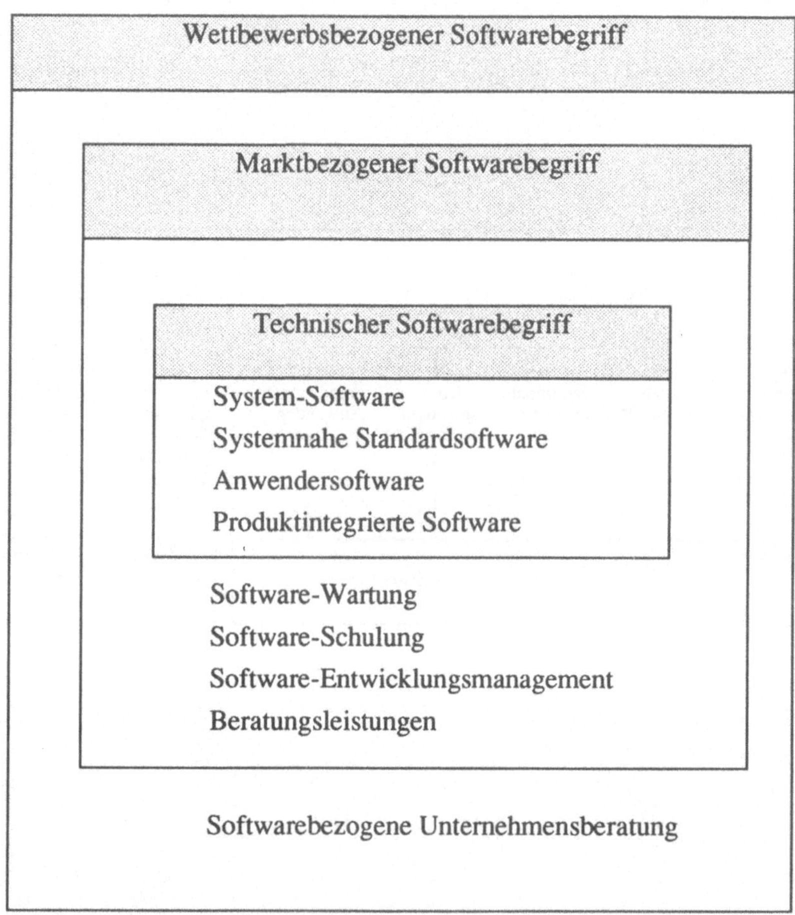

In Anlehnung an Bauer, H.H. (1991), S. 225

Abbildung 5: Empirische Untersuchungen zu Erfolgsfaktoren des Software-Marketings

	Jahr	n	Software-qualität	Software-flexibilität	Innovations-grad	Funktionalität	Dokumenta-tion	System-angebot	Preis	Wettbewerbs-situation	Image	Service
Englert	1974	71 Anbieter 47 Abnehmer	●	●		●	●		●			●
Klandt / Kirschbaum	1985	25 Anbieter						●				
Neuge-bauer	1986	128 Anbieter	●							●		●
Busch-mann et al.	1989	318 Anbieter 973 Abnehmer	●		●		●	●				●
Hirsch-berger - Vogel	1990	78 Anbieter	●	●		●						●
Preiß	1990	194 Anbieter 73 Abnehmer	●	●		●	●		●	●	●	●

chung von Buschmann et al.[11] nachgewiesen - das Angebot an Software mit hohem Innovationsgrad eine wesentliche Rolle für den Markterfolg .

Das scheint sowohl angezeigt für den traditionellen Bereich des Angebots von Standardsoftware, in dem durch die starke Nivellierung des Leistungsangebotes der einzelnen Hersteller, eine echte Differenzierung im Wettbewerb nur durch Lösungen mit deutlich höherem Innovationsgrad erzielt werden kann, gilt aber ganz besonders für die Klasse der Anwendersoftware und für produktintegrierte Lösungen.

2 Bestimmungsfaktoren des Software-Innovationsprozesses

Es ergibt sich nun die Frage: Wann ist Software innovativ? Als Meßgröße kann ein *Innovationsgrad der Software* bestimmt werden, der die Neuheit der Software bewertet.

Bisherige Ansätze zur Messung der Neuheit von Produkten, wie sie aus der Innovationsforschung bekannt sind, können Anregungen, aber keine Lösung für das Problem der Neuheit von Software geben.[12]

Witte hat zum Beispiel bei der Erstbeschaffung von EDV-Anlagen die Größe des "Schrittes ins Neuland" auf drei Stufen (niedriger, mittlerer, hoher) Innovationsgrad gemessen.[13]

Der *Neuheitsgrad* kann als objektbezogene Bestimmung der technischen Fortschrittlichkeit der neuen Lösung im Vergleich zu bisher

---

11 Buschmann et al. (1989)
12 vgl. Brockhoff, K./Zanger, C. (1992), S. 2-8
13 vgl. Witte, E. (1988), S. 155 f.

bekannten Lösungen, die durch den naturwissenschaftlich-technischen Wissenszuwachs im Vergleich zur Basislösung geprägt wird, angesehen werden.

Damit verbunden ist:

die *technische Bedingtheit* des Neuheitsgrades, woraus folgt, daß es sich bei seiner Bestimmung um ein Problem im Schnittpunkt von Technik und Betriebswirtschaft handelt. Da kein objektiver Maßstab für Neuheit existiert, ist die Bestimmung des Neuheitsgrades in der Regel eine *Vergleichsmessung* anhand verschiedener Objekte entweder im zwischenbetrieblichen oder innerbetrieblichen Rahmen. Der Neuheitsgrad ist eine *zeitpunktbezogene Größe*, die sich auf den zum Zeitpunkt der Messung vorhandenen technischen Wissensstand bezieht und letztlich stellt sich der Neuheitsgrad *branchengebunden* dar, da sich die einzelnen Branchen sehr stark hinsichtlich ihrer Wissens- und Innovationsdynamik unterscheiden können.[14]

Im allgemeinen vermutet wird ein enger Zusammenhang zwischen der Neuheit einer innovativen Aufgabenstellung und weiteren Bestimmungsfaktoren von Innovationsprozessen, wie

- Komplexität (komplexe Aufgaben haben eher einen hohen Neuheitsgrad als weniger komplexe)

- Stukturierbarkeit (gut strukturierbare Aufgaben sind i.a. wenig neu)

- Variabilität (Aufgaben mit einem schlecht vorhersehbaren Lösungsprozeß sind eher neu)

- Kompliziertheit (die Lösung komplizierter Probleme führt zu einem hohen Neuheitsgrad)

---

14 Penzkofer, H. (1991), S. 3-12 und vorangehende Arbeiten von Scholz, L. (1974) sowie Scholz, L. (1977)

- Informiertheit (der Zustand unvollkommener Informationen deutet in der Regel auf einen hohen Neuheitsgrad der Aufgabenstellung hin).

Neuheit ist bei Software ebenso wie bei anderen Innovationen folglich nur eine einzelne Eigenschaft, die mit anderen Softwareeigenschaften, wie Komplexität, Funktionalität, Grad der Fehlerfreiheit, zeitgerechte Entstehung, Aufwand usw. interdependent sein kann.

Empirische Untersuchungen deuten darauf hin, daß die herkömmliche Entwicklung von Software als ein in kleinen Schritten kumulativ fortschreitender Prozeß beschrieben werden kann.[15] Dieser kumulative Prozeß zeigt sich darin, daß Softwarehersteller geringfügige Neuerungen als neue Versionen oder Modifikationen anbieten. Gelegentlich entsteht solche Software auch als Ergebnis eines über die bloße Fehlerkorrektur hinausgehenden Wartungsprozesses.[16] Software, die im Sinne der Realisierung neuer Funktionen und veränderter Systemeinbindung als neu angesehen wird, erhält oft die Bezeichnung eines neuen Produkts. Sie entsteht typischerweise im Rahmen eines Entwicklungsprozesses.[17]

Im Rahmen einer empirischen Untersuchung wurde versucht, Meßansätze für den Neuheitsgrad von Software zu explorieren, zumal sich in der Literatur, wie bereits erwähnt, kein Meßkonzept für die Neuheit von Software findet.[18]

Es wurde keine repräsentative Auswahl von Softwareprodukten angestrebt, um deren Neuheitsgrad zu beurteilen, vielmehr wurde versucht, möglichst unterschiedliche Typen von Software zu betrachten. Dazu wurden drei Unternehmen schriftlich befragt, zum Teil durch Interviews unterstützt, die den Schwerpunkt ihrer Software-

---

[15] Friedman, A.L. mit D.S. Cornford (1989)
[16] Lientz, B.P., Swanson, E.D. (1980)
[17] Brockhoff, K. /Zanger, C. (1992), S. 6
[18] vgl. zu den folgenden Ausführungen Brockhoff, K. / Zanger, C. (1992), S. 12-30

Entwicklungen jeweils bei einem der in Abbildung 2 genannten Typen sehen.

In Tabelle 1 ist die Anzahl der Projekte und die Anzahl der Personen zusammengestellt, die in den Unternehmen Projekte für diese Untersuchung beurteilt haben, zumindest soweit subjektive Urteile abgegeben waren.

Tabelle 1:   Kurzcharakteristik der untersuchten Software

Unternehmen	Anzahl der betrachteten Softwareprodukte	Anzahl der Beurteilenden	Schwerpunkt der Softwareentwicklung
A	13	13	Klasse 1
B	13	3	Klasse 3
C	18	7	Klasse 2

Die Daten wurden im zweiten Halbjahr 1991 erhoben, beziehen sich aber auf vorher entwickelte Software.

Ordinale Beurteilungen wurden auf zwei Wegen erhoben. Erstens wurde den Befragten die Gelegenheit gegeben, hinsichtlich von acht Aspekten der Komplexitäts- und Neuheitsbeurteilung auf einer siebenstufigen Skala den Grad ihrer Zustimmung festzuhalten. Zweitens wurde innerhalb jedes der drei Unternehmen ein paarweiser Vergleich der Software-Produkte hinsichtlich ihres Neuheitsgrades vorgenommen, um auf dieser Grundlage eine Ordinalskala zu ermitteln.[19]

---

[19] Torgerson, W.S. (1967), S. 159 ff / Brockhoff, K. (1973), S. 377 ff.

Die acht unmittelbar beurteilten Aspekte betreffen:

(1) Komplexität der Software ("Ist sehr komplex");

(2) Systemintegriertheit ("Ist Teil eines Systems von Software"); damit ist wegen der bei der Systemeinbettung auftretenden und zu berücksichtigenden Schnittstellen zwar eine Komplexitäts- komponente vermutet worden, nicht aber notwendigerweise auch eine Neuheitskomponente, da größere Systeme durchaus auch neuheitsbeschränkend wirken können;[20]

(3) Neuheit für das Unternehmen ("Ist für uns völlig neu"), wobei aus der Sicht des Unternehmensmitarbeiters eine rein subjektive Neuheitsauffassung gemessen wird;

(4) Neuheit für die Branche ("Ist für die Branche völlig neu"), womit aus der Sicht des Befragten die subjektive Beurteilung eines quasi- objektiven Neuheitskonzepts versucht wird;[21]

(5) Fähigkeit zu unternehmensinterner Lösung oder subjektive Auf- fassung von der Schwierigkeit der realisierten Aufgabe ("Kann nur von wenigen programmiert werden");

(6) Fähigkeit zur branchenweiten Lösung oder subjektive Auffassung von der quasi-objektiven Schwierigkeit der realisierten Aufgabe ("Kann von Wettbewerbern leicht auch programmiert werden");

(7) Zeitliche Neuheit ("Bringt zeitlichen Vorsprung vor dem Wett- bewerb");

---

[20] Hinsichtlich von Produktsystemen ist ein solcher Zustand als "systemisch" beschrieben worden. Vgl. Abernathy, W.I. (1978)

[21] Schätzle, G. (1965), S. 16 spricht im Zusammenhang mit der Beurteilung von Forschung und Entwicklung von subjektiver Beurteilung objektiver Neuheit.

(8) Allgemeine Fähigkeit zur Lösung der Aufgabe ("Kann von jedem gut ausgebildeten Software-Entwickler auch programmiert werden"), als Reliabilitätstest für (6), vielleicht auch für (5), heranzuziehen.

Die statistische Auswertung ergab eine Reihe von Schlußfolgerungen:

1. Es wurde deutlich, daß innerhalb der Unternehmen eine relativ hohe Einheitlichkeit der die Software charakterisierenden Variablen bestand, zwischen den Unternehmen aber hohe Uneinheitlichkeit. Dies und die vermutlich durch den Unternehmenskontext gebundenen Wahrnehmungen von Software-Eigenschaften lassen es nicht sinnvoll erscheinen, nach einen einheitlichen Neuheitsmaßstab für alle Softwareprodukte zu suchen. Vielmehr erscheint es zweckmäßig, die drei Softwareklassen gemäß Abbildung 2 weiterzuverfolgen.

2. Für einen zwischenbetrieblichen Vergleich von Neuheitsgraden ergeben sich damit bei Software erhebliche Meßprobleme. Die Erhebung zeigte, daß Komplexität und Neuheit nicht miteinander korreliert sind, d.h. unterschiedliche Aspekte von Software darstellen, die nicht wechselweise als Operationalisierungen verwendet werden können.

3. Weiterhin wurde deutlich, daß in den Unternehmen teilweise unterschiedliche Konzepte von Neuheit verfolgt werden können. Die Art der Fragenformulierung (Neuheit für das Unternehmen oder für die Branche) sowie die Art der Messung (direkte Abfrage oder paarweiser Vergleich) können zu unterschiedliche Ergebnissen führen und sich daher als einflußreich auf weitere Analysen erweisen. Auch das macht Feststellungen von Neuheitsgraden schwierig.

4. Es können plausible Zusammenhänge zwischen Neuheit und anderen Aspekten exploriert werden. Es gibt aber bisher keine

ausreichenden Hinweise darauf, daß der wahrgenommene Grad der Neuheit mit ausreichender Sicherheit aus objektiv feststellbaren Eigenschaften der Software abgeleitet werden könnte. Das führt wieder zu dem Problem, objektive "Vergleichsmaßstäbe" zu identifizieren, die zur Skalierung der subjektiven Bewertungen herangezogen werden könnten. Für einen intersubjektiven Vergleich wäre dies jedoch offensichtlich nützlich.

5. Letztlich wird erkennbar, daß technologische Konzepte oder Hardware-Neuerungen zu Entwicklungsanstößen für Software führen können, hier also Technologieschub-Innovationen (technology push) vorliegen, Kundenanforderungen jedenfalls nicht durchgängig und eher bei den inkrementalen Verbesserungen statt bei den Neuentwicklungen eine Rolle spielen. Inwieweit Kunden durch ihre Nachfrage die Neuentwicklungen im Vergleich zu den Verbesserungen aufnehmen, konnte in dieser Untersuchung nicht untersucht werden.

Die ermittelten Ergebnisse werden Grundlage für weitere Untersuchungen sein. Dabei sollte auch dem Zusammenhang von Neuheit und wirtschaftlichem Erfolg Augenmerk geschenkt werden, einer Frage, zu der bisher keine einheitlichen Ergebnisse vorliegen.[22]

3 Chancen und Risiken innovativer Produktpolitik

Der wirtschaftliche Erfolg einer an einem hohen Innovationsgrad orientierten Produktpolitik wird durch innovationsfördernde Bedin-

---

[22] Hauschild, J. (1992), S. 3 / Brockhoff, K. (1992), S. 174 ff.

gungen ebenso bestimmt, wie durch die vorhandenen Innovationsbarrieren. Diese können zum einen extern bedingt sein und aus dem Umfeld des Softwareunternehmens resultieren, oder aber aus dem Unternehmen selbst erwachsen.

Abbildung 6 gibt einen Überblick über wichtige externe und unternehmensinterne Einflußfaktoren, die hinsichtlich ihrer Wirkung auf den Innovationserfolg betrachtet werden sollen.

Wie im Abschnitt 1 dargestellt, ist das Umfeld der Softwareentwicklung durch die Existenz eines stetig wachsenden Software-Marktes gekennzeichnet. Es ergibt sich danach die Frage, ob Anhaltspunkte für ein erfolgreiches Innovationsverhalten von Unternehmen auf diesem Markt erkennbar sind.

Betrachtet man beispielsweise erfolgreiche Anbieter von PC-Software, so lassen sich als   typische Elemente einer Innovationsstrategie festmachen:

(a) starke Konzentration auf eine Betriebssystemlinie, Durchsetzen dieser Linie als Industriestandard selbst auf die Gefahr hin, eigenen weiterentwickelten Produkten   eine Akzeptanzbarriere beim Nutzer entgegenzusetzen,[23]

(b) Spezialisierung auf eine oder wenige Produktlinien (z.B. Lotus, SAP, Word Perfect) mit dem Ziel von   Know how-Vorsprung im technologischen Bereich,

---

[23] Hauschildt/Leker (1990), S. 971

Abbildung 6: Einflußfaktoren auf den Erfolg von Software-Innovationen

	Faktoren	
	extern - Umfeld -	intern - Innovationsprozeß -
innova- tionsför- dernde Wirkung	* verschärfter Wettbewerb * dynamischer Nachfrage- überhang * echte Marktnischen * weltweit operierende Firmen * strategische Allianzen * Beschleunigung der Innova- tionszyklen * Imitatoren als "Diffusions- hilfe"	* leistungsfähige Innovations- potentiale, modernes Know- how * gute Kapitalausstattung * innovative Software-Strategie * Innovationsschub durch neue Standard-Software oder Hardware * innovative Momente der Wartung und der Software- technologie
innova- tionshem- mende Wirkung	* Kopieren und Konservieren von Entwicklungsniveaus infolge Imitation * Industriestandards als Inno- vationsbarriere * geringe Markttransparenz, starke Zersplitterung * Marktfluktuation von Unter- nehmen / Know-how- Verluste	* ungenügende Personal- und Kapitalausstattung * ungenügende oder falsche strategische Orientierung * Widerspruch zwischen tech- nology push und Wirt- schaftlichkeit * Zeitkonflikte bei Fehlerbesei- tigung und Bestimmung von Nutzungsdauern

(c) Hervorbringen von innovativen Produkten auf dieser speziellen Produktlinie mit großem Einsatz an FuE-Mitteln, bei hoher Qualität der Software,

(d) Sicherung der Aufwärtskompatibilität und Portabilität der angebotenen Software (z.B. dBase),

(e) intensive Marktarbeit, insbesondere lang anhaltende Werbekampagnen unter Ausnutzung der geringen Markttransparenz,

(f) Komplettierung der Software durch benutzerfreundliche Dokumentationen, Handbücher, Serviceleistungen bei Softwarefehlern und preisgünstige Vergabe von aktualisierten Versionen (Updates), d.h. Full-Service.[24]

Für die betriebswirtschaftliche Behandlung sind zwei Fragen ableitbar:

- Gibt es Hinweise, daß einzelne Optionen besonders wirkungsvoll für den Innovationserfolg sind?[25]
- Existieren weitere Elemente der Strategie?

Neben dem Wachstum des Software-Marktes sind weitere externe Faktoren erkennbar, die den Prozeß der Software-Innovation fördern:

- Der Software-Markt ist durch *intensiven Wettbewerb* zwischen den Anbietern gekennzeichnet, der kein Verharren auf Erfolgspositionen zuläßt. Die führenden amerikanischen Software-Firmen werden

---

[24] Wesentliche Elemente dieser Strategie (Produktorientierung, Spezialisierung, Qualität, Know how-Vorteil) bestätigt die empirische Untersuchung von Neugebauer
in Bezug auf ihren Beitrag zum Unternehmenserfolg, Neugebauer (1986), S. 238
[25] Die Untersuchung von Neugebauer bestätigt dies bezüglich des technologischen Vorteils, vgl. Neugebauer (1986), S. 249

zunehmend von Wettbewerbern aus Japan und Europa bedrängt. Ständige innovative Softwareentwicklung und hohe Qualitätsnormen erweisen sich zunehmend als ausschlaggebend für den strategischen Wettbewerbserfolg.[26]

- Ein weiterer innovationsfördernder Faktor dürfte der bestehende *Nachfrageüberhang* in bestimmten Teilsegmenten des Marktes (z.B. branchenbezogene Automatisierungssoftware) sein, der für kleine Anbieter erfolgreiche Innovationen in einer *Marktnische* ermöglicht.

- Den Software-Markt kennzeichnet die Möglichkeit zu schnellem Transfer von innovativem Know-how. So operieren Marktführer wie IBM oder Borland über *Tochterfirmen* auf dem europäischen oder japanischen Markt[27], was eine schnelle Diffusion von Innovationen begünstigt.

- Vorteilhafte Bedingungen für erfolgreiche Innovationen garantieren auch kooperative Wettbewerbsstrategien s.g. *strategische Allianzen von Hardware- und Softwareherstellern*[28] (z.B. Intel, IBM und Micro-soft bezüglich des Betriebssystems MS/DOS), die eine gemeinsame, abgestimmte Entwicklungsstrategie und eine offensive Marktarbeit er-möglichen.

Das ist besonders bemerkenswert, wenn man bedenkt, daß Anfang der 80er Jahre die selbständige Herstellung von Software in Software-häusern als die "zweite Kraft" angesehen wurde, die sich in einer Wettbewerbssituation zu den Hardwareherstellern befindet.[29]

---

[26] Brandt/Schwartz/Gross (1991), S. 65
[27] ebenda, S. 66
[28] Backhaus/Piltz (1990), S. 1 ff.
[29] Griese (1982), S. 151

- Eine innovationsfördernde Wirkung weist ebenfalls die für den Bereich der Mikrocomputer festgestellte Tendenz zur *Beschleunigung der Innovationszyklen* auf.[30] Das zwingt die Entwickler, sich auf immer neue Anforderungen einzustellen und die Systeme insbesondere im Bereich der Standardsoftware im Prinzip jährlich durch innovative Komponenten zu verbessern.

- Last but not least sind die *Imitatoren* zu nennen, die neben einer innovationshemmenden Wirkung auch den Diffusionsprozeß von Softwareinnovationen unterstützen können; ihre Wirkung ist also ambivalent.

Neben innovationsfördernden bestehen im Umfeld des Softwareinnovationsprozesses eine Anzahl von innovationshemmenden Faktoren:

- Die ungenügenden rechtlichen Möglichkeiten zum Schutz von Software[31] begünstigen in starkem Maße das Verfolgen von *Imitationsstrategien* mit allen damit verbundenen Nachteilen für den Innovationsprozeß. Diese resultieren zum einen aus der Konservierung eines bereits allgemein bekannten Erkenntnisstandes in der eigenen Entwicklungsarbeit und zum anderen aus der Wirkung auf das Subjekt des Innovationsprozesses, den Entwickler. Eine über lange Zeit betriebene Imitationsstrategie kann zum Versiegen kreativer Ideen bei den Softwareentwicklern führen.

- Mit der Durchsetzung bestimmter *Industriestandards* für Hardware und/oder Software (z.B. Kompatibilität zu IBM-PC und MS/DOS) wird

---

[30] Sneed (1987), S. 23
[31] Kullmann, W. (1986)

eine bestimmte "Entwicklungsphilosophie" zum Standard erhoben, der das Durchsetzen von kreativen Alternativkonzepten (z.B. auf UNIX-Basis) behindert.

- Der Software-Markt ist in seiner *Anbieterstruktur stark zersplittert*. Umsatzstarke Hardwarehersteller stehen neben kleinen Anbietern aus Programmierbüros und Softwarehäusern. Dies führt zu einer auf bestimmten Segmenten *geringen Markttransparenz*, was die Diffusion von innovativen Softwareprodukten erschwert.

- Eine hohe *Marktfluktuation* von Firmen aus wirtschaftlichen Gründen ist ebenfalls kennzeichnend für den Software-Markt. Das bringt Know-how-Verluste für den Entwicklungsprozeß mit sich. Kapitalmangel kann sich trotz einiger positiver Beispiele (Borland International Inc. mit Turbo Pascal)[32] als starke Innovationsbarriere erweisen.

Ausgehend von den technischen Spezifika der Software lassen sich interne Faktoren isolieren, die den Innovationsprozeß von Software fördern:

- Die Innovationsfähigkeit eines Unternehmens bezüglich der Software wird, wie empirische Untersuchungen[33] belegen, vom *technisch-technologischen Know-how der Entwickler*, ihrer Qualifikation, den materiellen und finanziellen Möglichkeiten des Unternehmens *Innovationspotentiale* zu schaffen, bestimmt. Leistungsfähige Potentiale sind dem Innovationsprozeß förderlich.

---

[32] Brandt/Schwartz/Gross (1991), S. 62
[33] Neugebauer (1986)

- Eine *Softwareentwicklungsstrategie*, die auf Innovation und nicht ausschließlich auf Imitation ausgerichtet ist, stellt eine wesentliche interne Voraussetzungen für die Entstehung von innovativer Software dar.

- Software unterliegt nicht wie materielle Produkte einem natürlichen Abnutzungsprozeß,[34] sondern sie *veraltet* mit dem Erscheinen neuer, leistungsfähigerer Softwareprodukte auf dem Markt. Diese Wirkung tritt insbesondere mit dem Vertriebsbeginn von neuer Standardsoftware ein. Für die auf den obsolet werdenden Standardlösungen aufbauende Anwendersoftware ergeben sich Möglichkeiten der Weiterentwicklung, die einen innovativen Schub mit dem Erscheinen neuer Softwaregenerationen bewirken können.

Es zeichnen sich Phasen des Zusammenhangs der Innovationsprozesse von Standard- und Anwendersoftware ähnlich dem inneren Zusammenhang von Produkt- und Prozeßinnovationen[35] ab.

Phase1: Die Leistungsfähigkeit der Anwendersoftware liegt auf niedrigem Niveau. Mit dem Erscheinen von neuer, leistungsfähiger Software ergeben sich Optionen für eine Erhöhung der Leistungsfähigkeit der Anwendersoftware. Es beginnt ein induzierter Innovationsprozeß.

Phase2: Neue Versionen von Standardsoftware führen zu weiteren Verbesserungen der Anwendersoftware.

Phase3: Die der Anwendersoftware innewohnenden innovativen Möglichkeiten werden mit dem Effekt der Leistungs-

---

34 Herrmann (1983), S. 32
35 Utterback/Abernathy (1975), S. 645

steigerung wirksam, ohne daß weitere Impulse durch weiterentwickelte Standardsoftware erfolgen.

Nach Ausnutzung aller Möglichkeiten zur Leistungssteigerung im Rahmen der im Unternehmen verfügbaren Standardsoftware in Phase 3 beginnt der Prozeß von neuem, wenn innovative Standardsoftware am Markt erscheint. Der gleiche Zusammenhang läßt sich bei Erscheinen neuer Hardwaregenerationen bezüglich der Standardsoftware beschreiben.

- Innovationsfördernd wirken ebenfalls die bereits beschriebenen Weiterentwicklungsarbeiten im Rahmen der *Produktwartung* sowie der *Einsatz von modernen Softwareentwicklungswerkzeugen* insbesondere im Prozeß des Requirement Engineering.

Aus den genannten Faktoren können i.d.R. auch *interne Innovationshemmnisse* erwachsen:

- Eine *ungenügende Personal- (Quantität und Qualifikation) und/oder Kapitalausstattung* von softwareentwickelnden Unternehmen mindert die Möglichkeiten zur Innovation. Oft gelingt es auf Grund fehlender Möglichkeiten für zielgerichtetes Marketing nicht, kreative Softwareideen effizient umzusetzen.

- Falsche oder *ungenügende strategische Orientierung* erschwert das zielgerichtete Entwickeln von innovativen Softwareprodukten.

- Der *Zwang zur reaktiven Anpassung,* der für die Softwarehersteller mit der Durchsetzung bestimmter Industriestandards für Software und/oder Hardware entsteht, wird in einer durch besondere Aktivität gekennzeichneten Phase des innovativen Prozesses zunächst Impulse für die Softwareentwicklung auf den über dem Betriebssystem liegenden Ebenen der Standardsoftware und der Anwendersoftware auslösen. Gelingt es jedoch mit einem Betriebssystem zu einem bestimmten Zeitpunkt nicht mehr, notwendige Entwicklungsanforderungen zu realisieren, so wird ein *Widerspruch zwischen Technik (technology push) und Wirtschaftlichkeit* unvermeidbar sein. Die Umstellung aller Anwendungslösungen auf ein neues Betriebssystem wird unter Umständen wesentlich höheren Aufwand verursachen als der durch die Innovation erzielbare Nutzeffekt. Diese Tendenz wird sich mit der steigenden Komplexität betrieblicher Informationssysteme verschärfen.

- Im Zusammenhang mit diesem Wirtschaftlichkeitskonflikt steht auch ein Zeitkonflikt, der aus der unterschiedlichen Lebensdauer verschiedener Softwaresysteme resultiert. Während für betriebliche Anwendungslösungen eine durchschnittliche Lebensdauer von 10 bis 12 Jahren zu erwarten ist, beträgt diese für Mikrocomputersysteme inkl. der Standardsoftware maximal vier Jahre.[36] Aus diesem zeitlichen Widerspruch ist ein bestimmtes Beharrungsvermögen auf Anwenderebene zu erwarten, welches die schnelle Diffusion von Standardsoftware und die Entstehung von innovativer Anwendersoftware in bestimmten Grenzen behindert.

- Schließlich: *Wartung* hemmt auch weitere Innovation, da die Beseitigung von Fehlern Entwicklungskapazität bindet.

Die Ausführungen zeigen, daß der Erfolg innovativer Produktpolitik von vielen, sehr unterschiedlichen Faktoren bestimmt wird.

---

[36] Becker et al. (1990), S. 247

Die Untersuchung des Zusammenhangs der Faktoren mit dem Innovationsgrad von Software stellen ein interessantes Feld für die weitere Forschungsarbeit dar.

Literaturverzeichnis

Backhaus, K., Piltz, K. (1990), Strategische Allianzen - eine neue Form kooperativen Wettbewerbs?, in: ZfbF-Sonderheft 1990/27, S. 1-10

Bauer, H.H. (1991), Strategische Erfolgsfaktoren im Software-Marketing, in: Die Informationswirtschaft im Unternehmen, Heinrich, L., Pomberger, G., Schauer, R. (Hrsg.), Linz, 1991

Becker, M., Haberfellner, R., Liebetrau, G. (1990), EDV-Wissen für Anwender, Verlag Industrielle Organisation, Zürich, 1990

Biethahn, J. (1992), Einführung in die EDV für Wirtschaftswissen-schaftler auf der Basis von Pascal, 7. Aufl., München, Wien, 1992

Brandt, R., Schwartz, E.I., Gross, N. (1991), Can the U.S. Stay ahead in Software, in: Business Week, March 11, 1991, S. 62-67

Brockhoff, K. (1992), Forschung und Entwicklung. Planung und Kontrolle, 3. Aufl. München, Wien 1992

Brockhoff, K. (1988), Produktpolitik, Stuttgart, 1988

Brockhoff, K. (1973), Forschungsprojekte und Forschungspro-gramme: Ihre Bewertung und Auswahl, Wiesbaden 1973, S. 377 ff.

Brockhoff, K. / Zanger, C. (1992), Meßprobleme des Innovations-grades - dargestellt am Beispiel von Software, Manuskript (unveröffentlicht), Kiel, 1992

Buschmann et al. (1989), Der Software-Markt in der Bundesrepublik Deutschland, GMD-Studie Nr. 167, München, 1989

Englert, G. (1977), Marketing von Standard-Anwendungssoftware, Dissertation, Mannheim, 1977

Friedmann, A.L., mit D.S. Cornford (1989), Computer Systems development: History, Organisation and Implementation, Chichester 1989.

Griese, J. et al., (1987), Ergebnisse des Arbeitskreises Wirtschaftlichkeit der Informationsverarbeitung, in: ZfbF 39 (1987) 7, S. 515-551

Griese, J. (1982), Zur geschichtlichen Entwicklung der Softwarehäuser, in: Angewandte Informatik (1982), Heft 2, S. 146-151

Gutenberg, E. (1961), Grundlagen der Betriebswirtschaftslehre. 6. Auflage, Bd. 1, Die Produktion, Berlin et al., 1961

Hauschildt, J. (1992), Determinanten des Innovationserfolges, Kiel, 1992

Hauschildt, J., Leker, J. (1990), Flexibilisierung als Strategie von Anbietern und Nachfragern innovativer Güter, in: ZfbF 42 (1990) 11, S. 963-975

Herrmann, O. (1983), Kalkulation von Softwareentwicklungen, München, Wien 1983

Hirschberger-Vogel, M. (1990), Die Akzeptanz und die Effektivität von Standardsoftwaresystemen, Berlin, 1990

Klandt, H., Kirschbaum, G. (1985), Software und Systemhäuser: Strategien in der Gründungs- und Frühentwicklungsphase. GMD-Studie Nr. 105, St. Augustin, 1985

Kotler, P. (1989), Marketing-Management, Stuttgart, 1989

Kullmann, W. (1986), Der Schutz von Computerprogrammen und -chips in der Bundesrepublik Deutschland und in den USA, Berlin 1986

Lientz, B.P., Swanson, E.D. (1980), Software Maintenance Management, Reading, 1980

Neugebauer, U. (1986), Das Software-Unternehmen. Empirische Untersuchung des Unternehmensverhaltens und der Faktoren des Unternehmenserfolgs, München, Wien, 1986

Österle, H. (1990), Unternehmensstrategie und Standardsoftware - Schlüsselentscheidungen für die 90er Jahre, in: Österle, H. (Hrsg.), Integrierte Standardsoftware: Entscheidungshilfen für den Einsatz von Softwarepaketen, Bd. 1, München, 1990

Penzkofer, H. (1991), Innovationsaktivitäten auf hohem Niveao stabilisiert, in: IfO-Schnelldienst 21/1991, S. 3-12

o.V. (1992), Software-Boom durch Windows, in: Chip 1992/6, S. 15

o.V. (1989), Zukunftskonzept Informationsverarbeitung 1988. BMFT, Bonn, 1989

Preiß, F. (1990), Strategische Erfolgsfaktoren im Software-Marketing: Ein Konzept zur Erfassung und Gewichtung strategischer Erfolgsfaktoren mit Hilfe quantitativer Verfahren, Dissertation, Koblenz, 1990

Schätzle, G. (1965), Forschung und Entwicklung als unternehmerische Aufgabe, Köln, Opladen 1965, S. 16

Scholz, L. (1974) Technologie und Innovation in der industriellen Produktion, Göttingen, 1974

Scholz, L. (1977), Technik-Indikatoren - Ansätze zur Messung des Standes der Technik in der industriellen Produktion, Berlin, München, 1977

Sneed, H.M. (1987), Software-Management, Köln, 1987

Torgerson, W.S. (1967), Theory and Methods of Scaling, 7. Aufl., New York 1967, S. 159 ff.

Tüschen, N. (1989), Unternehmensplanung in Softwarehäusern, Bergisch-Gladbach, 1989

Utterback, J.M., Abernathy, W.J. (1975), A Dynamic Model of Process and Product Innovation. Vol. 3, 1975, S. 639-682

Witte, E. (1988), Innovationsfähige Organisation, in: Innovative Entscheidungsprozesse, Witte, E. et al. (Hrsg.), Tübingen, 1988, S. 155

Dr. Cornelia Zanger
Rheinisch-Westfälische Technische Hochschule Aachen
Fakultät Wirtschaftwissenschaften
Templergraben 64
5100 Aachen
Tel.: 0241/806174

Grenzen des Software-Qualitätsmanagements

K. Frühauf, Baden

Zusammenfassung: Im Beitrag sind als Quellen der Qualität von Software die Menschen, Technologie und Kommunikation einge- führt. Ihr Einfluss auf die Qualität ist untersucht und als Grenze der Wirksam- keit des Qualitätsmanagements die Bereitschaft der beteiligten Menschen, sich zu ändern, identifiziert. Grundlegende Änderung der schulischen Ausbildung ist nötig, um die Grenzen merklich zu verrücken.

1 Einleitung

Der Weg zur Wirtschaftlichkeit der Software-Entwicklung führt über die Qualität. Gemäss Dunn (1990) gibt es drei Quellen der Qualität:

1. Menschen
2. Technologie
3. Management

Das Konzept der Quellen ist bestechend, störend ist nur das "Management" als Quelle der Qualität. Hauptsächlich deshalb, weil Manager ebenfalls menschliche Wesen sind, also gehören sie in die Quelle "Menschen", sollten sie wirklich zur Qualität beitragen.

Nach einem ungarischen Sprichwort sind "aller guten Dinge drei". Es musste also eine dritte Quelle her. Nach längerem Überlegen identifizierte ich "Kommunikation" als dritte Quelle:

1. Menschen (inkl. Manager)
2. Technologie
3. Kommunikation

Bevor die Rolle der einzelnen Quellen behandelt und die Grenzen ihres Einflusses auf die Qualität aufgezeigt werden, ist unser Begriff von (Qualitäts)-Management und (Software)-Qualität behandelt. Abschliessend wird der Einfluss der Ausbildung auf das Verhalten in der (Software)-Arbeitswelt untersucht. Hinweis: Die Klammern deuten an, dass die Aussagen nicht nur für Software, sondern generell gelten.

Management

Manager sind Personen mit einer speziellen Rolle, d.h. mit bestimmten, nur ihnen zugeteilten Aufgaben und Verantwortlichkeiten. Ihre Aufgabe besteht darin, Ziele zu setzen und alle Mittel zur Verfügung zu stellen, damit die Personen in den anderen Rollen die gesetzten Ziele erreichen können. Gemeint sind wirklich alle Mittel, die das Unternehmen "Software" benötigt, um ihre Ziele erreichen zu können. Dazu gehören die immateriellen genauso wie die materiellen. Die wichtigeren sind:

- Geld und Zeit,
- Räumlichkeiten mit allen Einrichtungen wie Maschinen (inkl. Kaffeemaschine) und Werkzeuge (inkl. Radiergummi),
- gute Zusammensetzung des Teams und, nicht zuletzt,
- die richtige Einstellung zur Software-Qualität bei allen Beteiligten (inkl. der anderen Manager und sich selbst).

Das letzte Mittel kann weder in der Bank abgeholt, noch in einem Laden bestellt oder vom Personalvermittlungsbüro beschafft werden. Die richtige Einstellung zur Qualität muss kreiert, vermittelt, gepflegt, gedacht, gefühlt und vor allem gelebt werden - eine der schwierigsten Aufgaben des Managers, eine echte Herausforderung.

Diese Herausforderung kann man nur meistern, wenn der Mensch im Mittelpunkt des Wirkens steht. Die Losung (für jeden Tag) lautet: Mache die Menschen glücklich. Der Manager muss bedacht sein, alle Menschen, die von seinem Tun betroffen sind, glücklich zu machen: Die Kunden des Unternehmens, die Arbeitskollegen rund um ihn, die Aktionäre und, wenn es geht, sich selbst. Die Kette beginnt beim glücklichen Kunden. Die Arbeitskollegen werden glücklich sein, wenn sie glückliche Kunden zu sehen bekommen, also signalisiert kriegen, dass sie nützliche Arbeit verrichten. Der Manager selbst wird glücklich sein, wenn er sieht (und es auch merkt), dass dies alles dank seinen Bemühungen geschieht. Ist dem wirklich so, dann sind die Aktionäre nach der Generalversammlung ganz bestimmt auch glücklich.

Menschen, zumal der Sorte Kunde, glücklich zu machen ist nicht einfach. Es ist ein Geheimnis, wie es die Erfolgreichen schaffen. Auf die Gefahr hin, geächtet zu werden, sei hier das Geheimnis verraten: Mache Gewinn, für alle. Sorge dafür, dass die Kunden von der Dienstleistung des Unternehmens profitieren, dass die Aktionäre Dividenden kassieren, dass die Angestellten am Gewinn teilhaben und vergiss ja nicht, den eigenen Verdienst hierfür von der Bank abzuholen.

Den Weg zum Glück kennen wir nun, es fehlt nur noch die Anleitung zum Profit machen. Der Schlüssel zum Profit ist: Entwickeln Sie das richtige Ding, zur richtigen Zeit, zum richtigen Preis. Lassen Sie Ihre Kunden dies geniessen, und noch viel wichtiger, lassen Sie Ihre Mitarbeiter dies tun! Dies macht das Qualitätsmanagement aus oder wie es DeMarco (1982) treffend sagt:

> *Menschen sind versessen drauf zu erfahren, dass die Qualität ihrer Arbeit zählt. Die Buchführung über Qualität ist das stärkste Zeichen, dass sie es tut. Das Management hat diese Botschaft fast nie vermittelt, die Botschaft, die die Software-Entwickler hören wollen: LEISTE GUTE ARBEIT.*

Qualität

Wenn wir Qualität als Wirtschaftsfaktor betrachten wollen, dann müssen wir uns an ihre Definition als relative Grösse halten (vgl. Frühauf et.al., 1991). *Sie ist in der* Abbildung 1 veranschaulicht.

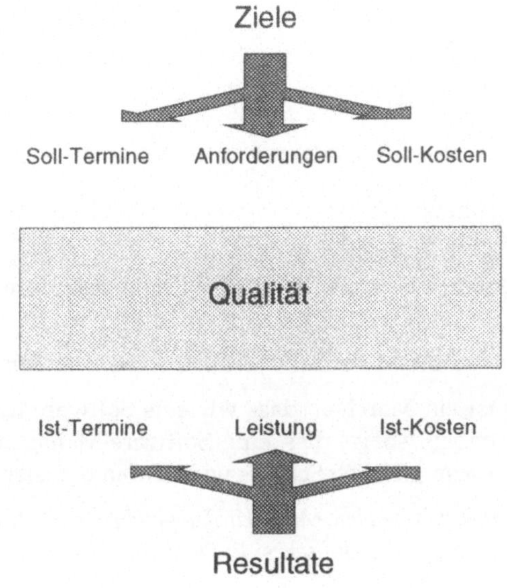

Abb. 1: Qualität als relative Grösse

Jedes wirtschaftliche Vorhaben beginnt mit Zielen: Die Anforderungen an das Produkt sind das zweckbestimmende Ziel, die Termine und Kosten sind die Ziele bezüglich der einzusetzenden Mittel. Am Ende des Vorhabens resultieren die benötigten Zeit- und Geldmittel sowie ein Produkt mit einer bestimmten Leistung.

Gewiss wissen Sie bereits, was Qualität ist. Sicherheitshalber: Es ist das Ergebnis des Vergleichs zwischen den gesteckten Zielen und den erzielten Resultaten, der Grad ihrer Übereinstimmung. Sie ist also eine relative Grösse, immer bezogen an die gesetzten Ziele. Jede Abweichung mindert die Qualität, egal, in welche Richtung die Abweichung weist. Hierbei gilt es zu beachten, dass die Produkt-Qualität nur ein Teil der Wahrheit ist; das Gesamtbild spricht von Prozess- oder Projekt-Qualität.

Noch eine Warnung: Wir können nur dann objektiv über Qualität reden, wenn es uns gelingt, die Abweichung zwischen den Resultaten und den Vorgaben zu messen. Dies ist bei Software nicht immer einfach, aber das Gesetz von Gilb (1988) gilt:

> *Wenn wir irgendetwas quantifizieren müssen, kann dies immer mit einem Messverfahren bewerkstelligt werden, das besser ist, als gar nicht zu messen.*

2   Die einzelnen Quellen der Qualität

In diesem Abschnitt werden die in der Einleitung eingeführten Quellen der Qualität näher betrachtet.

Quelle Menschen

Die folgenden vier Rollen, die Menschen in einem Software-Vorhaben wahrnehmen, sind für unsere Betrachtungen wichtig:

1.   Benutzer
2.   Manager
3.   Software-Ingenieur
4.   Software-Qualitätsingenieur

Das Mitwirken der Benutzer ist kritisch für den Erfolg des Software-Vorhabens. Wie Beizer (1988) sagt:

> *Gute Software wird erst dann produziert, wenn die Benutzer dies verlangen.*

Oder die Manager. Es ist ein Märchen, dass wir eine Software-Krise haben. Falls wir überhaupt eine Krise haben, so ist dies eine Software-Management-Krise. Mehrere Untersuchungen kamen zum gleichen Schluss wie DeMarco, Lister (1987):

> *In der überwältigenden Mehrheit der gescheiterten Projekte, die wir studiert haben, konnte kein einziges technisches Problem für die Erklärung des Misserfolgs herhalten. ...*
> *Manager befassen sich lieber mit einfachen Dingen, mit den technischen, und scheuen die schwierigen, die menschlichen.*

Die Software-Ingenieure, Analytiker und Programmierer, sind auch keine Engel, beileibe nicht. Sie widmen sich der Lösung von Problemen anderer, sie ändern fortwährend die Arbeitsweise von anderen, aber ihre eigene Arbeitsweise ist ihnen sakrosankt. Nochmals Beizer (1988):

> *Die Berufsgattung ver(sch)wendet ihre Zeit auf die Diskussion über Methoden, Konventionen und Abläufe ...*
> *Architekten können ein Gebäude entwerfen, ohne dass sie jedes Mal eine neue Art, Pläne zu gestalten, entwerfen.*

Die Rolle des Software-Qualitätsingenieurs wollen wir erst später behandeln.

Quelle Technologie

All dies ist erhältlich: MIPS und RISCs, LAN und WAN, Programmiersprachen hoch und tief, Vierecke und Kreise, Pfeile ausgefüllt oder leer, Werkzeuge zum zeichnen, schreiben, kompilieren, binden und Fehler orten. Wir haben all dies und der

Quantensprung, den uns alle Hersteller so freimütig versprechen bleibt aus: Die zunehmende Komplexität der Anwendungen hält die Waage mit der Zunahme der Geschwindigkeit; Produktivität und Qualität steigen nur marginal.

Die Technologie ist umso weniger wirksam, weil sie in der Regel nicht mit der Organisation, den Abläufen und gültigen Richtlinien harmoniert; die Schnittstellen passen nicht (und Software-Entwickler sind empfindlich auf schlechte Schnittstellen; sie kennen sie zu gut). Software ist ein industrielles Produkt wie jedes andere auch und kann bezüglich Organisation und Abläufen auf ähnliche Art behandelt werden. Alles, was wir auf anderen Gebieten gelernt haben, müssen wir auf das Gebiet der Software transferieren und nutzen, bis es sich als erfolglos erweist. Kein "Das ist Software, das übliche Vorgehen kann nicht angewendet werden.", was allzu oft der Fall ist.

Quelle Kommunikation

Software ist das Ergebnis der Arbeit einer Gruppe von Menschen. Wie jede andere Entwicklung ist auch das Erzeugen von Software "denke und kommuniziere". Ein Unterschied zu anderen Gebieten ist vielleicht, dass Menschen, die Software entwickeln, nicht alle die gleiche Sprache sprechen, wie es in ausgereiften Disziplinen der Fall ist. Dies wirkt sich deshalb sehr störend aus, weil die Kommunikation die Hauptbeschäftigung in der Software-Werkstatt ist. Gemäss den Untersuchungen von Jones (1986) kommunizieren Software-Ingenieure

30% in natürlichen Sprachen
30% in Programmiersprachen
20% in Fachsprachen (des Anwendungsbereichs)

also 80% ihrer Zeit über technische Probleme und die restlichen 20% über tägliche Dinge.

Uneinheitlicher Ausbildungsstand, ungleicher Gebrauch von Begriffen und Notationen führt häufig dazu, dass Kommunikation zur Irreführung wird. Dies bezahlt man teuer, weil in der Regel erst sehr spät bemerkt wird, dass der vermeintliche Konsens nur auf der Sprachebene, aber nicht in der Deutung erreicht wurde.

Beides, die Kommunikation mit Menschen und mit Maschinen erfolgt verbal (wenn wir auch die Bildsprache darunter verstehen wollen). Zwischen Menschen erfolgt zusätzlich eine non-verbale Kommunikation. Sie hat eine spezielle Bedeutung im Zusammenhang mit dem Qualitätsmanagement. Verwirrung entsteht, wenn die non-verbal vermittelte Botschaft der verbalen widerspricht. Zu welchem Verhalten des Empfängers führt die verbale Botschaft "Zuerst kommt die Qualität, dann der Termin", wenn sie begleitet ist mit einem verschwörerischen Schulterklopfen und einem überheblichen Lächeln, das auf das im Büro aufgehängte Poster mit der Qualitätspolitik gerichtet ist?

Die Aufgabe des Software-Qualitätsmanagements ist es, das einwandfreie Funktionieren der Kommunikation durch alle in der Abbildung 2 angedeuteten Kanäle sicherzustellen. Software-Qualitätsmanagement ist wie Netzwerkmanagement. Software-Qualitätsingenieure sind Netzwerkmanager.

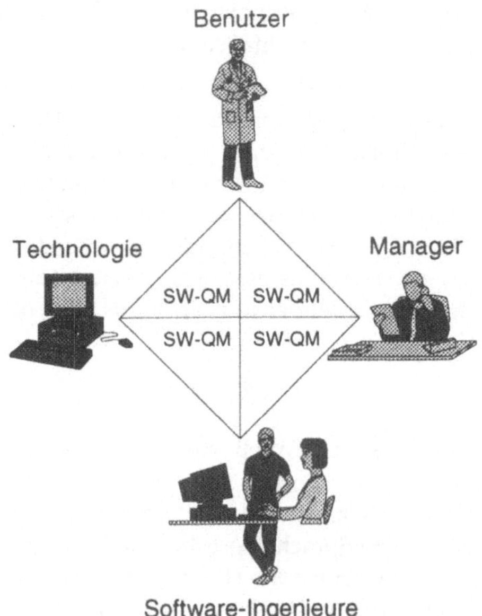

Abb. 2: Aufgabe des Software-Qualitätsmanagements (SW-QM)

3 Grenzen des Software-Qualitätsmanagements

In diesem Abschnitt werden die Einflussfaktoren auf die oben eingeführten Quellen aufgezeigt und ihre Grenzen bezüglich ihrem Beitrag zur Qualität ausgelotet.

Menschen, die in der Software-Entwicklung beschäftigt sind, haben, wie andere auch, ihre Fähigkeiten, ihre Kenntnisse, ihre Einstellungen und ihre sich ändernde Gefühle. Sie erwerben ihre Fähigkeiten und ihr Wissen durch Ausbildung und Lebens- sowie Berufserfahrung; Fähigkeiten können auch geerbt werden. Ihre Einstellungen sind durch kulturelle und ethische Werte beeinflusst. Hier gibt es grosse Unterschiede zwischen Ländern und sogar Regionen (und dies ist gut so und sollte auch so bleiben). Das Qualitätsmanagement muss die kulturellen und ethischen Werte zu nutzen wissen und nicht gegen sie arbeiten oder sie gar zu ändern versuchen.

Gefühle können verschiedene Ursachen haben, wir haben sie zu akzeptieren und sollten sie aus technischen Diskussionen heraushalten. Aber merke: Gefühle sind Fakten. Man darf sie nicht negieren. Im weiteren wollen wir die Gefühlswelt meiden und uns auf die Fähigkeiten, Wissen und Einstellungen der einzelnen Gruppen von Menschen konzentrieren, die wir früher eingeführt haben.

Grenzen der Software-Ingenieure

Nach Boehm (1981) ist in Software-Projekten das unterschiedliche Können der Menschen der kostenbestimmende Faktor mit der grössten Varianz, nämlich über vier. DeMarco, Lister (1987) geben die folgenden Faustregeln an für die Varianz der Produktivität innerhalb einer Gruppe:

Rechne damit, dass

1. *die Besten etwa 10 Mal produktiver sind als die Schlechtesten;*
2. *die Besten etwa 2.5 Mal produktiver sind als die Durchschnittlichen;*
3. *die Hälfte "Überdurchschnittliche" etwa 2 Mal produktiver ist als die Hälfte "Unterdurchschnittliche".*

Der Grund für diese grosse Streuung liegt hauptsächlich in der Ausbildung, die weder diejenigen Fähigkeiten, die im Software-Projekt nötig sind trainiert, noch das Software-Handwerk lehrt. Und die schlimmste Botschaft kommt von Mills (1983):

> *Die unterschiedliche [1 zu 10] Produktivität unter den Programmierern ist noch verständlich, aber es gibt auch eine Differenz von 10 zu 1 in der Produktivität unter den Organisationen, die Software produzieren.*

Dies bedeutet, dass gewisse Firmen es schaffen, produktive Entwickler anzuheuern und sie auch zu halten; andere erreichen das Gleiche mit den weniger Produktiven.

Die Einstellung des Software-Ingenieurs wurde noch bis vor Kurzem durch den Stellenmarkt verdorben. Die Nachfrage nach Software war hoch und führte zu einer hohen Nachfrage an Software-Ingenieuren, die durch die Ausbildungsstätten nicht befriedigt werden konnte. Konsequenz: Software-Ingenieure (oder die sich so nennen) verdienen (zu) viel. Hohe Löhne bedeuten, in ihrer Auslegung, dass sie eine wichtige und GUTE Arbeit machen - wie sollten sie auch merken können, dass sie zum Teil lausige Arbeit tun? Sie sollten es von ihren Managern lernen. Welches Können und welche Einstellungen haben diese vorzuweisen?

Grenzen der Manager

Die Manager sind entweder älteren Jahrgangs und haben spärliches Wissen in Software Engineering und haben gewisse Furcht vor der "neuen" Technik (dies ist meistens in der Industrie der Fall) oder sie sind eher jung und haben wenig Ahnung, wie man Menschen führt (meistens der Fall in der Dienstleistungsinformatik, EDV). Es ist ein Traum: Mit drei Jahren Berufserfahrung kann man in der EDV eine Management-Position ergattern, was schnell zu einem Alptraum werden kann.

Häufig trifft man die Auffassung an, "Qualität ist die Aufgabe des Qualitätswesens". Sie manifestiert sich bei den Managern in Lippenbekenntnissen für Qualität, also im Widerspruch zwischen verbal gesendeter Botschaft und dem eigenen Verhalten. Gefährlich sind statusbewusste Manager. Ich denke nicht an die Autos, die sie fahren; ich meine ihre Unfehlbarkeit. Mein Rat: Fliehen Sie vor Managern, die ihre Fehler nicht zugeben können; sie sind Gift für die Unternehmenskultur.

Menschen haben eine ausgeprägte Abneigung gegenüber sich dauernd ändernden Zielen. Aber sie steuern sofort auf realistische Ziele zu und wollen die ganze Zeit wissen, ob sie auf dem richtigen Weg sind. Sie wollen gelobt werden und nehmen die Kritik nicht übel, wenn sie ihnen hilft, die gesteckten Ziele zu erreichen.

Die technischen Ziele, die Anforderungen an das Produkt, werden durch die Benutzer bestimmt. Was bringen sie mit an Können und Einstellung zur Software?

Grenzen der Benutzer

Bezüglich Software Engineering sind die meisten Benutzer auf ähnlichem Stand des Wissens wie die Manager. Zudem erwarten sie geradezu, dass Software nie auf Anhieb funktioniert und sind überzeugt davon, dass Software einfach zu ändern ist.

Am Anfang des Projekts, wenn es um das Ermitteln der Anforderungen geht, legen die Benutzer typischerweise folgende Haltung an den Tag: "Ich will was ich brauche, egal ob ich weiss, was ich will." oder "Ich sage Dir, was ich brauche, sobald ich sehe, was Deine Software kann."

Der Grund für diese Haltung ist die Furcht vor "falschen" Anforderungen. Dies wird verstärkt durch die Projektleiter, die eine Liste von Anforderungen verlangen, die für "alle Zeiten" eingefroren werden soll. Menschen kann man aber nicht daran hindern, zu lernen. Und wenn ein Projekt länger als drei Monate dauert, dann werden die Menschen über ihre Bedürfnisse und über die Möglichkeiten der Technik dazulernen. Entweder wir führen alle Projekte in weniger als drei Monaten durch, oder wir sehen Änderungen vor. Benutzer, fragt nach dem Änderungswesen in den Projekten!

Grenzen der Software-Qualitätsingenieure

Über Software-Qualitätsmanagement zu sprechen heisst über Unternehmenskultur zu sprechen. Sie ist selten homogen; das Verhalten von Gruppen sind die "Zutaten" diesen "Cocktails" namens Unternehmenskultur. Das Verhalten von Gruppen ist wiederum bestimmt durch die Einstellung der Einzelpersonen, die sie bilden. Software-Qualitätsingenieure fördern die Kommunikation innerhalb dieses Netzwerks der persönlichen Beziehungen und kommen nicht umhin, das Gruppenverhalten zu beeinflussen, auf eine Veränderung des Verhaltens von Personen hinzuwirken.

Und hier sind wir an der echten Grenze der Wirksamkeit des Qualitätsmanagements angelangt. Sich zur Änderung des Verhaltens gezwungen zu sehen ist nicht, was Menschen gern haben; es ist in der Regel nicht das, was Menschen anstreben. Und schon gar nicht in unseren Breitengraden, in denen das Ausbildungssystem die Individualität geradezu kultiviert. Ich meine nicht, dass alle Menschen sich gleich verhalten müssen. Ich meine, dass jeder bereit sein muss, sein Verhalten zu ändern, wenn dies hilft, dem gemeinsamen Ziel schneller näherzukommen. Dies ermöglicht Teamarbeit, die heute in der Industrie bitter nötig ist, weil die Dinge, die wir glauben erzeugen zu müssen, den Einzelnen mit ihrer Komplexität überfordern.

4   Schlussfolgerung

Die Entwicklung von Software verlangt Denkarbeit und Kommunikation der Resultate des Denkprozesses. Dies sind sehr persönliche, den Einzelnen charakterisierende Fähigkeiten; sie zu beeinflussen kann Antasten des Persönlichkeitsrechts, Manipulation bedeuten. Es ist eine sehr delikate Aufgabe, Software-Manager oder Software-Qualitätsingenieur zu sein.

Wenn wir wirklich die Einstellung der Menschen zur Arbeit und zu ihrer Qualität ändern wollen, so müssen wir das Ausbildungssystem ändern. Ich sehe folgende Gründe für die Behauptung, dass das heutige Ausbildungssystem ein Hindernis auf dem Weg zur Qualität ist:

1.   Software kann man nur in Teamarbeit erzeugen. Teamarbeit heisst sich Ergänzen, einander helfen. Teamarbeit erfordert Konsensfähigkeit.
      Die Schule fördert nicht, sie bestraft das gegenseitige Helfen.

2.   Teamarbeit kommt nur zustande, wenn ein gemeinsames Ziel vorhanden ist.
      Die Schule kennt nur das gleiche Ziel, für jeden einzeln.

3.   Fehlerentdeckung erfolgt in der Industrie hauptsächlich in Selbstprüfung oder in Prüfungen durch Kollegen.
      Die Schule kennt nur Prüfung durch Dritte, durch Obrigkeit.

4.   Menschen sind fehlbar, vor allem, wenn sie etwas Neues tun. Fehler machen ist eine Chance zu lernen.
      Die Schule bestraft Fehler.

5.   Im Leben, in der Praxis sind meistens mit Problemen konfrontiert, die viele richtige Lösungen haben.
      Schule tut so, als ob auf alles eine eindeutig richtige Antwort gäbe.

Das Ausbildungssystem zu ändern ist die Aufgabe der Gesellschaft, nicht des Software-Qualitätsmanagements; mit ihr können wir nur die Symptome lindern, die Ursachen das Übels aber kaum beseitigen.

Literaturverzeichnis

Beizer (1988)
      Beizer, B.: *The Frozen Keyboard - Living With Bad Software.* TAB Professional and Reference Books, Blue Ridge Summit, PA, USA, 1988, ISBN 0-8306-3146-1.

Boehm (1981)
      Boehm, B.W.: *Software Engineering Economics.* Prentice Hall, Englewood Cliffs, N.J., USA, 1981, ISBN 0-13-822122-7.

DeMarco (1982)
   DeMarco, T.: *Controlling Software Projects - Management Measurement & Estimation.*
   Yourdon Press, New York, 1982.

DeMarco, Lister (1987)
   DeMarco, T.; Lister, T.: *Peopleware - Productive Projects and Teams.* Dorset House
   Publishing, New York, 1987, ISBN 0-932633-05-6.

Dunn (1990)
   Dunn, R.: *Software Quality - Concepts and Plans.* Prentice Hall, Englewood Cliffs,
   USA, 1990, ISBN 0-13-820283-4.

Frühauf et.al. (1991)
   Frühauf, K., J. Ludewig, H. Sandmayr: *Software-Projektmanagement und
   -Qualitätssicherung.* vdf, Zürich und Teubner, Stuttgart, 2. Aufl., 1991, ISBN 3 7281
   1798 6 und 3-519-02490-X.

Gilb (1988)
   Gilb, T.: *The Principles of Software-Engineering Management.* Addison-Wesley,
   London, 1988.

Jones (1986)
   Jones, C.: *Programming Productivity.* McGraw-Hill, New York, ISBN 0-07-032811-0,
   1986.

Mills (1983)
   Mills, H.D.: Software Productivty in the Enterprise. In *Software Productivity.* Little
   Brown, Boston, 1983.

Dipl. Ing. Karol Frühauf
INFOGEM AG Informatiker Gemeinschaft für Unternehmensberatung
Postfach
CH-5401 Baden

Autoren

Michael Bartsch
Rechtsanwälte Bartsch u. Partner
Bahnhofstr. 10
WD-7500 Karlsruhe 1

H. Gierszahl, G. Koch
2i Industrial Informatics GmbH.
Haierweg 20e
WD-7800 Freiburg

Thomas Kellermann
IBM Deutschland GmbH.
Qualitätssicherung
Schönaicher Str. 220
W-7030 Böblingen

Dr. Gerhard Otto
Haftpflichtverband der Deutschen
Industrie VaG
Riethorst 2
3000 Hannover-Lahe

Till Olav Rausch
GARDENA Kress+Kastner GmbH
Hans-Lorenser-Str. 40
WD-7900 Ulm

Dirk Schreiber
Bundesverwaltungsamt
Postfach 680169
WD-5000 Köln 60

Karol Frühauf
INFOGEM AG.
Postfach 639
CH-5401 Baden

Rolf Großjohann
VOLKSWAGEN AG
GOA-01 IS-A/Organisation
Postfach
WD-3180 Wolfsburg 1

Prof. Dr. Hans Jürgen Ott
Berufsakademie
Postfach 1130
WD-7920 Heidenheim

Stefan Pistorius
Leiter Revision der DATEV eG.
Paumgartnerstr. 6-14
WD-8500 Nürnberg 80

Kai-Uwe Reiter
Gruber, Titze & Partner
Beratung f. Informationsmanagement
Im Atzelnest 5
WD-6382 Bad Homburg

Prof. Dr. Eberhard Stickel
Berufsakademie
Wirtschaftsinformatik III
Postfach 100563
WD-7000 Stuttgart 10

Hans Günter Tempel
Siemens-AG
ZFE BT SE 31
Otto-Hahn-Ring 6
WD-8000 München 83

Dr. Ernest Wallmüller
ATAG Informatik AG
Kanalstr. 31
CH-8152 Glattbrugg

Dr. Cornelia Zanger
Technische Universität Dresden
Fakultät Wirtschaftswissenschaften
Mommsenstraße 13
OD-8027 Dresden

Programmkomitee

Michael Bartsch
Rechtsanwalt
Bahnhofstr. 10

WD-7500 Karlsruhe 1

Dr. Raimund Kölsch
Firma Kölsch & Altmann
Perlacher Str. 21

WD-8000 München 90

Werner Schmid
Gesellschaft zur Prüfung von
Software mbH
Hörvelsinger Weg

WD-7900 Ulm

Ernst Wilken
Wilken GmbH
Hörvelsinger Weg

WD-7900 Ulm

Manfred Feldmann
SEL AG
Abt. VS/EF
Lorenzstr. 10

WD-7000 Stuttgart 40

Dr. K-H. Möller
Siemens AG
ZFE ST ACS 2
Otto-Hahn-Ring 6

WD-8000 München 83

Prof. Dr. Franz Schweiggert [*]
Universität Ulm
Sektion Angewandte Informations-
verarbeitung
Helmholtzstr. 18

WD-7900 Ulm

Dr. Walter Wintersteiger
Management & Informatik
Eschbühel 28

A-6850 Dornbirn

[*] Vorsitzender

Ludewig (Hrsg.)
Software- und Automatisierungs- projekte – Beispiele aus der Praxis

Über Software- und Systemprojekte wird viel geredet, vor allem im kleinen Kreise. Trotzdem ist es sehr schwer, handfeste Information zu bekommen. Fakten sind in der Regel vertraulich – soweit sie überhaupt aufgezeichnet wurden.
Um die – nach einhelliger Meinung unbefriedigende – Situation zu verbessern, muß man sie aber zunächst kennen. Das vorliegende Buch soll dazu einen Beitrag leisten: Es enthält eine Sammlung von Berichten aus elf ganz unterschiedlichen Projekten, die wirklich durchgeführt wurden, von realen Menschen und zu realen Kosten.
Die Projekte wurden nicht nach ihrem Unterhaltungswert ausgewählt, sie sind mehr oder minder durchschnittlich. Gerade dadurch sind die Erfahrungen und kritischen Rückblicke auch für die Führungskräfte und Mitarbeiter anderer Projekte nachvollziehbar und auf die eigene Situation übertragbar.
Den Studenten hilft die Sammlung, das Praxis-Defizit zu lindern; sie werden vor allem davon überrascht sein, daß die Lösung der technischen Probleme oft keineswegs die größte Schwierigkeit darstellt.

Herausgegeben von Prof. Dr. **Jochen Ludewig,** Universität Stuttgart

1991. II, 232 Seiten. 17,5 x 24,0 cm. Geb. DM 58,–. ISBN 3-519-02183-8

(Informatik und Unternehmensführung)

Preisänderungen vorbehalten.

B. G. Teubner Stuttgart

Berichte des German Chapter of the ACM

Band 24: **Bullinger, Software-Ergonomie '85 Mensch-Computer-Interaktion**
Tagung III/1985 am 24./25. 9. 1985 in Stuttgart. 482 Seiten, DM 78,−

Band 25: **Wedekind/Kratzer, Büroautomation '85**
Tagung IV/1985 vom 2. bis 4. 10. 1985 in Erlangen. 280 Seiten, DM 56,−

Band 26: **Wippermann, Software-Architektur und modulare Programmierung**
Tagung I/1986 am 24./25. 2. 1986 in Kaiserslautern. 181 Seiten, DM 36,−

Band 27: **Remmele/Sommer, Arbeitsplätze morgen**
Tagung II/1986 vom 11. bis 14. 3. 1986 in Marburg. 431 Seiten, DM 78,−

Band 28: **Balzert/Heyer/Lutze, Expertensysteme '87**
Tagung I/1987 am 7./8. 4. 1987 in Nürnberg. 493 Seiten, DM 82,−

Band 29: **Schönpflug/Wittstock, Software-Ergonomie '87**
Tagung II/1987 vom 27. bis 29. 4. 1987 in Berlin. 512 Seiten, DM 82,−

Band 30: **Winkler, Proceedings of the International Workshop on Software Version and Configuration Control**
January 27−29, 1988 Grassau. 478 Seiten, DM 78,−

Band 31: **Dillmann/Swiderski, WIMPEL '88
1. Konferenz über Wissensbasierte Methoden für
Produktion, Engineering und Logistik**
Tagung I/1988 vom 28. bis 30. 6. 1988 in München. 479 Seiten, DM 78,−

Band 32: **Maaß/Oberquelle, Software-Ergonomie '89**
Fachtagung vom 29. bis 31. 3. 1989 in Hamburg. 509 Seiten, DM 88,−

Band 33: **Ackermann/Ulich, Software-Ergonomie '91**
Fachtagung vom 18. bis 20. 3. 1990 in Zürich. 363 Seiten. DM 84,−

Band 34: **Friedrich/Rödiger, Computergestützte Gruppenarbeit (CSCW)**
Fachtagung vom 30. 9. bis 2. 10. 1991 in Bremen. 314 Seiten, DM 69,−

Band 35: **Hoffmann, Eiffel**
Fachtagung am 25./26. 5. 1992 in Darmstadt. 112 Seiten, DM 42,−

Band 36: **Schweiggert, Wirtschaftlichkeit von Software-Entwicklung und -Einsatz**
Fachtagung am 21./22. 9. 1992 in Ulm. 272 Seiten, DM 62,−

Preisänderungen vorbehalten

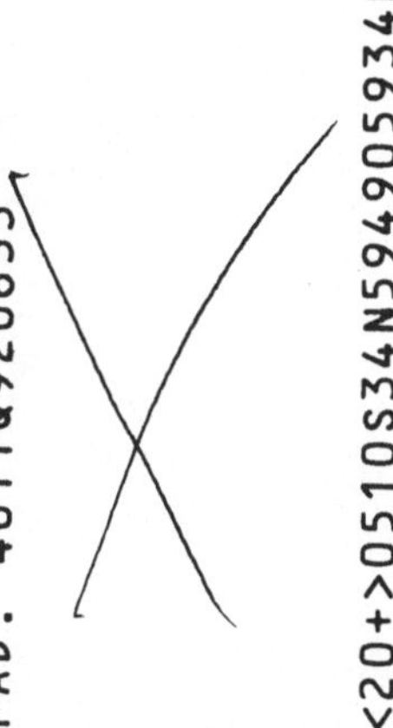

⊞ B. G. Teubner Stuttgart